水利工程施工技术与管理研究

田茂志　周红霞　于树霞　主编

吉林科学技术出版社

图书在版编目（CIP）数据

水利工程施工技术与管理研究 / 田茂志，周红霞，
于树霞主编 . -- 长春：吉林科学技术出版社，2022.8
ISBN 978-7-5578-9409-2

Ⅰ．①水… Ⅱ．①田… ②周… ③于… Ⅲ．①水利工
程－工程施工－研究②水利工程管理－研究 Ⅳ．① TV5
② TV6

中国版本图书馆 CIP 数据核字 (2022) 第 113589 号

水利工程施工技术与管理研究

主　　编	田茂志　周红霞　于树霞
出 版 人	宛　霞
责任编辑	金方建
封面设计	树人教育
制　　版	树人教育
幅面尺寸	185mm×260mm
开　　本	16
字　　数	300 千字
印　　张	13.625
印　　数	1-1500 册
版　　次	2022 年 8 月第 1 版
印　　次	2022 年 8 月第 1 次印刷
出　　版	吉林科学技术出版社
发　　行	吉林科学技术出版社
地　　址	长春市南关区福祉大路 5788 号出版大厦 A 座
邮　　编	130118

发行部电话 / 传真　0431—81629529　　81629530　　81629531
　　　　　　　　　　81629532　　81629533　　81629534

储运部电话　0431—86059116

编辑部电话　0431—81629520

印　　刷	廊坊市印艺阁数字科技有限公司
书　　号	ISBN 978-7-5578-9409-2
定　　价	55.00 元

前　言

随着国家拉动内需对水利基础设施投入的加大，国家大中型重点水利工程及各地区农业综合配套小型基础水利设施日益增多，水利建设市场的建设任务相当艰巨，各水利施工企业的建设市场前景变得相当广阔。然而，由于水利建设市场上的施工企业较多、队伍管理差异较大，建设任务虽然有一定量的增长，但对众多的水利施工企业来说，仍然会引起一场剧烈的行业竞争，因此，我们需要加强施工队伍的自身建设，强化施工中的各项管理。

在进行水利工程施工时，施工技术管理的作用是十分重要的，应对施工技术管理给予充分的重视和关注。水利工程运行管理是保证水利工程功能性发挥的基本工作内容。近年来，在水利工程建设发展的同时，所显露出的水利工程运行管理水平偏低的问题不容忽视。为了实现水利工程的有效发展，提高水利工程运行管理水平势在必行。

管理的好坏，基本上决定了效益；由于水利项目有其特殊性，需要加强技术管理；水利工程施工需不断采用新装备、新工艺、新技术、新材料，也需要加强技术管理；技术管理源于技术而又高于技术；技术管理工作的任务主要是运用技术管理的职能与科学管理的方法，促进各项技术管理工作的开展。因此，提高水利工程施工的技术管理是非常有意义的。

目 录

第一章　概述

第一节　水利水电工程基本建设程序

一、基本建设程序

基本建设程序是基本建设项目从决策、设计、施工到竣工验收整个工作过程中各个阶段必须遵循的先后次序。水利水电基本建设因其规模大、费用高、制约因素多等特点，更具复杂性及失事后的严重性。

1.流域规划

流域规划就是根据该流域的水资源条件和国家长远计划对该地区水利水电建设发展的要求，该流域水资源的梯级开发和综合利用的最优方案。

2.项目建议书

项目建议书又称立项报告。它是在流域规划的基础上，由主管部门提出的建设项目轮廓设想，主要是从宏观上衡量分析该项目建设的必要性和可能性，即分析其建设条件是否具备、是否值得投入资金和人力。可以说，项目建议书是进行可行性研究的依据。

3.可行性研究

可行性研究既是项目投资前的一项研究工作，又是项目经济分析系统化、实用化的方法；既是工程经济学思想的具体运用，又是项目设想细化和项目方案的创造过程。建设项目可行性研究的主要作用是作为项目投资决策的科学依据，防止和减少决策失误造成的浪费，提高投资效益。经批准的可行性研究报告的具体作用如下：作为确定建设项目的依据、项目融资的依据；作为编制投资项目规划设计及组织实施的依据；作为拟建项目与有关协作单位签订合同或协议的依据；作为环保部门审查项目对环境影响的依据；作为向当地政府部门或规划部门建设执照的依据；作为施工组织、工程进度安排及竣工验收的依据；作为企业或其他单位生产经营组织和项目后评价的依据。

此外，在项目后评价中，投资项目可行性研究的资料和成果，大多数都要用来与运营效果进行对比分析，构成项目后评价的重要依据。在项目后评估时，以可行性研究报告为依据，将项目的预期效果与实际效果进行对比考核，从而对项目的运行进行全面的评价。

可行性研究的目的是研究兴建本工程技术上是否可行、经济上是否合理。其主要任务是：

（1）论证工程建设的必要性。确定本工程建设任务和综合利用的主次顺序。

（2）确定主要水文参数和成果，查明影响工程的主地质条件和存在的主要地质问题。

（3）基本选定工程规模。

（4）选定基本坝型和主要建筑物的基本形式，初选工程总体布置。

（5）初选水利工程管理方案。

（6）初步确定施工组织设计中的主要问题，提出控制性工期和分期实施意见。

（7）评价工程建设对环境和水土保持设施的影响。

（8）提出主要工程量和建材需用量，进行工程投资估算。

（9）明确工程效益，分析主要经济指标、评价工程的经济合理性和财务可行性。

4. 初步设计

初步设计是在可行性研究的基础上进行的，是安排建设项目和组织施工的主要依据。初步设计的主要任务包括以下方面：

（1）复核工程任务及具体要求，确定工程规模、选定水位、流量、扬程等特征值，明确运行要求。

（2）复核区域构造稳定，查明水库地质和建筑物工程地质条件、灌区水文地质条件和设计标准，提出相应的评价和结论。

（3）复核工程的等级和设计标准，确定工程总体布置及主要建筑物的轴线、结构形式与布置、控制尺寸、高程和工程数量。

（4）提出消防设计方案和主要设施。

（5）选定对外交通方案、施工导流方式、施工总布置和总进度、主要建筑物施工方法及主要施工设备，提出天然（人工）建筑材料、劳动力、供水和供电的需要量及其来源。

（6）提出环境保护措施设计，编制水土保持方案。

（7）拟定水利工程的管理机构，提出工程管理范围、保护范围及主要管理措施。

（8）编制初步设计概算，利用外资的工程应编制外资概算。

（9）复核经济评价。

5. 施工准备阶段

项目在主体工程开工之前，必须完成各项施工准备工作，其主要内容包括以下方面：

（1）施工现场的征地、拆迁工作。

（2）完成施工用水、用电、通信、道路和场地平整等工程。

（3）必需的生产、生活临时建筑工程。

（4）组织招标设计、咨询、设备和物资采购等服务。

（5）组织建设监理和主体工程招投标，并择优选定建设监理单位和施工承包队伍。

6. 建设实施阶段

建设实施阶段是指主体工程的全面建设实施，项目法人按照批准的建设文件组织工程建设，保证项目建设目标的实现。主体工程开工必须具备以下条件：

（1）前期工程各阶段文件已按规定批准，施工详图设计可以满足初期主体工程施工的需要。

（2）建设项目已列入国家或地方水利水电建设投资年度计划，年度建设资金已落实。

（3）主体工程招标已经决标、工程承包合同已经签订，并已得到主管部门的同意。

（4）现场施工准备和征地移民等建设外部条件能够满足主体工程的开工需要。

（5）建设管理模式已经确定，投资主体与项目主体的管理关系已经理顺。

（6）项目建设所需全部投资来源已经明确，且投资结构合理。

7. 生产准备阶段

生产准备是项目投产前要进行的一项重要工作，是建设阶段转入生产经营的必要条件。项目法人应按照建管结合和项目法人责任制的要求，适时做好有关生产准备工作。生产准备应根据不同类型的工程要求确定，一般应包括如下内容：

（1）生产组织准备。

（2）招收和培训人员。

（3）生产技术准备。

（4）生产物资准备。

（5）正常的生活福利设施准备。

（6）及时具体落实产品销售合同协议的签订，提高生产经营效益，为偿还债务和资产的保值、增值创造条件。

8. 竣工验收，交付使用

竣工验收是工程完成建设目标的标志，是全面考核基本建设成果、检验设计和工程质量的重要步骤。竣工验收合格的项目即可从基本建设转入生产或使用。

当建设项目的建设内容全部完成，并经过单位工程验收，符合设计要求并按水利水电基本建设项目档案管理的有关规定，完成了档案资料的整理工作，在完成竣工报告、竣工决算等必需文件的编制后，项目法人按照有关规定，向验收主管部门提出申请，根据国家和部颁验收规程组织验收。

二、基本建设项目审批

1. 规划报告及项目建议书阶段审批

规划报告及项目建议书编制一般由政府或开发业主委托有相应资质的设计单位承担，并按国家现行规定权限向主管部门申报审批。

2. 可行性研究阶段审批

可行性研究报告按国家现行规定的审批权限报批。申报项目可行性研究报告，必须同时提出项目法人组建方案及执行机制、资金筹措方案、资金结构及回收资金办法，并依照有关规定附上具有管辖权的水行政主管部门或流域机构签署的规划同意书。

3. 初步设计阶段审批

可行性研究报告被批准以后，项目法人应择优选择有与本项目相应资质的设计单位承担勘测设计工作。初步设计文件完成后报批前，一般由项目法人委托有相应资质的工程咨询机构或组织有关专家，对初步设计中的重大问题进行咨询论证。

4. 施工准备阶段和建设实施阶段的审批

施工准备工作开始前，项目法人或其代理机构需依照有关规定，向水行政主管部门办理报建手续，项目报建需交验工程建设项目的有关批准文件。水利水电工程项目进行项目报建登记后，方可组织施工准备工作。

5. 竣工验收阶段的审批

在完成竣工报告、竣工决算等必需文件的编制后，项目法人应按照有关规定，向验收主管部门提出申请，根据国家和部颁验收规程组织验收。

第二节　水利水电工程项目

一、项目的定义

项目从开始到终结是渐进地发展和演变的，可划分为若干个阶段，这些便构成了它的整个生命期。不同的项目可以划分为内容和个数不同的若干阶段。

例如，建设项目可分为发起和可行性研究、规划与设计、制造与施工、移交与投产。

新药开发项目可分为基础和应用研究、发现与筛选药物来源、动物实验、临床实验、投产登记与审批。

世界银行贷款项目的生命期分为六个阶段：项目选定、项目准备、项目评估、项目谈判项目实施和项目后评价。

每一个项目的阶段都以它的某种可交付成果的完成为标志。例如，建设项目的可行性研究阶段要交付可行性研究报告、药物开发项目的选定药物来源阶段要做出新药样品制剂等。前一阶段的可交付成果通常经批准后，才能开始下一阶段的工作。例如，可行性研究报告批准后才能开始规划与设计、新药样品制剂鉴定后才能开始动物试验。认真完成各阶段的可交付成果很重要。一方面，为了确保前阶段成果的正确、完整，避免返工；另一方面，由于项目人员经常流动，前阶段的参与者离去时，后阶段的参与者可顺利地衔接。当风险不大、较有把握时，前、后阶段可以相互搭接以加快项目进展。这种经过精心安排的项目互相搭接的做法叫作"快速跟进"。需要特别指出的是，这种快速跟进与盲目的"三边"做法（边发起、边计划、边实施）有本质的区别。

无论项目阶段的内容和划分如何不同，项目生命期都可以典型化地依次归纳为孵化、启动、规划、实施、收尾、交接六个阶段。有的项目比较简单或比较成熟，不需要或只有很短的孵化阶段；有的项目最终成果比较简单或比较容易被直接使用，不需要或只有很短的交接阶段，不同的项目各阶段的资源投入强度不同，通常是前期投入较低，逐步增加，到后期降低，项目各阶段之间会有重叠和搭接。

二、项目的特征

1. 一次性

一次性是项目与其他重复性运行或操作工作最大的区别。项目有明确的起点和终点，没有可以完全照搬的先例，也不会有完全相同的复制。项目的其他属性也是从这一主要的特征中衍生出来的。

2. 独特性

每个项目都是独特的，或者其提供的产品或服务有自身的特点，或者其提供的产品或服务与其他项目类似。然而其时间和地点、内部和外部的环境、自然和社会条件有别于其他项目，因此项目的过程总是独一无二的。

3. 目标的确定性

项目必须有确定的目标，这些目标包括以下几种：

（1）时间性目标，如在规定的时间内或规定的时间之前完成。

（2）成果性目标，如提供某种规定的产品或服务。

（3）约束性目标，如不超过规定的资源限制。

（4）其他需满足的要求，包括必须满足的要求和尽量满足的要求。

目标的确定性允许有一个变动的幅度，也就是可以修改。不过一旦项目目标发生实质性变化，它就不再是原来的项目了，而将产生一个新的项目。

4. 活动的整体性

项目中的一切活动都是相互关联并构成一个整体的。多余的活动是不必要的，缺少某些活动必将损害项目目标的实现。

5. 组织的临时性和开放性

项目班子在项目的全过程中，其人数、成员、职责是在不断变化的。某些项目班子的成员是借调来的，项目终结时班子要解散、人员要转移。参与项目的组织者往往有多个，甚至几十个或更多。他们通过协议或合同以及其他的社会关系组织到一起，在项目的不同时段不同程度地介入项目活动。可以说，项目组织没有严格的边界，是临时性的、开放性的。这点与一般企业、事业单位和政府机构组织很不一样。

6. 成果的不可挽回性

项目的一次性属性决定了项目不同于其他事情可以试做，做坏了可以重来；也不同于生产批量产品，合格率达 99.99% 是很好的了。项目在一定条件下启动，一旦失败就永远失去了重新进行原项目的机会。项目相对于运作有较大的不确定性和风险性。

三、工程项目的分类

工程项目的种类繁多，为了适应科学管理的需要，可以从不同的角度进行分类。

1. 按建设性质划分

工程项目可以分为新建项目、扩建项目、改建项目、非生产性工程项目。

（1）新建项目。新建项目是指根据国民经济和社会发展的近远期规划，按照规定的程序立项，从无到有"平地起家"建设的工程项目。现有企业、事业单位和行政单位一般不应有新建项目。有的单位如果原有基础薄弱需要再兴建的项目，其新增加的固定资产价值超过原有全部固定资产价值（原值）3 倍时，才可算新建项目。

（2）扩建项目。扩建项目是指现有企业、事业单位在原有场地内或其他地点，为扩大产品的生产能力或增加经济效益而增建的生产车间、独立的生产线或分厂的项目；事业和行政单位在原有业务系统的基础上扩充规模而进行的新增固定资产投资项目。

（3）改建项目。改建项目包括挖潜、节能，具体包括以下内容：

1）工业建设项目，包括工业、国防和能源建设项目。

2）农业建设项目，包括农、林、牧、渔、水利建设项目。

3）基础设施建设项目，包括交通、邮电、通信建设项目及地质普查、勘探建设项目等。

4）商业建设项目，包括商业、饮食、仓储综合技术服务事业的建设项目。

（4）非生产性工程项目。非生产性工程项目是指用于满足人民物质和文化、福利需要的建设和非物质资料生产部门的建设项目。该项目主要包括以下方面：

1）办公用房，如国家各级机关、社会团体、企业管理机关的办公用房。

2）居住建筑，如住宅公寓、别墅等。

3）公共建筑，如科学、教育、文化艺术、广播电视、卫生、博览、体育、社会福利事业、公共事业、咨询服务、宗教、金融、保险等建设项目。

4）其他工程项目，不属于上述各类的其他非生产性工程项目。

2. 按项目规模划分

为适应对工程项目分级管理的需要，国家规定基本建设项目分为大型、中型、小型三类，更新改造项目分为限额以上和限额以下两类。不同等级标准的工程项目，国家规定的审批机关和报建程序也不尽相同。划分项目等级的原则如下：

（1）按批准的可行性研究报告（初步设计）所确定的总设计能力或投资总额的大小，依据国家颁布的《基本建设项目大中小型划分标准》进行分类。

（2）凡生产单一产品的项目，一般以产品的设计生产能力划分；生产多种产品的项目，一般按其主要产品的设计生产能力划分；产品分类较多，不易分清主次、难以按产品的设计能力划分时，可按投资总额划分。

（3）对国民经济和社会发展具有特殊意义的某些项目，虽然设计能力或全部投资不够大、中型项目标准，经国家批准已列入大、中型计划或国家重点建设工程的项目，也按大、中型项目管理。

（4）更新改造项目一般只按投资额分为限额以上和限额以下项目，不再按生产能力或其他标准划分。

（5）基本建设项目的大、中、小型和更新改造项目限额的具体划分标准，根据各个时期经济发展和实际工作中的需要而有所变化。现行国家的有关规定如下：

1）按投资额划分的基本建设项目，属于生产性工程项目中的能源、交通、原材料部门的工程项目，投资额达到5000万元以上为大、中型项目；其他部门和非工业项目，投资额达到3000万元以上为大、中型项目。

2）按生产能力或使用效益划分的工程项目，以国家对各行各业的具体规定作为标准。

3）更新改造项目只按投资额标准划分，能源、交通、原材料部门投资额达到5000万元及其以上的工程项目和其他部门投资额达到3000万元及其以上的项目为限额以上项目，否则为限额以下项目。

（6）一部分工业、非工业项目，在国家统一下达的计划中，不作为大、中型项目安排。

3. 按项目的经济效益、社会效益和市场需求划分

工程项目可划分为竞争性项目、基础性项目和公益性项目三种。

（1）竞争性项目。竞争性项目主要是指投资效益比较高、竞争性比较强的工程项目。其投资主体一般为企业，由企业自主决策、自担投资风险。

（2）基础性项目。基础性项目主要是指具有自然垄断性、建设周期长、投资额大而收益低的基础设施和需要政府重点扶持的一部分基础工业项目，以及直接增强国力的符合经济规模的支柱产业项目。政府应集中必要的财力、物力通过经济实体投资，同时还应广泛吸收企业参与投资，有时还可吸收外商直接投资。

（3）公益性项目。公益性项目主要包括科技、文教、卫生、体育和环保等设施，公、检、法等政权机关及政府机关，社会团体办公设施，国防建设等。公益性项目的投资主要由政府用财政资金安排。

4. 按项目的投资划分

工程项目按投资可划分为政府投资项目和非政府投资项目。

按照其营利性的不同，政府投资项目又可分为经营性政府投资项目和非经营性政府投资项目。经营性政府投资项目是指具有营利性质的政府投资项目。政府投资的水利、电力、铁路等项目基本属于经营性项目。经营性政府投资项目应实行项目法人责任制，由项目法人对项目的策划、资金筹措、建设实施、生产经营、债务偿还和资产的保值增值，实行全过程负责，使项目的建设与建成后的运营实现一条龙管理。

非经营性政府投资项目一般是指非营利性的、主要追求社会效益最大化的公益性项目。学校、医院及各行政、司法机关的办公楼等项目都属于非经营性政府投资项目。

第三节 水利水电工程项目管理

一、项目管理的定义

项目管理是一个管理学分支的学科，指在项目活动中运用专门的知识、技能、工具和方法，使项目能够在有限资源限定的条件下，实现或超过设定的需求和期望。项目管理是对一些已成功地达成一系列目标相关的活动的整体进行管理。这包括策划、进度计划和维护组成及项目的进展。

二、项目管理的发展与应用

项目管理为现代企业管理模式提供了一种有力的组织形式，改善了企业对各种人力和资源利用的计划、组织、执行和控制方法，对管理实践做出了重要的贡献。从国外项目管理的发展来看，美国在 20 世纪 60 年代只有航空、航天、国防和建筑企业才愿意采用项目管理；70 年代项目管理在新产品开发领域扩展到了复杂性略低、变化迅速、环境比较稳定的中型企业中；到 70 年代后期越来越多的中小企业也开始注重项目管理，将其灵活地运用于企业活动的管理中，项目管理技术及其方法本身也在此过程中逐步发展和完善；到80 年代，项目管理已经被公认为是一种有生命力并能实现复杂的企业目标的良好方法。

项目管理的核心方法在 20 世纪中叶产生之后，在管理实践中取得了意想不到的效果，世界各国纷纷在政府投资的项目中给予强行要求。在这一背景下，许多企业也在其投资项目的管理过程中采用了现代化的项目管理方法，然而这一时期项目管理的应用还仅仅限制在单一项目的实践基础上，从企业整体考虑的多项目管理和组织变更还没有提出。项目化管理模式的真正出现是在 20 世纪 80 年代末期至 21 世纪初期，特别是当时信息技术类企业的飞速发展和技术的急速变化使此类企业在管理模式上出现了质的飞跃。一批信息技术类的龙头企业，诸如 IBM、朗讯、AT&T 等纷纷采用项目化的管理模式，并为企业带来了新的经营活力。21 世纪初，国外项目管理已发展得相当成熟，并广泛应用于各种类型的企业之中。

随着市场全球化、信息化的发展，全球企业对有限资源的争夺越来越激烈，客观上要求企业对资源进行最大效用的利用，具体来说就是对资源在成本、时间、质量三个方面进行全方位、全过程的控制，同时以目标导向的价值观指导企业的经营管理活动。项目管理方法符合这种要求，因此在传统的项目行业之后，越来越多的企业开始广泛应用项目管理方法来管理企业的经营活动，进行"企业项目管理"或者"按项目进行管理"的理念成了企业管理发展的主流方向。截至 2020 年，我国项目管理已发展到成熟阶段，并与信息技术相结合，广泛应用于各种类型的企业之中。

按项目进行管理是现代项目管理理论对项目和运作活动进行管理的技术和手段，MBP将传统的项目管理方法应用于全面的企业运作中，是传统项目管理方法和技术在企业所有项目上的综合应用，冲破了传统的管理方式和界限。MBP将项目观念渗透到企业所有的业务领域，包括市场、工程、质量管理、战略规划、人力资源管理组织变革、业务管理等。项目管理者也不再被认为仅仅是项目的执行者，他们应能胜任更为复杂的工作，参与需求确定项目选择、项目计划直至项目收尾的全过程，在时间、成本、质量、风险、合同、采购、人力资源等方面对项目进行全方位的管理。

按项目管理是企业迎接挑战的有力武器。国外企业发展的实践已经证明，项目管理是一种行之有效的管理变革的方法。在当今纷繁复杂的世界中，项目管理是成功的关键。战略管理和项目管理在全球性的市场变化中起着关键作用。再加上运作日趋项目化的特点，在新的市场环境下，越来越多的企业引入项目管理的思想和方法，将企业的各种任务"按项目进行管理"，不但对传统的项目型任务实行项目管理，还将一些传统的运作型业务当作项目对待进而实行项目管理。

企业项目管理是伴随着项目管理方法在长期性组织中的广泛应用而逐步形成的一种以长期性组织为对象的管理方法和模式，其主导思想就是把任务当作项目实行项目管理，即"按项目进行管理"。企业项目管理就是站在企业高层管理者的角度对企业中各种各样的任务实行项目管理，是一种以"项目"为中心的长期性组织管理方式，其核心是基于项目管理的组织管理体系。具体地讲，项目管理能有效地解决当前企业发展中所面临的分权问题、多元化管理问题、资源共享问题及人员进出问题等，有效地提高企业的管理效率和竞争力。

企业发展的三大支柱是战略管理、项目管理、营销管理。战略管理面向未来，营销管理面向成果，项目管理面向过程。项目管理是战略和营销中间的载体和过渡，它既是一种思维方式和工作方法，也是一种先进的文化理念。在企业发展中，如果说战略管理是核心、营销管理是命脉，那么项目管理就是企业发展的主体。项目管理的组织形式已经为企业组织的发展提供了一种新的扩展形式，21世纪20年代初期，企业的生产与运作更多地采用以项目为主的发展模式，未来也一定在此基础上继续进行优化。

三、中国项目管理的发展

（一）中国悠久的项目史与项目管理的产生

1.中国悠久的项目史

项目作为国民经济及企业发展的基本元素，一直在人类的经济发展中扮演着重要角色。实际上，自从有组织的人类活动出现到当今，人类就一直执行着各种规模的"项目"。中国作为世界文明古国，历史上有许多举世瞩目的项目，如秦始皇统一中国后对长城进行的修筑、战国时期李冰父子设计修建的都江堰水利工程、北宋真宗年间皇城修复的"丁渭工程"、河北的赵州桥、北京的故宫等都是中华民族历史上运作大型复杂项目的范例，从今天的角度来看这些项目都是极其复杂的大型项目。对于这些项目的管理，如果没有进行系统的规划，要取得成功是非常困难的。

2.项目管理的产生

有项目，就有项目管理问题。因此西方人提出，人类最早的项目管理是中国的长城和埃及的金字塔，当时人们完成项目的主要想法是完成任务，这就是潜意识的项目管理。但是，项目管理还没有形成行之有效的计划和方法，没有科学的管理手段，没有明确的操作技术标准。因而，对项目的管理还只是凭个别人的经验智慧和直觉，依靠个别人的才能和天赋，根本谈不上科学性。

直到第二次世界大战爆发，战争需要新式武器探测和雷达设备等，这些从未做过的项目接踵而至，不但技术复杂、参与的人员众多，时间又非常紧迫，经费上也有很大的限制，因此，人们开始关注如何有效地实行项目管理来实现既定的目标。"项目管理"这个词就是从这时才开始被认识的。随着现代项目规模越来越大、投资越来越高，涉及的专业越来越广泛，项目内部关系越来越复杂，传统的管理模式已经不能满足运作好一个项目的需要，于是产生了对项目进行管理的模式，并逐步发展成为主要的管理手段之一。

（二）中国项目管理的发展历程

1.项目管理方法的产生与引进

早在20世纪初，人们就开始探索管理项目的科学方法。第二次世界大战前夕，横道图已成为计划和控制军事工程与建设项目的重要工具。而甘特图更为直观有效，便于监督和控制项目的进展状况，时至今日仍是管理项目尤其是建筑项目的常用方法。不过与此同时，在规模较大的工程项目和军事项目中广泛采用了里程碑系统。里程碑系统的应用虽未从根本上解决复杂项目的计划和控制问题，但为网络概念的产生充当了重要的媒介。

20世纪50年代，美国军界和各大企业的管理人员纷纷为管理寻求更为有效的计划和控制技术。在各种方法中，最为有效和方便的技术莫过于网络计划技术。网络计划技术克服了条线图的种种缺陷，能够反映项目进展中各工作间的逻辑关系，能够描述各工作环节和工作单位之间的接口界面及项目的进展情况，并可以事先进行科学安排，因而给管理人员对项目实行有效的管理带来了极大的方便。

20世纪60年代初期，华罗庚教授引进和推广了网络计划技术，并结合中国"统筹兼顾，全面安排"的指导思想，将这一技术称为"统筹法"。当时华罗庚组织并带领小分队深入重点工程项目中进行推广应用，取得了良好的经济效益。中国项目管理学科的发展就是起源于华罗庚推广"统筹法"的结果，中国项目管理学科体系也是由于统筹法的应用而逐渐形成的。

2. 现代项目管理体系的引进与推广

1982年，在中国利用世界银行贷款建设的鲁布革水电站引水导流工程中，日本建筑企业运用项目管理方法对这一工程的施工进行了有效的管理，取得了很好的效果。这给当时中国的整个投资建设领域带来了很大的冲击，人们确实看到了项目管理技术的作用。基于鲁布革工程的经验，1987年国家发改委、住房和城乡建设部等有关部门联合发出通知，在一批试点企业和建设单位要求采用项目管理施工法，并开始建立中国的项目经理认证制度。

1991年，住房和城乡建设部进一步提出把试点工作转变为全行业推进的综合改革，全面推广项目管理和项目经理负责制。比如在二滩水电站、三峡水利枢纽建设和其他大型工程建设中，都采用了项目管理这一有效手段，并取得了良好的效果。

90年代初，在西北工业大学等单位的倡导下成立了中国第一个跨学科的项目管理专业学术组织——中国优选法统筹法与经济数学研究会项目管理研究委员会，PMRC的成立是中国项目管理学科体系走向成熟的标志。PMRC自成立至今，做了大量开创性的工作，为推动中国项目管理事业的发展和学科体系的建立，为促进中国项目管理与国际项目管理专业领域的沟通与交流起了积极的作用，特别是在推进中国项目管理专业化与国际化发展方面，起到了非常重要的作用。

21世纪初，许多行业也纷纷成立了相应的项目管理组织，如中国建筑业协会工程项目管理委员会、中国国际工程咨询协会项目管理工作委员会、中国工程咨询协会项目管理指导工作委员会等都是中国项目管理学科得到发展与日益应用的体现。

截至2020年，项目与项目管理变成扩展了的广义概念，项目管理更加面向市场和竞争、注重人的因素、注重顾客、注重柔性管理，是一套具有完整理论和方法基础的学科体系。项目管理知识体系的概念是在项目管理学科和专业发展进程中由美国项目管理学会首先提出来的，这一专门术语是指项目管理专业领域中知识的总知。

（三）中国项目管理的发展现状

2010年至2020年，中国项目管理无论从学科体系上，还是实践应用上都取得了突飞猛进的发展。归纳起来，主要表现在以下几个方面：

1. 中国项目管理学科体系的成熟

在项目管理的应用实践中，项目管理工作者感觉到，虽然从事的项目类型不同，但是仍有一些共同之处，因此就自发组织起来共同探讨这些共性主题，如项目管理过程中的范围管理、时间管理、费用管理、质量管理、人力资源管理、沟通管理、风险管理、采购管理及综合管理等等。

2. 项目管理应用领域的多元化发展

建筑工程和国防工程是中国最早应用项目管理的行业领域，然而随着科技的发展、市场竞争的激烈，项目管理的应用已经渗透到各行各业，软件、信息、机械、文化、石化、钢铁等各种领域的企业更多地采用项目管理的管理模式。项目的概念从原有工程项目的领域有了新的含义，一切皆项目，按项目进行管理成为各类企业和各行各业发展的共识。

3. 项目管理的规范化与制度化发展

一方面，中国项目管理为了适应日益迫切的国际需要，中国必须遵守通用的国际项目管理规范，像国际承包中必须遵守的 FIDIC 条款及各种通用的项目管理模式；另一方面，中国项目管理的应用也促使中国政府出台相应的制度和规范，像住房和城乡建设部关于项目经理资质的要求及关于建设工程项目管理规范的颁布等都是规范化和制度化的体现。不同的行业领域都相应地出台了项目管理规范，招投标法规的实施大大促进了中国项目管理的规范化发展。

4. 学历教育与非学历教育竞相发展

项目管理学科发展与其他管理学科发展的最大特点是其应用层面的差异，项目经理与项目管理人员更多的是从事各行各业技术的骨干。项目经理通常要花 5~10 年的时间，甚至需要付出昂贵的代价，才能成为一个合格的管理者。基于这一现实及项目对企业发展的重要性，项目管理的非学历教育走在了学历教育的前头，在中国这一现象尤为突出，目前各种类型的项目管理培训班随处可见。这一非学历教育的发展极大地促进了学历教育的发展。

（四）中国项目管理发展的趋向

1. 强调行业项目管理的应用研究

中国首次采用国际招标建设鲁布革水电站，取得了良好的经济效益。此后，住房和城乡建设部、电力部、化工部等相继开展了承包商项目经理制度。但现在，项目管理早已走出了工程建造业。IT、医药、金融、机械、服务等行业都成为项目管理的发展领域。项目管理在各行各业的应用及多元化发展，必然出现行业项目管理的新需求，公用的项目管理方法体系需要结合行业项目的特色进行充实与完善类似工程项目管理、国防项目管理、IT项目管理、研发项目管理，甚至像软件项目管理、产品研制项目管理等更细化的应用领域的项目管理研究将日益普及。

2. 企业管理的项目化发展

随着越来越多的企业发现多达 50% 企业的工作以项目的形式进行，企业采用专业化的项目管理在新产品研究开发、市场营销技术创新、产品产业化升级及新产品生产线更新等方面的卓越表现超越了对项目进行管理的本身，而上升为企业管理思想和操作化模式，这种企业管理思维模式在实际工作中被称为企业化项目管理或企业管理的项目化（EPM）发展。

将企业中一次性的，具有明确目标、预算和进度要求的，多任务的活动视为项目，并按项目的专业化技术和方法进行管理，从而比常规方法更好、更快地实现目标是企业管理项目化得以发展的根本基础。企业按照项目的复杂程度管理范围将项目分为三个级别，分别是企业级、部门级和小组级，按照项目的性质和创新程度又可分为保持、改善和创新三类，从而形成了各种类型的企业项目。项目化管理的特点是突破原有职能业务型组织形式，以创新为导向强调什么可以改变，而不是约束导向强调不能改变什么，以培养企业的创新型文化。

天津天士力制药公司是中国在企业内全面推行项目化管理最早的企业，通过项目化的实施使员工学会了相互沟通和协作的团队精神，培养了一批初级的项目管理经理。不分职务等级的项目讨论方式，营造出了一种以人为本、尊重人、鼓励创新的团队文化，涌现出了上百个有价值的技术和工艺改进项目，同时减少了劳动时间，进一步提高了生产效率。

3. 强调组织中项目管理的成熟度

组织在进行项目管理战略规划时希望制订一个完美的计划。可是，如果要完全实施项目管理战略规划就需要以试验为基础。项目管理成熟度模型（PMMM）可以帮助公司评判自己项目管理的现状，它包含五个层次，通用术语、通用过程、单一方法、基准比较及持续改进，每一层次都标志着不同的项目管理成熟度。虽然该模型把项目管理成熟度分成了五个层次，实际上某些层次也会发生重叠，但每个阶段被完成的顺序是不能改变的。PMMM 在未来企业化项目管理的发展中将会起到关键作用。

4. 企业项目管理体系的建设

项目管理是一项技术性非常强的工作，要符合社会化大生产的需要，项目管理必须标准化、规范化。在未来项目管理的应用发展中，企业项目管理体系的建立将是企业项目管理工作者和项目管理研究者共同探讨的主题。我们应全面总结、吸收国外，诸如朗讯、IMB、波音、ABB 等著名企业项目管理体系的建设框架，建立符合中国企业特色的项目管理体系。

5. 项目管理的职业化与专业化发展

随着项目管理应用的普及及企业化项目管理的发展，项目管理的职业化及专业化发展就成为必然，未来职业项目管理者及职业项目经理会越来越多。项目管理职业化发展使人们在企业中的职业发展有了更多的选择余地和发展空间，员工可以从负责一个小小的项目开始，慢慢成长为负责一个中等规模，甚至影响企业未来发展的大项目。更多企业员工追求的不再是数量有限的部门经理，而是有广阔前景的、具有较大成长空间的、无限的大大小小的项目管理者。广泛开展的项目管理资格认证将更有助于项目管理的职业化和专业化发展。

6. 项目管理软件的系统化和多元化发展

随着项目管理应用的广泛化发展，项目管理软件（PMS）开发将成为项目管理发展中的下一个热点，仅美国就有 200 多家公司开发各种类型的 PMS，在中国 PMS 的开发热潮随着项目管理的应用热潮也将掀起。项目的大型化、复杂化和动态化及企业化项目管理的发展使得 PMS 的功能要求更加系统和全面，单一功能和方法的 PMS 适应面将更少。行业项目管理的应用也将促进行业 PMS 的涌现，PMS 的多元化发展也将成为必然。

四、工程项目管理的类型与任务

（一）工程项目建设的主体

1.项目业主

项目业主即项目的投资者或出资者，由业主代表组成项目法人机构，取得项目法人资格。从投资者的利益出发，根据建设意图和建设条件，对项目投资和建设方案做出既要符合自身利益又要适应建设法规和政策规定的决策，并在项目的实施过程中履行业主应尽的责任和义务，为项目的实施者创造必要的条件。业主的决策水平、行为规范等，对一个项目的建设起着重要的作用。

2.设计单位

设计单位是将业主或建设项目法人的建设意图、政府建设法律法规要求、建设条件作为输入，经过智力的投入进行建设项目技术、经济方案的综合创作，编制出用以指导建设项目施工安装活动的设计文件。设计联系着项目决策和项目施工两个阶段，设计文件既是项目决策方案的体现，也是项目施工方案的依据。因此，设计过程是确定项目总投资目标和项目质量目标，包括建设规模使用功能技术标准、质量规格等。设计先于施工，然而设计单位的工作还责无旁贷地延伸于施工过程，指导处理施工过程中可能出现的设计变更和技术变更，确认各项施工结果与设计要求的一致性。

3.施工单位

施工单位是以承建工程施工为主要经营活动的建筑产品生产者和经营者，在市场经济体制下，施工单位通过工程投标竞争，取得承包合同后，以其技术和管理的综合实力，通过制订最经济合理的施工方案，组织人力、物力和财力进行工程的施工安装作业技术活动，以求得在规定的工期内，全面完成质量符合发包方明确标准的施工任务。通过工程交接取得预期的经济效益，实现其生产经营目标。因此施工单位是将建设项目的建设意图和目标，转变成具体工程目的物的生产经营者，是一个项目实施过程的主要参与者。

4.生产厂商

生产厂商包括建筑材料、构配件、工程用品与设备的生产厂家和供应商。他们为项目的实施提供生产要素，其交易过程、产品质量、价格、服务体系等，直接关系着项目的投资、质量和进度目标。通过市场机制配置建设资源，是项目管理按经济规律办事的重要方式。在项目管理目标的制定、物资资源的询价、采购、合约和供应过程中，必须充分注意到生产厂商与建设项目之间的这种技术、经济上的关联性对项目实施的作用和影响。

5.建设监理单位

建设监理单位主要是工程建设监理公司，它接受业主委托和授权，根据国家批准的工程项目建设文件、有关工程建设的法律法规技术规范、工程建设监理委托合同以及其他工程建设合同对工程项目进行监督管理，即实施业主方的工程项目管理。其内容包括三大目标控制、合同管理、信息管理。因此，监理单位的水平和工作质量，对项目建设过程的作用和影响是非常重要的。

（二）项目管理的类型

工程项目管理的类型主要有以下几种：

1.业主进行的项目管理。

2.建设监理单位或咨询公司代业主进行的项目管理。

3.设计单位进行的项目管理。

4.施工单位进行的项目管理。

5.政府建设管理。

在工程项目建设的不同阶段，参与工程建设的各方的管理内容及重点各不相同。

（三）工程项目管理的任务

对于参与工程建设的各个主体，其在项目管理中的主要任务具体如下：

1.业主的工程项目管理任务

业主的工程项目管理是站在投资主体的立场上，对工程项目建设的全过程进行的科学、有效和必要的管理。业主的管理由于一般都委托给监理公司，所以偏重于重大问题的决策，如项目立项、监理公司的选定、承包方式的确定及承包商的确定等。同时要做好必要的协调和组织工作。为此，业主必须设立相应的项目管理机构，任命精明强干的项目经理。其具体工作任务有以下几个方面：

（1）项目的立项决策

1）进行投资机会研究。首先是投资的地区研究、部门研究，然后根据对自然资源的了解和根据市场的预测，以及国家的经济政策和国际贸易联系等情况，分析是否有最有利的投资机会，为业主投资机会的选择提供依据。

2）编制项目建议书。项目建议书是业主向国家推荐项目，并获得国家同意项目立项的第一步，主要包括项目的建设规模布局、进度、投资、方案等。项目建议书一经批准，该项目就列入计划，这一过程也称项目立项，是中国项目建设程序中的重要环节之一。编制项目建议书应遵循的原则是根据国民经济及社会发展规划、地区规划、市场及业主自身情况来分析是否有项目投资的可能性和机遇。通常的评价标准如下：国民经济及社会发展战略和规划从宏观角度决定了该项目是否有发展前途；地区规划决定了该项目的选址；而市场的需求从微观角度决定了该项目是否有市场及前景。

3）进行可行性研究。项目建议书获得通过，项目得以立项以后，便进入项目的可行性研究阶段，最后要提交经业主签字同意的可行性研究报告。

初步可行性研究主要解决以下几个方面的问题：投资机会是否恰当，是否值得做进一步详细的可行性研究；确定的项目目标是否正确，有无必要通过详细可行性研究做详细分析；项目中有哪些关键问题，是否需要通过市场调查、实验室实验、工业性实验进行深入的研究；是否需要进行工程、水文、地质勘查等代价高昂的下一步工作。初步可行性研究的投资估算精度为 ±20%。

详细可行性研究是进入深入的技术经济论证的关键环节。这一阶段必须对与项目有关的政治、经济、环境保护、社会等诸方面进行详尽的分析：全面研究项目所涉及的各种关键因素和达到目标的各种可行方案，并对其进行比较论证，确定最终方案，论述可能实现的程度和令人满意的程度等。详细可行性研究的投资估算精度为 ±10%。

4）可行性研究报告的报批。可行性研究报告需上报政府主管部门和贷款银行，由其进行项目评估，即对可行性研究报告做出评价。评估主要从三方面进行：项目是否符合国家有关政策、法令和规定；项目是否符合国家的宏观经济意图，符合国民经济长远规划，布局是否合理；项目的技术是否先进适用，是否经济合理。项目评估的投资估算精度为 ±10%。

业主将项目评估中所指出的可行性研究报告的不合理之处加以补充完善，上报得到批准，标志着项目立项决策阶段的完成。项目立项决策阶段的各项任务，可由业主自己的项目管理班子完成，也可委托相应的咨询机构来完成，而业主只做些配合和辅助工作。

（2）项目的实施阶段。工程项目的实施阶段是整个项目建设周期中时间最长、工作任务最繁重、项目投资支出最多的一个阶段，抓好这个阶段的项目管理工作最为重要。

1）选择监理公司。在中国按照有关规定，业主以招标的方式来选择确定监理单位。在招标过程中，业主的项目管理班子要负责编制监理任务大纲，确定被邀请参加投标的监理公司名单，组织被邀请者投标，组建评标小组，进行评标、定标，进行合同谈判并最终签订监理委托合同等一系列工作，以确保能选定一个有经验的、信誉良好、能力强的监理公司（或咨询公司）来承担工程项目的监理任务。

2）建设用地的报批。业主可以通过征用、征拨、出让、转让等形式获得建设用地的使用权，按规定向土地管理部门报批，并进行拆迁、征用补偿及搬迁安置等工作。

3）选定工程勘察单位。工程勘察是为了查明工程项目建设地点的地形、地貌、土质土层、地质构造、水文条件等各种地质现象而进行的地质勘察和综合评价工作，为项目的设计和工程施工提供必需的、科学的依据。

业主应在自己的项目管理班子和监理班子的协助下，选择一家报价合理、信誉好的工程地质勘察单位来承担项目的工程地质勘察任务。

4）编制项目设计任务书。业主项目管理班子应自行或协助监理班子编制项目设计任务书。项目设计任务书的编制依据是已批准的项目建议书、可行性研究报告及工程地质勘察报告。

项目设计任务书由有关部门批准后，作为进行设计方案竞选或设计招标的主要依据。

5）进行设计方案竞选或设计招标。一般以业主及其项目管理班子为主，由监理配合进行设计方案竞选或设计招标，确定承担工程设计任务的设计单位，并做好合同条款的拟定和签约工作。

6）对工程设计进行管理。一般来说，进行设计管理，业主及其项目管理班子主要是做宏观方面的审核工作，如设计概算、设计进度建筑风格及结构类型等；再就是为设计者提供必要的设计基础资料，如批准的可行性报告，规划部门的"规划设计条件通知书"等；而一些更为具体的管理工作，则委托监理进行。

如果工程设计中采用了新技术、新设备、新工艺、新材料，则要进行必要的试验和鉴定，并履行审批手续。当设计任务由几个设计者分别承担时，要做好组织协调工作，以确保质量和进度。

设计管理的另一项重要任务是项目规划设计的报审工作。一是与政府的规划管理部门（规划局、国土局、建委、公安、消防、人防办等）联系，获得其批准；二是与市政公用事业单位（如自来水公司、电力公司、煤气公司排水处、园林局等）联系，取得其认可。

7）进行施工招标。在监理方的帮助下，确定工程发包合同方式，然后编制招标文件，确定标底，对投标者进行资格审核、开标、评标和决标，确定中标单位，与中标的承包商谈判签订合同。

（3）项目后评价。项目进入生产或使用期运营一段时间以后，要进行项目后评价，以利于总结工程项目管理的经验教训。项目后评价包括的内容主要有以下方面：项目建成后的效益分析与原预测产生偏差的原因；建成项目所需的投资、工期与原计划产生偏差的原因；进行重大设计变更的原因；项目建成后的社会、政治、经济和环境影响等；对项目前景的展望。

2. 施工企业的项目管理程序和内容

施工企业的项目管理简称施工项目管理，即施工企业（承包商）站在自身的角度，从其利益出发，通过施工投标取得工程承包任务，并且与业主签订工程承包合同界定的工程范围所进行的项目管理。其管理对象是施工承包合同所界定的施工项目。施工企业为履行工程承包合同和落实企业生产经营方针目标，在项目经理负责制的条件下，依靠企业技术和管理的综合实力，根据施工项目的内在规律，对工程施工全过程进行计划、组织、指挥、协调和控制。

（1）施工项目管理的程序。施工项目管理的内容涉及施工项目寿命周期各个阶段，其程序如下：

1）投标签约阶段。这是施工项目管理的第一阶段，承包商根据业主发出的招标邀请函（或招标广告），做出投标决策，参与投标直至中标签订工程承包合同，其主要工作有以下方面：承包商从经营战略的高度做出是否投标的决策；收集与项目相关的建筑市场、现场、竞争对手、企业自身的大量信息；编制既能使企业盈利，又有竞争力可望中标的投标书；中标后，与招标方谈判，并按照平等互利、等价有偿的原则依法签订工程承包合同，双方的交易关系正式确立。

2）施工准备阶段。承包商在中标后应立即组建项目经理部，并以项目经理部为主，与企业经营层和管理层、业主单位配合，进行施工准备，使工程具备开工和连续施工的基本条件，其主要工作包括以下内容：成立项目经理部，根据工程管理的需要建立机构，配备人员；编制施工组织设计，主要是施工方案、施工进度计划和施工平面图，用以指导施工准备和施工；制订施工项目管理规划，以指导施工项目管理活动；进行施工现场准备，使现场具备施工条件，利于进行文明施工；编写并上报开工申请报告，待批开工。

3）施工阶段。在项目开工至竣工的全过程中，项目经理部既是决策机构，又是责任机构。企业经营管理层、业主单位、监理单位的作用是支持、监督与协调。这一阶段的目标是完成合同规定的全部施工任务，达到验收、交工的条件。主要进行的工作如下：按施工组织设计的安排施工；施工中努力做好动态控制工作，保证质量目标、进度目标、造价目标、安全目标、节约目标的实现；管理好施工现场，实行文明施工；严格履行工程承包合同，处理好内外关系，做好合同变更与索赔工作；做好原始记录协调、检查、分析等工作。

4）验收、交工与竣工结算阶段。这一阶段的目标是对项目成果进行总结、评价，对外结清债权债务，结束交易关系。主要工作包括以下方面：工程收尾；进行试运转；在预验收的基础上接受正式验收；整理、移交竣工文件，进行财务结算，总结、编制竣工报告；办理工程交付手续；项目经理部解体。

5）用后服务阶段。这是施工项目管理的最后阶段，即在交工验收后，按合同规定的责任期进行用后服务、回访与保修，其目的是保证使用单位正常使用，产生更高的效益。其主要工作有以下方面：为保证工程的正常使用，应向用户进行必要的技术咨询和服务；进行工程回访，听取使用单位意见，总结经验教训，观察使用中的问题，进行必要的维护维修和保修；进行沉陷、抗震性能等观察，以服务于宏观事业。

（2）施工项目管理的内容。施工项目管理的主体是以施工项目经理为首的项目经理部，即项目管理层。管理的客体是具体的施工对象、施工活动及其相关的生产要素。管理的内容包括建立施工项目管理组织，进行施工项目管理规划，进行施工项目的目标控制，对施工项目的生产要素进行优化配置和动态管理，进行施工项目的合同管理和信息管理等。具体内容如下：

1）建立施工项目管理组织。企业采用适当的方式选聘称职的施工项目经理；根据施工项目管理组织原则，选用适当的组织方式，组建施工项目管理机构，明确责任、权限和义务；在遵守企业规章制度的前提下，根据施工项目管理的需要，制定施工项目管理制度。

2）进行施工项目管理规划。施工项目管理规划是对施工项目管理目标组织、内容、方法、步骤、重点进行预测和决策，做出具体的纲领性文件。

工程项目管理规划涉及项目的整个实施阶段，它属于业主方项目管理的范畴。如果采用建设项目工程总承包的模式，业主方也可以委托建设项目工程总承包方编制建设工程项目管理规划，因为建设项目工程总承包的工作涉及项目的整个实施阶段。建设项目的其他参与单位，如设计单位、施工单位和供货单位等，为进行其项目管理也需要编制项目管理规划，但只涉及项目实施的一个方面，并体现一个方面的利益，可称为设计方项目管理规划、施工方项目管理规划和供货方项目管理规划。

为了有利于项目的实施，可以对以下内容适当加以补充或深化：

关于项目实施过程与有关政府主管部门的关系处理；关于安全管理计划；关于合同的策略；关于设计管理的任务与方法；关于项目进展工作程序；关于招标和发包的工作程序；关于工程报告系统（各类报表和报告的内容填报和编写人员、填报和编写时间报表和报告的审阅人员等）；关于价值工程的应用；不可预见事件的管理。

3）施工项目的目标控制。施工项目的目标分为阶段性目标和最终目标。实现各项目标是施工项目管理的目的，项目经理部应坚持以控制论原理和理论为指导，对施工项目管理的全过程进行科学的目标控制。施工项目的控制目标主要有进度控制目标、质量控制目标、成本控制目标、安全控制目标。

由于在施工项目的目标控制过程中会受各种因素的干扰，各种风险因素有随时发生的可能性，项目经理部应通过组织协调和风险管理，对施工项目目标进行动态控制。

4）施工项目的生产要素管理和施工现场管理。施工项目的生产要素主要包括劳动力、材料、设备、资金和技术（5M），是施工项目目标得以实现的保证。施工现场管理对于节约材料、节省投资、保证施工进度、创建文明工地等都十分重要。它们的主要内容如下：分析各项生产要素的特点；按照一定的原则、方法对生产要素进行优化配置，并对配置状况进行评价；对各项生产要素进行动态管理；进行施工现场平面图设计；做好施工现场的调度与管理。

5）施工项目的合同管理。由于施工项目管理是在市场条件下进行的特殊交易活动的管理，施工的全过程的环节多、周期长、条件复杂且多变、不确定因素多，因此，必须依法签订合同，进行履约经营。合同管理的好坏直接涉及项目管理及工程施工的技术经济效果和目标的实现。合同管理要遵循国内及国际上有关法规和合同文本、合同条件，从招标、投标开始，加强工程承包合同的签订、履约管理。在合同管理中，还必须注意讲究方法和技巧，收集和积累相关的证据，做好索赔。

6）施工项目的信息管理。现代化管理要依靠信息。施工项目管理是一项复杂的现代化管理活动，要依靠电子计算机及时收集、储存和处理施工过程中的大量信息，才能有效地进行施工项目的目标控制，生产要素优化配置和动态管理。

3. 工程建设监理的主要内容

工程建设监理是监理单位受业主委托和授权，代业主对工程项目建设全过程进行的监督管理。

工程项目建设监理的主要内容可以理解为"三控制""三管理"和"一协调"。

（1）投资控制。投资控制主要是在建设前期进行可行性研究，协助业主正确地投资决策，控制好估算投资总额；在设计阶段对设计方案、设计标准、总概算（或修正总概算）和预算进行审查；在建设准备阶段协助确定标底和合同造价；在施工阶段审核设计变更，核实已完成的工程量，进行工程进度款签证和控制索赔；在工程竣工阶段审核工程结算。

（2）工期控制。工期控制首先要在建设前期通过周密分析研究确定合理的工期目标，并在施工前将工期要求纳入承包合同；在建设实施阶段运用运筹学网络计划技术等科学手段，审查修改施工组织设计和进度计划，并在计划实施中紧密跟踪，做好协调与监督，排除干扰，使单项工程及其分阶段目标工期逐步实现，最终保证建设项目总工期的实现。

（3）质量控制。质量控制要贯穿于建设项目从可行性研究设计、建设准备、施工、竣工动用及用后维修的全过程中。其主要包括组织设计方案竞赛与评比，进行设计方案磋商及图纸审核，控制设计变更；在施工前通过审查承包商资质，检查建筑物所用材料、构配件、设备质量和审查施工组织设计等实施质量预控；在施工中通过重要技术复核、工序操作检查、隐蔽工程验收和工序成果检查、认证监督标准、规范的贯彻，以及通过阶段验收和竣工验收，把好质量关。

（4）合同管理。合同管理是投资控制、工期控制和质量控制的手段。因为合同是监理单位站在公正立场上，采取各种控制、协调和监督措施，履行纠纷调解职责的依据，也是实施三大目标控制的出发点和归宿。

（5）信息管理。施工项目管理是一项复杂的现代化的管理活动，更要依靠大量的信息及对大量信息的管理，应用电子计算机进行辅助施工项目的信息管理。

（6）安全管理。施工项目生产中不安全因素很多，建设工程项目的安全管理旨在通过对生产因素的具体的状态控制，使生产因素的不安全的行为和状态减少或消除，并不引发事件，尤其不引发使人受到伤害的事故，以保护生产活动中人的安全和健康。

（7）组织协调。组织协调指监理单位在监理过程中，对相关单位的协作关系进行协调，使相互之间加强合作减少矛盾，共同完成项目目标。这些单位主要有建设单位、施工单位、设计单位、供应单位，另外还有政府部门、金融部门、相关管理部门等。

4. 政府的建设管理

政府的建设主管部门尽管不直接参与建设项目的生产活动，但由于建筑产品的社会性强、影响大，生产和管理的特殊性等，需要政府通过立法和监督，来规范建设活动的主体行为，保证工程质量，维护社会公共利益。政府的监督职能应贯穿项目实施的各个阶段。

政府建设主管部门必须对建设项目的决策立项、规划、设计方案进行审批，对项目实施过程的各个环节实行建设程序的监督，要充分发挥和运用法律法规的手段，培育、发展和规范中国的建筑市场体系，使建设项目运行全过程的活动都纳入法制轨道。

政府建设主管部门还要派出工程质量监督机构，核查工程的设计、施工单位和建筑构件厂等的资质等级，监督其严格执行技术标准、检查工程（产品）质量、掌握工程质量状况、处理质量事故，并定期向政府建设主管部门汇报，以确保工程质量。

政府建设主管部门还要从保护自然环境、防止污染、合理利用资源等可持续发展的战略高度出发，对建设项目的立项、选址、设计施工等全过程进行审查、监督、检查，切实维护社会公共利益。

五、管理项目的关注点

1. 项目目标

"目标是行动的航标。"因此目标对项目的重要性不言而喻。一个不关注项目目标的项目经理，最终只能将项目带入失败。实践已经并继续证明，任何不针对目标的行动都将是徒劳的。因此，项目经理一定要将项目目标装在"心"里并时时关注。

2. 项目范围

"项目范围实际上就是我们工作内容的一个映射。"项目范围同时也决定了工作量的大小。项目经理如果对项目范围没有一个清晰的把握并合理控制，则项目组开展的一些工作很可能于事无益，其结果只能是劳民伤财。

3. 项目计划

"计划是行动的纲领。"项目计划的重要性已经是尽人皆知了。项目经理不但需要重视项目计划的制订，更需要重视项目计划的执行。计划能使我们的思想具体化，体现出我们期望做什么、什么时候做、谁去做及如何做，因此任何不在项目计划指导下的行动都将"杂乱无章"，甚至会给项目带来巨大风险。

4. 项目质量

"质量是项目的生命。"没有质量的项目无疑是失败的项目。因此，项目经理需要时时关注与项目质量密切相关的各种活动。

5. 项目进度

"进度往往就是效率。"项目特别是商用项目，进度往往决定了它的市场价值。因此，项目经理在关注项目质量的同时，也需要密切关注项目的进展。

6. 项目成本

"资本是项目得以正常开展的命脉。"成本失控或成本超标的项目将面临很大的项目维系风险。

7. 项目风险

"项目风险是影响项目能否顺利开展并取得最终成功的唯一不确定因素。"项目经理需要时时关注项目风险的状态，准备好应对预案，做到"有备无患"，并尽可能地消除不利风险发生的环境和条件。

8. 项目干系人

"平衡项目干系人的期望是项目最终能得到各方认同的基础。"一个不能平衡并满足项目干系人期望的项目经理，在项目的开展过程中将会"举步维艰"。

9. 目标用户

目标用户虽然属于项目干系人范畴，但目标用户有别于其他项目干系人的一个明显之处是：他们是项目成果的最终使用者。目标用户的特征（如工作岗位、能力水平等）将在很大程度上决定项目所需要的开发方式和项目成果的展现方式。

10. 项目团队

这里提到的项目团队主要是指项目经理所领导的项目组。

"项目团队是项目成果的直接缔造者。"项目团队的工作效率直接决定了项目的效率。因此，项目经理需要非常关注项目团队成员（包括项目团队建设绩效考核等）。

11. 项目实施和运行环境

项目实施和运行环境不但决定了项目的实施策略，也在很大程度上决定了项目所需要的开发技术和模式。

12. 产出物评审

"评审是发现问题最有效、最及时的方式之一。"一个问题很多的产出物一定会给后续工作带来巨大的障碍和风险。因此，项目经理一定要关注项目产出物特别是关键产出物的评审，绝不要以为评审是走"过场"，是一个可有可无的活动。

13. 缺陷

"缺陷是项目的定时炸弹"，如果缺陷被消除就相当于消除了定时炸弹、消除了安全隐患。因此，项目经理一定要关注项目进展过程中所发现的各类缺陷，做到多发现、早消除。

14. 用户问题

"用户问题是否被有效解决直接决定了用户对项目的配合程度和对项目成果的最终接受程度。"因此，用户问题是项目经理一定不能忽视的问题。

15. 里程碑总结

"总结是发现问题并规避问题再次发生的最好办法，是提炼经验并发扬经验的有利时机。"项目经理不但要重视项目进行中的阶段总结，也需要重视项目完结后的项目总结，因为项目总结为下一个项目提供了良好的经验借鉴。

六、工程项目合同管理

（一）项目合同的概念

合同是平等主体的自然人法人、其他经济组织之间建立、变更、终止民事法律关系的协议。合同是普遍存在的。在市场经济中，各类经济组织或商品生产经营者之间存在着各种经济往来关系。这些基本的市场经济活动，都需要通过合同来实现和连接，需要用合同来维护当事人的合法权益，维护社会的经济秩序。没有合同，整个社会的生产和生活就不可能有效和正常地进行。

项目合同是指项目业主或其代理人与项目承包人或供应人为完成一个确定的项目所指向的目标或规定的内容，明确相互的权利义务关系而达成的协议。项目合同具有以下特点：

1. 合同是当事人协商一致的协议，是双方或多方的民事法律行为。

2. 合同的主体是自然人、法人和其他组织等民事主体。

3. 合同的内容是有关设立、变更和终止民事权利义务关系的约定，通过合同条款具体体现出来。

4. 合同需依法成立，只有依法成立的合同当事人才具有法律约束力。

工程项目合同是指承包商进行工程建设，业主支付相应价款的合同。工程建设一般要经过勘察、设计、施工等过程，因此，建设工程合同通常包括工程勘察合同、设计合同、施工合同等。定义中的"承包商"是指在建设工程合同中负责工程项目的勘察设计、施工任务的一方当事人；"业主"是指在建设工程合同中委托承包商进行工程项目的勘察、设计、施工任务的建设单位（业主或项目法人）。

（二）合同的内容

合同的内容由合同双方当事人约定。不同种类的合同其内容不一，繁简程度差别很大。签订一个完备周全的合同，是实现合同目的、维护自己合法权益、减少合同争执的最基本的要求。合同通常包括如下几个方面内容：

1. 合同当事人

合同当事人指签订合同的各方，是合同的权利和义务的主体。当事人是平等主体的自然人、法人或其他经济组织。但对于具体种类的合同，当事人还"应当具有相应的民事权利能力和民事行为能力"。

2. 合同标的

合同标的是当事人双方的权利、义务共指的对象。它可能是实物、劳务、行为、智力成果、工程项目等。标的是合同必须具备的条款。没有标的的合同是空的，当事人的权利义务无所依托，合同不能成立。标的不明确、不具体的合同是无法履行的，合同也不能成立。

工程承包合同，其标的是完成工程项目。

合同标的是合同最本质的特征，通常合同是按照标的来分类的。

3. 标的的数量和质量

标的的数量和质量共同定义标的的具体特征。标的的数量一般以度量衡作为计算单位，以数字作为衡量标的的尺度。没有数量或数量的规定不明确，当事人双方的权利义务的多少、合同是否完全履行都无法确定。必须严格按法定计量单位填写，以免当事人产生不同的理解。施工合同的数量主要体现的是工程量的大小。

标的的质量是指质量标准功能技术要求、服务条件等，是标的的内在品质和外观形态的综合指标。签订合同时，必须明确质量标准，对质量标准的约定应当明确而具体。对于强制性的标准，当事人必须执行，合同约定的质量不得低于工程强制性标准。对于推荐性的标准，国家鼓励采用。当事人没有约定质量标准时，如果有国家标准，则依国家标准执行；如果没有国家标准，则依行业标准执行；没有行业标准，则依地方标准执行；没有地方标准，则依企业标准执行。

4.价款或酬金

合同价款或酬金即取得标的的方向对方支付的代价，作为对方完成合同义务的补偿。合同中应写明价款数量、付款方式和结算程序。

5.期限履行地点和方式

合同期限指履行合同的期限，即从合同生效到合同结束的时间。履行地点指合同标的交付和价款或酬金支付的地点，施工合同的履行地点是工程所在地。履行方式指标的交付方式和价款或酬金的结算方式。

由于项目活动都是在一定的时间和空间上进行的，离开具体的时间和空间，项目活动是没有意义的，所以合同中应非常具体地规定合同期限和履行地点。

6.违约责任

违约责任是指合同任何方因不履行或不适当履行合同规定的义务而侵犯了另一方权利时所应承担的法律责任。当事人可以在合同中约定，一方当事人违反合同时向另一方当事人支付一定数额的违约金，或者约定违约损害赔偿的计算方法。

违约责任是合同的关键条款之一。没有规定违约责任，则合同对双方难以形成法律约束力，难以确保圆满地履行，发生争执也难以解决。

7.合同争议的解决方法

在合同履行过程中不可避免地会产生争议，为使争议发生后能够有一个双方都能接受的解决办法，应当在合同条款中对此做出规定。如果当事人希望将仲裁作为解决争议的方式，则必须在合同中约定仲裁条款，因为仲裁是以自愿为原则的。按现行制度，仲裁属于法律行为，仲裁和诉讼都是争议的最终解决方式，只能选择一种。

（1）和解。和解是当事人各方坐下来友好协商谈判以解决问题。这是最令人满意的解决索赔问题的方法。谈判可以避免破坏承包商与业主工程师之间的关系。

谈判解决索赔争议，不仅可以节省大量用于法律程序的费用、时间、人力和精力，而且不会伤害双方的感情。承包商要想获得良好的信誉，不能随意采取强硬方式，即使通过司法程序解决争端有十分把握胜诉，还是选择谈判解决为好，这有利于树立良好的企业形象。

（2）调解。调解是由独立、客观的第三方（如监理工程师）帮助争议双方，在经过和解后，不能达成一致意见时，通过说服工作，促使当事人双方互相做出适当的让步，平息争端，自愿达成一个都可接受的协议。调解不是决断谁负责任，是一种非对抗性的解决索赔争端的方法。

（3）仲裁。仲裁亦称公断，是当事人双方在争议发生前或争议发生后达成协议，自愿将争议交给第三者做出裁决，并负有自动履行义务的一种解决争议的方式。因为双方是自愿的，故必须有仲裁协议。如果当事人之间有仲裁协议，当争议发生又无法通过和解、调解解决时，则应及时将争议提交仲裁机构仲裁。

（4）诉讼。诉讼是指合同当事人依法请求人民法院行使审判权，审理双方之间发生的合同争议，做出有国家强制保证实现其合法权益，从而解决纠纷的审判活动。双方当事人如果未约定仲裁协议，则只能以诉讼作为解决争议的最终方式。

（三）工程项目合同的特点

我国的《合同法》中规定了 15 种典型的合同，建设工程合同就是其中的一种。建设工程合同作为一种特殊的合同形式，具有合同的一般特征，同时又有它独有的特征。

1. 建设工程合同的主体只能是法人

建设工程合同的主体一般只能是法人。"法人"是相对于"自然人"而言的，它是指具有独立民事权利能力和民事行为能力，能依法独立承担民事义务的组织。建设工程合同的标的是建设工程，它具有投资大、建设周期长、质量要求高、技术力量要求全面等特点，作为公民个人（自然人）是不能独立完成的。同时，作为法人，也并不是每个法人都可以成为建设工程合同的主体，而是需要经过批准加以限制的。因此，建设工程合同的主体不仅是法人，而且必须是具有某种资格的法人。业主应是经过批准能够进行工程建设的法人，必须有国家批准的项目建设文件，并具有相应的组织协调能力。承包商必须具备法人资格，同时具有从事相应工程勘察设计施工的资质。

2. 建设工程合同的标的仅限于建设工程

建设工程合同的标的只能是建设工程而不能是其他物。这里所说的建设工程主要是指土木工程、建筑工程、线路管道和设备安装工程及装修工程等。建设工程对国家、社会有特殊的意义，其工程建设对合同双方当事人都有特殊要求，这使得建设工程合同有别于一般的合同。

3. 建设工程合同主体之间的经济法律关系错综复杂

在一个建设工程中，涉及业主、勘察设计单位、施工单位、监理单位、材料设备供应商等多个单位。各单位之间的经济法律关系非常复杂，一旦出现工程法律责任，往往出现连带责任，所以建设工程合同应当采用书面形式，并且为法定合同，这是由建设合同履行的特点所决定的。

4. 合同履行周期长且具有连续性

由于建设项目实施的长期性，合同履行必须连续而循序渐进地进行，履约方式也表现出连续性和渐进性。这就要求项目合同管理人员，要随时按照合同的要求结合实际情况对工程质量进度等予以检查，以确保合同的顺利实施。履约期长是由于工程项目规模大、内容复杂所致。在长时间内，如何按照合同约定，认真履行合同规定的义务，对项目合同实施全过程的管理，是应该注意的问题。

5. 合同的多变性与风险性

由于工程项目投资大、周期长，因而在建设中相应地受地区、环境、气候、地质、政治、经济及市场等各种因素变化的影响比较大，在项目实施过程中经常会出现设计变更及进度计划的修改，以及对合同某些条款的变更。因此，在项目管理中，要有专人及时做好设计或施工变更洽谈记录，明确因变更而产生的经济责任，并妥善保存相关资料，作为索赔、变更或终止合同的依据。因此，建设工程合同的风险相对于一般合同来说要大得多，在合同的签订、变更及履行的过程中，要慎重分析研究各种风险因素，做好风险管理工作。

（四）工程合同的分类

按照《合同法》的规定，建设工程合同包括三种，即工程勘察合同、工程设计合同、工程施工合同。

建设工程勘察合同是承包方进行工程勘察，发包人支付价款的合同。建设工程勘察单位称为承包方，建设单位或者有关单位称为发包方。

建设工程勘察合同的标的是为建设工程需要而做的勘察成果。工程勘察是工程建设的第一个环节，也是保证建设工程质量的基础环节。为了确保工程勘察的质量，勘察合同的承包方必须是经国家或省级主管机关批准、持有勘察许可证，具有法人资格的勘察单位。

建设工程勘察合同必须符合国家规定的基本建设程序，勘察合同由建设单位或有关单位提出委托，经与勘察部门协商，双方取得一致意见，即可签订，任何违反国家规定的建设程序的勘察合同均是无效的。

建设工程设计合同是承包方进行工程设计，委托方支付价款的合同。建设单位或有关单位为委托方，建设工程设计单位为承包方。

建设工程设计合同是为建设工程需要而做的设计成果。工程设计是工程建设的第二个环节，是保证建设工程质量的重要环节。工程设计合同的承包方必须是经国家或省级主要机关批准，持有设计许可证，具有法人资格的设计单位。只有具备了上级批准的设计任务书，建设工程设计合同才能订立；小型单项工程必须具有上级机关批准的文件方能订立。如果单独委托施工图设计任务，应当同时具有经有关部门批准的初步设计文件方能订立。

建设工程施工合同是工程建设单位与施工单位，也就是发包方与承包方以完成商定的建设工程为目的，明确双方相互权利义务的协议。建设工程施工合同的发包方可以是法人，也可以是依法成立的其他组织或公民，而承包方必须是法人。

建设工程施工合同有以下主要特点：

1. 对合同承包方的主体资格要求严格

要审查承包方的资质证明、营业执照、安全生产合格证、企业等级证书。外地建设企业进驻当地施工，应当根据当地政府的有关规定办理必要的手续，如进省（市）许可证等。

2. 合同的标的物具有特殊性

合同的标的物是建设产品，其特殊性表现为建设产品的固定性和生产的流动性；建设产品类别庞杂，形成其产品个体性和生产的单件性；建设产品体积庞大，消耗的人力、物力、财力多，一次性投资数额大。

3. 施工合同执行周期长

由于建设产品的体积庞大、结构复杂，建设周期都比较长，因此，施工合同的执行期也较长。

4. 合同内容特殊

建设工程施工合同内容繁杂、合同执行周期长，许多内容均应当在合同中明确约定，因此建设工程施工合同较其他类型合同的内容要多。合同除涉及双方当事人外，还要涉及地方政府、工程所在地单位和个人的利益等等，因此建设合同工程施工合同涉及面较广，也较复杂。

工程项目合同按照不同的标准有多种不同的表示方法。

（1）按合同签约的对象内容划分

1）建设工程勘察、设计合同。其是指业主与勘察人、设计人为完成一定的勘察、设计任务，明确双方权利、义务的协议。

2）建设工程施工合同。它通常也称为建筑安装工程承包合同，是指建设单位和施工单位为了完成商定的或通过招标投标确定的建筑工程安装任务，明确相互权利、义务关系的书面协议。

3）建设工程委托监理合同。它简称监理合同，是指工程建设单位聘请监理单位代其对工程项目进行管理，明确双方权利、义务的协议。建设单位称委托人、监理单位称受委托人。

4）工程项目物资购销合同。它是由建设单位或承建单位根据工程建设的需要，分别与有关物资供销单位，为执行建筑工程物资（包括设备、建材等）供应协作任务，明确双方权利和义务而签订的具有法律效力的书面协议。

5）建设项目借款合同。它是由建设单位与中国人民建设银行或其他金融机构，根据国家批准的投资计划、信贷计划，为保证项目贷款资金供应和项目投产后能及时收回贷款签订的明确双方权利、义务关系的书面协议。

除以上合同外，还有运输合同、劳务合同、供电合同等等。

（2）按合同签约各方的承包关系划分

1）总包合同。建设单位（发包方）将工程项目建设全过程或其中某个阶段的全部工作，发包给一个承包单位总包，发包方与总包方签订的合同称为总包合同。总包合同签订后，总承包单位可以将若干专业性工作交给不同的专业承包单位去完成，并统一协调和监督其工作。在一般情况下，建设单位仅同总承包单位发生法律关系，而不同各专业承包单位发生法律关系。

2）分包合同。分包合同即总承包方与发包方签订了总包合同之后，将若干专业性工作分包给不同的专业承包单位去完成，总包方分别与几个分包方签订的分包合同。对于大型工程项目，有时也可由发包方直接与每个承包方签订合同，而不采取总包形式。这时每个承包方处于同等的地位，各自独立完成本单位所承包的任务，并直接向发包方负责。

（3）按承包合同的不同计价方法划分

1）固定总价合同。采用这类合同的工程，其总价是以施工图纸和工程说明书为计算依据，在招标时将造价一次包死。在合同执行过程中，不能因为工程量、设备、材料价格、工资等变动而调整合同总价。但人力不可抗拒的各种自然灾害、国家统调整价格、设计有重大修改等情况除外。

2）计量合同。计量合同又称单价合同，分为两种形式：

工程量清单合同。这种合同通常由建设单位委托设计、咨询单位计算出工程量清单，分别列出分部分项工程量。承包商在投标时填报单价，并计算出总造价。工程施工过程中，各分部分项的实际工程量应按实际完成量计算，并按投标时承包商所填报的单价计算实际工程总造价。这种合同的特点是在整个施工过程中单价不变，工程承包金额将有变化。

单价一览表合同。这种合同包括一个单价一览表，发包单位只在表中列出各分部分项工程，但不列出工程量。承包单位投标时只填各分部分项工程的单价。工程施工过程中按实际完成的工程量和原填单价计价。

3）成本加酬金合同。这类合同中的合同总价由两部分组成。一部分是工程直接成本，是按工程施工过程中实际发生的直接成本实报实销；另一部分是事先商定好的一笔支付给承包商的酬金。

（五）合同管理的重要性

在现代工程项目管理中，合同管理已越来越受人们的重视。人们将它作为项目管理的一大职能，在一些工程项目管理教育中，都把合同管理作为一个主要的内容。这主要有以下几方面的原因。

1. 在现代工程项目中合同已越来越复杂

这表现在以下三个方面：

（1）在工程中相关的合同多，一般都有几十份、几百份，甚至几千份合同，它们之间有复杂的关系。

（2）合同特别是承包合同的文件多，包括合同条件、协议书、投标书、图纸规范、工程量表，合同条款越来越多。

（3）合同生命期长，实施过程复杂；合同过程中争执多、索赔多，所以要求专业化的合同管理。

2. 合同管理的核心地位

由于合同将工期成本、质量目标统一起来，划分各方面的责任和权利，所以在项目管理中合同管理居于核心地位，作为一条主线贯穿始终。没有合同管理，项目管理目标不明确，不能形成系统。

3. 严格的合同管理是国际惯例

工程项目管理的国际化是一个大趋势。这方面的国际惯例主要体现在符合国际惯例的招标投标制度、建设工程监理制度、国际通用的 FIDIC 合同条件等，这些都与合同管理有关。

（六）工程建设中的主要合同关系

工程建设是一个综合性极强的社会生产过程。随着社会的进步和建筑技术的发展，建筑工业也将实现社会化大生产，并且专业分工越来越细。任何一个项目都会涉及许多个经济主体，而合同就是它们之间联系的纽带和桥梁。因此，在一个工程中，相关的合同可能有许多份，从而使得每一个工程均有一个复杂的合同网络。在这个网络中，业主和承包商是两个最主要的节点。

1. 业主的主要合同关系

业主是指既有某项工程建设需求，又具有该项工程的建设资金和各种准建手续，在建筑市场中发包工程项目建设的勘察、设计、施工任务，并最终得到建筑产品达到其经营使用目的的政府部门、企事业单位和个人，所以业主是工程的投资方，是工程的所有者。业主根据对工程的需求，确定工程项目的整体目标。这个目标是所有相关工程合同的核心。要实现工程目标，业主必须将建筑工程的勘察、设计、各专业工程施工、设备和材料供应等工作委托出去，必须与有关单位签订如下合同：

（1）咨询合同，即业主与咨询公司签订的合同。咨询公司负责工程的可行性研究、设计监理招标和施工阶段监理等某一项或几项工作。

（2）勘察、设计合同，即业主与勘察设计单位签订的合同。勘察和设计单位负责工程的地质勘查和设计工作。

（3）供应合同，当业主负责提供工程材料和设备时，业主与有关材料和设备供应单位签订供应合同。

（4）工程施工合同，即业主与工程承包商签订的工程施工合同。一个或几个承包商分别承包土建机电安装、通风管道、装饰工程、通信工程等施工任务，业主将与不同的承包商分别签订合同。

（5）贷款合同，即业主与金融机构签订的合同，后者向业主提供资金保证。按照资金来源的不同，可能有贷款合同、合资合同等。

按照工程承包方式和范围的不同，业主可能要订立几十份合同。例如，将工程分专业、分阶段委托、将材料和设备供应分别委托，也可能将上述委托以各种形式合并，如把土建和安装委托给一个承包商，把整个设备供应委托给一个成套设备供应企业。当然，业主还可以与一个承包商订立一个总承包合同，由该承包商负责整个工程的设计、供应、施工，甚至管理等工作。因此，不同合同的工程范围和内容会有很大区别。

2. 承包商的主要合同关系

承包商是指拥有一定数量的建筑设备、流动资金、工程技术经济管理人员及一定数量的工人，取得营业执照和相应资质证书的，能够按照业主的要求提供不同形态的建筑产品并最终得到相应工程价款的建筑施工企业。所以承包商是工程的具体实施者，是工程承包合同的执行者。承包商通过投标接受业主的委托，签订工程承包合同。承包商为了完成施工任务，也会将其可能不具备的某些专业工程施工能力的工程内容及不能自行完成的某些材料、设备、生产、供应任务以合同的形式委托出去，这样承包商也有自己复杂的合同关系，通常有以下几种：

（1）分包合同

对于一些大的工程或专业化程度相对较高的工程，承包商通常必须与其他承包商合作才能完成业主委托给他的全部施工任务，于是承包商把从业主那里承接到的工程中的某些分项工程或某专业工程分包给另外的承包商来完成，这样承包商将与其签订分包合同，由分包商来完成总承包商分包给自己的工程，与业主无合同关系，而只向总承包商负责。总承包商则向业主担负全部的工程责任，负责工程的管理和所属各分包商工作之间的协调及各分包商合同责任界面的划分，同时承担协调失误造成的损失，向业主承担工程风险。在投标书上，承包商必须填写拟定分包工程的内容，以供业主评审。在工程施工中，选择的分包商，必须经过监理工程师的批准。

（2）物资采购合同

承包商必须保证及时采购与供应工程施工所需的材料与设备，因此其与供应商将签订物资采购合同。物资采购合同应依据施工合同订立，并以转移财物和支付价款为基本内容。

（3）运输合同

这是承包商为解决材料和设备的运输问题而与运输单位签订的合同。

（4）加工合同

加工合同，即承包商将建筑构配件、特殊构件加工任务委托给加工承揽单位而签订的合同。

（5）租赁合同

在工程建设工程中，承包商需要许多施工设备运输设备、周转材料。当有些设备、周转材料在现场使用率较低，或自己购置需要大量资金投入而自己又不具备这个经济实力时，可以采用租赁方式，这样承包商就将与租赁单位签订租赁合同。

（6）劳务供应合同

建筑产品往往要花费大量的人力、物力和财力，承包商不可能全部采用固定工来完成工程建设任务。为了满足任务的临时需要，往往要与劳务供应商签订劳务供应合同，由劳务供应商向工程提供劳务。

（7）保险合同

承包商按施工合同要求对工程进行保险，与保险公司签订保险合同。

以上即承包商为了履行与业主签订的工程承包合同而与其他经济主体签订的经济合同，这些经济主体与项目业主之间没有直接的经济关系。另外，在许多大型工程中，尤其在业主要求总承包的工程中，承包商有可能是几个企业的联营，即联营承包，这时承包商之间还需签订联营合同。施工承包单位有时也与某咨询单位签订合同管理、施工索赔之类的委托合同。

（七）合同类型的选择

合同结算类型的选择，取决于下列因素：

1. 业主的意愿

有的业主宁愿多出钱，一次以总价合同包死，以免以后加强对承包人的监督而带来的麻烦。

2. 工程设计的具体、明确程度

如果承包合同不能规定得比较明确，双方都不会同意采用固定价格合同，只能订立实际成本加酬金合同。

3. 项目的规模及其复杂程度

规模大而复杂的项目，承包风险较大，不易估算准确，不宜采用固定价格合同。即使采用限额成本加酬金或目标成本加酬金也很困难，故以实际成本加固定酬金再加奖励为宜，或者有把握的部分采用固定价格合同，估算不准的部分采用实际成本加酬金合同。

4. 工程项目技术先进性程度

若属新技术开发项目，甲、乙双方过去都没有这方面的经验，一般以实际成本加酬金为宜，不宜采用固定价格合同。

5. 承包人的意愿和能力

有的工程项目对承包人来说已有相当丰富的建设经验，如果要他建设这种类似的工程项目，只要项目不太大，他是愿意也有能力采用固定价格合同来承包工程的。因为总价合同可以取得更多的利润。然而有的承包人在总包项目建设时，考虑到自己的承担能力有限，决定一律采用实际成本加酬金合同，不采用固定价格。

6. 工程进度的紧迫程度

招标过程是费时间的，对工程设计要求也高，所以工程进度太紧时，一般不宜采用固定价格合同，可以采用实际成本加酬金的合同方式，选择有信誉、有能力的承包人提前开工。

7. 市场情况

如果只有一家承包人参加投标，又不同意采用固定价格合同，那么业主只能同意采用实际成本加酬金合同。如果有好几家承包单位参加竞标，业主提出的要求承包人均愿意考虑。当然如果承包人技术管理水平高、信誉好，愿意采取什么合同，业主也会考虑。

8. 甲方的工程监督力量如果比较弱，最好将工程由承包人以固定价格合同总承包

如果采用实际成本加酬金合同，就要求甲方有足够的合格监督人员，对整个工程实行有效的控制。

9. 外部因素或风险的影响

政治局势、通货膨胀、物价上涨、恶劣的气候条件等都会影响承包工程的合同结算方式。如果业主和承包人对工程建设期间这些影响无法估计，乙方一般不愿采用固定价格合同，除非业主愿意承担在固定价格中附加一笔相当大的风险费用（预备费）。

一个项目究竟应该采取哪种合同形式不是固定不变的。有时候一个项目中各个不同的工程部分，或不同阶段就可能采取不同形式的合同。业主在制订项目分包合同规划时，必须根据实际情况，全面地、反复地权衡各种利弊，做出最佳决策，选定本项目的分项合同种类和形式。

（八）做好合同管理的必备条件

合同管理是一项细致的任务，对合同双方有特殊的重要意义。可以说，如果不熟练地掌握合同，利用合同条款维护自己的合法利益，承包商会失去许多取得补偿的机会，蒙受损失和亏损；业主会失去坚持工程质量的机会，取得一项不合格的工程项目，却付出过大的经济代价。

1. 建立合同管理机构，培养合同管理人员

按合同规定办事，是国际工程承包工作的原则，不熟悉或不善于应用合同文件，就做不好合同管理工作，不能维护自己的合法利益。因此，许多有远见的工程承包公司的领导人，都把培养人才，包括合同管理人员，放在自己工作的重要日程上。工程承包公司总部的合同管理部门的任务主要有以下方面：

（1）作为公司领导在合同管理方面的参谋，对公司的合同或协议书的起草、审核和签订起把关作用。

（2）处理和检查各工程项目组在合同实施过程中出现的重大问题，帮助项目组处理合同难题，及时解决合同纠纷。

（3）对重大的工程项目，从投标报价开始，应在确定报价、实施合同等方面进行指导。

（4）协助各工程项目组抓好施工索赔工作。尤其是情况复杂、索赔额大的工程项目，应协助项目组处理好编报文件和进行谈判等重大问题。

2. 每个工程项目应配备专职的合同管理人员，大型项目应配备合同管理组

工程项目组的工作内容如前所述。应特别注意的是，在合同实施过程中，应处理好同业主代表——工程师或施工监理的关系，密切协作配合，共同管理好工程项目的建设。对于合同条款的不同理解或合同纠纷，应充分协商，避免对立情绪。工程施工的实践证明，凡是合同双方协调合作的项目，实施均较顺利，双方均能取得满意的结果；凡是合同双方对立争执的项目，往往导致工程的拖期或停工，造成工程质量低劣，经济上两败俱伤。

对于业主的代表，即工程师或施工监理来说，应按照工程技术咨询的职业道德原则办事，即在做出决定、判断是非或确定价格方面，坚持独立公平的原则，严格按合同文件和国际惯例办事。在实践中，个别的工程师为讨好业主，或掩盖自己勘测设计工作中的缺陷，往往把责任推给承包商一方，这种不公平的做法，应予以避免。

3. 认真研究和应用有关的法律规定

每个施工合同中，都明确指出了合同适应的法律、法令和法规。各工程承包公司的项目组应有目的、系统地搜集和研究有关的各种资料，提高这一工作的广度和深度，以利于长远的业务发展工作。

4.总结和增加合同管理工作经验

通过每一项承包实践，认真总结经验，并不断吸取国际上的新经验，提出在投标报价、签订合同、实施合同等方面的经验，加强信息管理分析工作，进一步提高自己的技术经济实力和施工承包信誉。

七、工程施工成本管理

（一）项目成本

成本是一个价值范畴，其实质是生产产品所消耗物化劳动的转移价值及相当于工资那一部分活劳动所创造价值的货币表现。

工程项目成本是指建设企业以建设项目为成本核算对象的建设过程中所耗费的生产资料转移价值和劳动者的必要劳动所创造的价值的货币形式，也就是建设项目在建设中所发生的全部生产费用的总和。

1.按成本发生的时间划分

（1）预算成本。工程预算成本反映了各地区建筑业的平均成本水平。它根据由施工图、全国统一的工程量计算规则计算出来的工程量，全国统一的建筑安装基础定额和由各地区的市场劳务价格、材料价格信息及价差系数，并按有关取费的指导性费率进行计算。

（2）合同价。合同价是业主在分析众多投标书的基础上，最终与一家承包商确定的工程价格，最终在双方签订的合同文件中确认，作为工程结算的依据。对于承包商来说是通过报价竞争获得承包资格而确定的工程价格。合同价是项目经理部确定成本计划和目标成本的主要依据。

（3）计划成本。计划成本是在项目经理领导下组织施工、充分挖掘潜力、采取有效的技术措施和加强管理与经济核算的基础上，预先确定的工程项目的成本目标。它是根据合同价及企业下达的成本降低指标，在成本发生前预先计算的。它对企业和项目经理部的经济核算、建立和健全成本管理责任制、控制施工过程中生产费用、降低项目成本具有十分重要的作用。

（4）实际成本。实际成本是施工项目在报告期内实际发生的各项生产费用的总和。实际成本与计划成本比较，可反映成本的节约或超支；实际成本与合同价比较，可反映项目的盈亏情况。计划成本和实际成本都反映了施工企业成本管理水平，它受企业本身的生产技术施工条件、项目经理部组织管理水平及企业生产经营管理水平所制约。

2.按生产费用计入成本的方法划分

（1）直接成本。直接成本是指直接耗用于工程并能直接计入工程对象的费用。

（2）间接成本。间接成本通常是按照直接成本的比例进行计算的。

3.按成本习性来划分

（1）固定成本。固定成本是指在一定期间和一定的工程范围内，其发生的成本额不受工程量增减变动的影响而相对固定的成本，如折旧费、管理人员工资等。固定成本是为了保持一定的企业生产经营条件而发生的。

（2）变动成本。变动成本是指发生额随着工程量的增加而成正比变动的费用，如用于工程的材料费、工人工资等。

（二）工程项目成本管理的概念

工程项目成本包括直接成本和间接成本。其中，直接成本包括人工费、材料费、机械费和其他直接费；间接成本是指实施工程过程中发生的管理费和临时设施费等。工程项目成本管理是对工程项目建设中所发生的成本，有组织、系统地进行预测、计划、控制、计算、分析和考核等一系列的科学管理工作。其目的在于组织和动员群众，在保证产品质量的前提下，挖掘降低成本的潜力，达到以最少的生产耗费取得最大的生产成果的目的。

工程项目成本管理首先应成立以项目经理为中心的成本控制体系；其次，应按内部各岗位和作业层进行成本目标分解；最后，应明确各管理人员和作业层的成本责任、权限及相互关系。项目经理部应对施工过程中发生的各种消耗和费用进行责任成本控制，并承担成本风险。项目成本控制包括成本预测、计划、实施、核算、分析、考核、整理成本资料与编制成本报告共八个环节。企业对项目经理部的成本控制进行服务。

（三）工程项目成本管理的内容

工程项目成本管理是建筑企业项目管理系统中的一个子系统，这一系统的具体工作内容包括成本预测、成本决策、成本计划、成本控制、成本核算、成本分析和成本考核等。项目经理部在项目施工过程中，对所发生的各种成本信息，通过系统地、有组织地进行预测、计划、控制、核算和分析等一系列工作，促使工程项目系统内各种要素按照一定的目标运行，使施工项目的实际成本能够控制在预定的计划成本范围内。

1. 工程项目成本预测

项目成本预测是通过成本信息和项目的具体情况，运用一些特殊的方法，对未来的成本水平及其可能发展趋势做出科学的估计，其实质就是工程项目在施工以前对成本进行核算。通过成本预测，可以使项目经理部在满足业主和企业要求的前提下，选择成本低、效益好的最佳成本方案，并能够在工程项目成本形成过程中，针对薄弱环节，加强成本控制，克服盲目性，提高预见性。因此，工程项目成本预测是工程项目成本决策与计划的重要依据。

2. 工程项目成本计划

工程项目成本计划是项目经理部对工程项目成本进行计划管理的工具。它是以货币形式编制工程项目在计划期内的生产费用、成本水平、成本降低率及为降低成本所采取的主要措施和规划的书面方案，是建立工程项目成本管理责任制、开展成本控制和核算的基础。一般来讲，一个工程项目成本计划应该包括从开工到竣工所必需的所有施工成本，它是该工程项目降低成本的指导文件，是设立目标成本的依据。同时，成本计划也是目标成本的一种形式。

3. 工程项目成本控制

工程项目成本控制是指项目在施工过程中,对影响工程项目成本的各种因素加强管理,并采取各种有效措施,将施工中实际发生的各种消耗和支出严格控制在成本计划范围内,随时揭示并及时反馈,严格审查各项费用是否符合标准,计算实际成本和计划成本之间的差异并进行分析,消除施工中的损失浪费现象,通过成本控制,使之最终实现甚至超过预期的成本目标。工程项目成本控制应贯穿于施工项目从开始的招投标阶段直至项目竣工验收阶段的全过程,它是企业全面成本管理的重要环节。因此,必须明确各级管理组织部门和各级人员的责任和权限,这作为成本控制的基础之一,必须给予足够的重视。

4. 工程项目成本核算

工程项目成本核算是指工程项目施工过程中所发生的各种费用和形成工程项目成本的核算。它包括两个基本环节:一是按照规定的成本开支范围对工程施工费用进行归集,计算出工程项目施工费用的实际发生额;二是根据成本核算对象,采取适当的方法,计算出该工程项目的总成本和单位成本。工程项目成本核算所提供的各种成本信息,是成本预测、成本计划、成本控制、成本分析和考核等各个环节的依据。因此,加强工程项目成本核算工作,对降低工程项目成本、提高企业的经济效益有重要的作用。

5. 工程项目成本分析

工程项目成本分析是在成本形成过程中,对工程项目成本进行的对比评价和剖析总结工作。它贯穿于工程项目成本管理的全过程,也就是说工程项目成本分析主要是利用工程项目的成本核算资料(成本信息),与目标成本(计划成本)、预算成本及类似的工程项目的实际成本等进行比较,了解成本的变动情况。同时还要分析主要技术经济指标对成本的影响,系统地研究成本变动的因素,检查成本计划的合理性,并通过成本分析,深入揭示成本变动的规律,寻找降低工程项目成本的途径,以有效地进行成本控制,减少施工中的浪费,促使企业和项目经理部遵守成本开支范围和财务纪律,更好地调动广大职工的积极性,加强工程项目的全员成本管理。

6. 工程项目成本考核

成本考核是工程项目完成后对工程项目成本形成中的各责任者,按工程项目成本责任制的有关规定,将成本的实际指标与计划定额、预算进行对比和考核,评定工程项目成本计划的完成情况和各责任者的业绩,并据此给予相应的奖励或处罚。成本考核是实现成本目标责任制的保证和实现决策目标的重要手段。通过成本考核,做到有奖有罚、赏罚分明,以有效地调动企业的每一个职工在各自的施工岗位上努力完成目标成本的积极性,让他们能够为降低工程项目成本和增加企业的积累,做出自己的贡献。

工程项目成本管理系统中每一个环节都是相互联系和相互作用的。成本预测是成本决策的前提,而成本计划是成本决策所确定目标的具体化。成本控制实则是对成本计划的实施进行监督,以保证决策的成本目标实现;而成本核算相当于成本计划是否顺利实现的最终检验,它所提供的成本信息还能为下一个工程项目成本预测和决策提供基础资料。

第二章 闸坝工程

第一节 重力坝

重力坝是主要依靠坝体自重所产生的抗滑力来满足稳定要求的挡水建筑物。在世界坝工史上最古老，也是采用最多的坝型之一。

我国已建的重力坝有刘家峡、新安江、三门峡、丹江口、丰满、潘家口、三峡、龙潭等。其中，三峡混凝土重力坝和龙潭混凝土重力坝分别高达181m和216.5m。

重力坝坝轴线一般为直线，垂直坝轴线方向设置横缝，将坝体分成若干个独立工作的坝段，以免因坝基发生不均匀沉降和温度变化而引起坝体开裂。为了防止漏水，在缝内设多道止水。重力坝的横剖面一般做成上游面接近铅直的近似三角形断面，结构受力形式为固结于坝基上的悬臂梁。

一、重力坝的工作原理及特点

重力坝是用混凝土或浆砌石修筑的大体积挡水建筑物。其正常工作时，依靠坝体自身重量在坝体与地基接触面上产生的抗滑力抵抗由坝上、下游水位差产生的水平推力而达到稳定要求；利用坝体自重在水平截面上产生的压应力来抵消由于水压力等荷载引起的拉应力以满足强度要求。但坝基或坝体最大压应力应小于坝基（坝体）的允许压应力。

与其他坝型相比，重力坝在施工和运行中具有以下特点：

1. 对地形、地质条件的适应性较好。任何形状的河谷都可以修建重力坝。地质上除承载力低的软基和难以处理的断层、破碎带等构造的岩基外，均可建重力坝。

2. 重力坝便于解决泄洪及导流问题。由于筑坝材料的抗冲能力强，其施工期可以利用较低坝块或预留底孔导流，坝体可以溢流，也可在坝内设置泄水孔，重力坝一般不需另设河岸式溢洪道。

3. 重力坝结构简单、体积大，有利于机械化施工。由于断面尺寸大，材料强度高，耐久性能好，抵抗洪水漫顶、渗漏、地震及战争破坏能力强，安全性较高。

4. 传力系统明确，便于分析与设计。运行期间的维护及检修工作量较少。

5. 受扬压力影响大，需采取专门的防渗、排水设施及温控措施。由于坝体与地基的接触面大，相应的坝底扬压力也较大。向上的扬压力抵消了部分坝体重量，对坝体稳定不利，故需采用有效的防渗、排水设施，以减少扬压力、节省工程量。对混凝土重力坝，因其水泥用量大、水泥水化热引起混凝土温度升高，可能导致坝体产生裂缝。在施工中，为控制温度应力，常需采用较复杂的温控措施。

二、重力坝的类型

重力坝按其结构可分为实体重力坝、宽缝重力坝、空腹重力坝、预应力重力坝、装配式重力坝等。

实体重力坝结构简单，其优点是设计和施工均较方便、坝体稳定、应力计算明确；缺点是扬压力大、工程量较大，坝内材料的强度不能充分发挥，易造成浪费。

宽缝重力坝与实体坝相比，具有降低扬压力、节省工程量（节省方量10%~20%）和便于坝内检查及维护等优点；缺点是施工较为复杂，模板用量较多。

空腹重力坝可进一步降低扬压力、节省工程量，并可以利用坝内空腔布置水电站厂房，坝顶溢流宣泄洪水，有利于解决在狭窄河谷中布置发电厂房和泄水建筑物的矛盾。其缺点是腹孔附近可能存在一定的拉应力，局部需要配置较多的钢筋，施工也比较复杂。

预应力重力坝的特点是利用预加应力措施来增加坝体上游部分的压应力，提高抗滑稳定性，从而减小坝体剖面，目前仅在小型工程和除险加固工程中使用。

装配式重力坝是采用预制块组装而筑成的坝，可改善施工质量和降低坝的温度升高，但要求施工工艺精确，接缝应有足够的强度和防水性能。

重力坝按筑坝材料还可分为混凝土重力坝和浆砌石重力坝。

三、重力坝上的作用（荷载）及作用效应组合

1. 荷载

荷载是指外界环境对水工建筑物的影响。荷载按其随时间的变异分为永久荷载、可变荷载和偶然荷载。设计基准期内量值基本不变的作用称永久荷载；设计基准期内量值随时间的变化而与平均值之比不可忽略的荷载称可变荷载；设计基准期内只可能短暂出现（量值很大）或可能不出现的作用称偶然荷载。

永久荷载包括结构自重和永久设备自重、土压力、淤沙压力、预应力、地应力、围岩压力等。

可变荷载包括静水压力、扬压力、动力压力、浪压力、风雪荷载、冰冻压力、楼面（平台）活荷载、门机荷载、温度作用、灌浆压力等。

偶然荷载包括地震作用、校核洪水位时的静水压力等。

建筑物对外界作用的效应，如应力、变形、振动等，称为作用效应。结构上的作用，通常是指对结构产生效应（内力、变形等）多种原因的总称，作用可分为直接作用和间接

作用。直接作用是指直接施加在结构上的集中力或分布力，常称为"荷载"；间接作用则指使该结构产生附加变形或约束变形的原因，如地震、温度作用等。

2. 荷载组合

结构设计状况可分为持久状况、短暂状况和偶然状况三种情况。持久状况指结构在正常使用过程中，一定出现且持续期很长，一般与结构设计基准期为同一数量级的设计状况；短暂状况是指在结构施工（安装）、检修或使用过程中短暂的设计状况；偶然状况是指结构使用过程中出现概率很低、持续期很短的设计状况。

在设计中，应根据不同的设计状况下可能同时出现的作用，按承载能力极限状态和正常使用极限状态分别进行作用组合。各种设计状况均应按承载力极限状态进行设计，持久状况应进行正常使用极限状态设计，偶然状况可不进行正常使用极限状态设计。

按承载能力极限状态设计时，应考虑基本组合和偶然组合，在设计坝体断面时，应计算下列两种组合。

（1）基本组合

基本组合是在持久状况或短暂状况下，永久作用与可变作用的（效应）组合。

按承载能力极限状态进行作用（荷载）的基本组合设计时要考虑的基本荷载，一般包括以下几个方面：

1）坝体及其上的永久设备自重。

2）静水压力。上游正常蓄水位或防洪高水位时，相应的上、下游静水压力。

3）相应正常蓄水位或防洪高水位时的扬压力。

4）淤沙压力。

5）相应正常蓄水位或防洪高水位的重现期 50 年一遇风速引起的浪压力。

6）冰压力（不能与浪压力重合）。

7）相应防洪高水位时的动水压力。

8）大坝上、下游的侧向土压力。

（2）偶然组合

偶然组合是指基本组合下，计入下列一个偶然状态的组合。

1）校核洪水位状态：校核洪水位时静水压力、校核洪水位时扬压力、校核洪水位时风浪压力及动水压力。

2）地震作用状态：地震作用状态包括地震惯性力和地震动水压力等。

另外，坝体在施工和检修的情况下，应按短暂状况和承载能力极限状态的基本组合和正常使用极限状态的短期组合进行设计。

四、重力坝的稳定分析与强度校核

重力坝的设计任务是在各种作用组合情况下，对初拟的断面进行强度校核和稳定验算，最终得出满足强度、稳定要求的经济合理的断面。

1. 重力坝的抗滑稳定分析

在水平水压力及水平荷载作用下，重力坝依靠自重等作用在坝体与基岩胶结面上产生的摩阻力来维持抗滑稳定。当水平力足够大时，摩擦力与黏聚力可达到其抗剪断强度最大值，此时，将达到极限平衡状态。

2. 强度校核

（1）承载能力极限状态强度校核（规定压应力为正、拉应力为负）。

1）坝趾抗压强度极限状态。重力坝正常运行时，下游坝址处产生最大主压应力。

2）坝体选定截面下游的抗压强度承载能力极限状态。当抗力函数大于作用效应函数并满足规范要求时，结构强度是安全的。

（2）重力坝的正常使用极限状态计算。

1）正常使用时，要求坝踵不出现拉应力（计入或不计入扬压力），核算坝踵应力时，应分别考虑短期组合和长期组合。

2）坝体上游面的垂直正应力应大于零，根据规范要求，对于混凝土重力坝，在施工期其下游面垂直拉应力不大于 0.1 MPa。

五、重力坝的材料及构造

1. 混凝土重力坝的材料

重力坝的混凝土，除应有足够的强度外，还应在使用条件下满足抗渗、抗冻、抗磨、抗裂、抗侵蚀等耐久性的要求。

（1）混凝土强度等级

混凝土强度等级是混凝土的重要性能指标，一般重力坝的混凝土抗压强度等级采用 C10、C15、C20、C25 等级别，C7.5 和 C30 使用较少。

大坝（常态）混凝土，一般采用龄期 90 d 和保证率为 80% 的轴心抗压强度。对于碾压混凝土的标准值可采用 180 d 龄期保证率为 80% 的抗压强度。

（2）混凝土的耐久性

1）抗渗性。大坝上游面、基础层和下游水位以下的混凝土应具有较强的抗渗透能力。混凝土抗渗性能常用 W 表示。

2）抗冻性。混凝土的抗冻性能是指混凝土在饱和状态下，经多次冻融循环作用而不破坏，不严重降低强度的性能，通常用 F 表示。抗冻等级一般视气候、冻融循环次数、表面局部小气候条件、水分饱和程度、结构构件重要性等要求选用。

3）抗磨性。抗磨性是指抵抗高速水流或挟砂水流冲刷、磨损的能力。目前，尚未制定出定量的技术标准。对有抗磨要求的溢流面，应采用高强度混凝土。

为了提高坝体的抗裂性，除应合理分缝、分块和采取必要的温控措施外，还应选用低热水泥（大坝矿渣水泥），并掺入适量的粉煤灰或外加剂，以减小水泥用量及水化热。

2. 坝体混凝土的分区

由于坝体各部位的工作条件不同，因而对混凝土强度等级、抗渗、抗冻、抗冲刷等要求各异。为节省和合理使用水泥，通常将坝体按工作条件分区，各区采用不同等级的混凝土。

3. 坝体排水

为减少渗水对坝体的不利影响、降低坝体的渗透压力，在上游坝面设置排水管系。排水管将坝体渗水排入廊道，再由廊道汇于集水井，经由横向排水管排向下游。

排水管至上游坝面的距离一般不小于坝前水深的 1/10~1/12，且不小于 2 m。排水管常用预制无砂混凝土管，间距 2~3 m，内径 15~25 cm。施工时应防止水泥及杂物堵塞。

4. 重力坝坝身廊道

为满足坝基灌浆、排除渗水、观测检查及交通等需求，必须在坝内设置各种廊道，廊道根据需要可沿纵向、横向及竖向布置，互相连通，构成廊道系统。

坝基灌浆廊道沿坝轴向布设在坝踵附近，一般距上游面不小于（0.05~0.1）倍，水头不小于 4~5 m，其底距基岩面 3~5 m，两岸沿岸坡布置到坝肩。廊道尺寸要满足钻机和灌浆要求，一般为 2.5 m×3.0 m。

检查和观测廊道用以安放观测设备等，通常沿坝高 15~30 m 设一道。此种廊道最小尺寸为 1.2 m×2.2 m。此外，还有交通廊道、坝基的排水廊道等。

坝内廊道的布置力求一道多用，以减少廊道数目，廊道距上游坝面不小于 2~2.5 m，廊道的断面形式多采用城门洞形。

5. 坝体分缝与止水

（1）坝体分缝

一般按缝的作用分类，可分为沉降缝、温度缝和工作缝。沉降缝是将坝体分成若干段，以防地基的不均匀沉降产生裂缝，该缝常设在地基岩性突变处。温度缝是以减小坝体伸缩时地基对坝体的约束及新旧混凝土之间的约束而造成的裂缝。工作（施工）缝主要是便于分期分块浇筑、装拆模板及混凝土的散热而设的临时缝。

按缝的位置分类，可分为横缝、纵缝和水平缝。横缝是垂直于坝轴线的竖向缝，可兼作沉降缝和温度缝。永久性缝从坝底至坝顶贯通，将坝体分为若干独立的坝段，不设缝槽，不灌浆。横缝间距一般为 12~24 m。当坝内设有泄水孔或电站引水管道时，还应考虑泄水孔和电站机组间距。

特殊情况下，横缝也可做成临时缝，用于岸坡较陡、坝基地质条件较差或强地震区，主要为提高坝体的抗滑稳定性。施工期坝体分段浇筑，然后对横缝进行灌浆，形成整体。

纵缝是为适应混凝土浇筑能力和减小施工期温度应力而设置的临时缝，可兼作温度缝和施工缝。纵缝的布置形式有竖直纵缝、斜缝和错缝。

水平缝是上、下层新、老混凝土浇筑块之间的施工缝，是临时性的。施工时，先将已浇混凝土表面的水泥乳膜冲洗成干净的麻面，铺一层 2~3 cm 厚水泥砂浆，然后再浇筑新混凝土。国内外普遍采用薄层浇筑，每层厚 1.5~4.0m，以利于散热，降低混凝土温度。

（2）止水

重力坝横缝的上游面、溢流面等具有防止水流渗入的部位均应设置止水设施。止水有金属止水、橡胶止水、塑料止水、防渗沥青井等。金属止水又有紫铜片、铝片和镀锌铁片等材料。对高坝的横缝，常采用两道金属止水和一道防渗沥青井。当有特殊要求时，可在横缝的第二、二道止水片与检查井之间进行灌浆，作为止水的辅助设施。

对于中、低坝的横缝止水，第二道止水片可采用橡胶或塑料止水片。低坝（闸）也可采用一道止水片，一般第一道止水片距上游面 0.5~2.0 m。缝止水必须与坝基岩石妥善连接，通常将止水片嵌入基岩 30~50 cm，并用混凝土浇筑密实。

六、重力坝的地基处理

地基处理的目的：提高坝基的抗渗性，减小渗透压力，控制渗漏量；提高坝基岩体强度、整体性和均匀性，以满足抗滑稳定、减小不均匀沉陷和承受坝体的压力。

地基处理的措施，包括开挖清理，固结灌浆，断层破碎带、软弱夹层的专门处理，防渗帷幕灌浆，钻孔排水等。

1. 地基的加固处理

（1）坝基的开挖、清理

根据坝高及大坝的重要性，决定基岩建基面。高坝应建在新鲜、微风化或弱风化层下部的基岩上；对一些中、小型工程，可建在微风化或弱风化、中部基岩上，对两岸较高部位的坝段，其开挖标准可比河床部位适当放宽。

坝基开挖时，边坡保持稳定，顺河向基岩面尽量略向上游倾斜，以增强坝体的抗滑稳定，两岸岸坡应开挖成台阶形以利于坝块的侧向稳定。基坑开挖轮廓应尽量平顺，避免有大的突变，以免应力集中造成坝体裂缝。

基础的开挖应分层进行，靠近底层用小炮爆破，最后 0.2~0.3 m 用风镐开挖，不用爆破。开挖后的基岩面应进行修整，使表面起伏不超过 0.3m。

（2）坝基的固结灌浆

对岩石的节理裂隙采用浅孔低压灌注水泥浆的方法对坝基进行加固处理，称为固结灌浆。固结灌浆的范围主要根据坝基的地质条件、岩石破碎程度及坝基受力情况而定。当基岩较好时，可仅在坝基上、下游应力较大的部位进行。坝基岩石较差而坝又较高时，多进行坝基全面固结灌浆，有的工程甚至灌到坝基以外的一定范围内。

固结灌浆孔采用梅花形的布置，孔距、排距一般为 3~4 m，孔深一般为 5~8 m。帷幕区宜配合帷幕深度确定，一般采用 8~15 m。灌浆时，浆液先稀后稠，灌浆压力一般为 0.2~0.4 MPa，在有混凝土盖重时为 0.4~0.7 MPa，以不掀动岩石为限。

（3）软弱夹层及破碎带的处理

当坝基中存在较大的断层破碎带、软弱夹层、泥化层、裂隙密集带，对坝的稳定和安全影响很大时，则需要进行专门的加固处理。

对倾角较大的断层破碎带，可采用开挖回填混凝土的措施，如做成混凝土塞或混凝土拱进行加固。一般混凝土塞的高度为断层宽度的1~1.5倍，且不小于1 m。混凝土塞的两侧可挖成1：1~1：0.5的斜坡，以便将坝体压力传到两侧的基岩上。混凝土塞应向外延伸至坝基外，延伸长度取1.5~2 m。若软弱层、破碎带与上游水库连通，还必须做好防渗处理。

对于软弱夹层，如埋深浅、倾角缓时，可将其挖除，回填混凝土。对软夹层埋藏较深的，可采用在坝踵做混凝土深齿墙、在夹层内设置混凝土塞、在坝趾岩体内设钢筋混凝土抗滑桩、预应力钢索加固等，以提高坝基的抗滑稳定性。

2. 坝基的防渗处理

重力坝常用的坝基防渗处理措施有水泥帷幕灌浆、混凝土防渗墙等。防渗帷幕灌浆是采用最多的，其灌浆深度应视基岩的透水性、坝体承受的水头和降低渗透压力的要求来确定。当坝基下存在可靠的相对隔水层时，防渗帷幕应伸入该岩层内3~5m，形成封闭的阻水幕。当坝基下相对隔水层埋藏较深或分布无规律时，可以根据降低渗透压力和防止渗透变形等设计要求来确定，一般可在0.3~0.7倍水头范围内选择。

防渗帷幕的排数、排距及孔距，应根据工程地质条件、水文地质条件、作用水头及灌浆试验资料等确定。

帷幕灌浆必须在浇筑一定厚度的坝体混凝土后进行，灌浆压力通常取帷幕孔顶段的1.0~1.5H，在孔底段为2~3H，但不得抬动岩体。水泥灌浆的水灰比常用0.7~0.6，灌浆时浆液由稀逐渐变稠。

3. 坝基排水

为进一步降低坝基面的扬压力，应在防渗帷幕后设置排水孔幕（主、副排水孔）。主排水孔幕可设一排，副排水孔幕坝高可设1~3排。对于尾水位较高的坝，可在主排水幕下游坝基面上设置由纵、横廊道组成的副排水系统，采取抽排措施，当高尾水位历时较长时，宜在坝趾增设一道防渗帷幕。

主排水孔幕应设在坝基帷幕孔的下游2 m左右。其孔距一般为2~3 m，副排水孔的孔距为3~5 m、孔径为150~200 mm。主排水孔深为帷幕深的0.4~0.6倍，对于高坝，不宜小于10 m，副排水孔深可为6~12 m，若坝基有透水层时，排水孔应穿过透水层。

第二节　拱坝

拱坝是坝体向上游凸出，平面呈拱形，拱端支撑于两岸山体上的混凝土或浆砌石的整体结构。其竖向剖面可以直立，或有一定的弯曲。它能把上游水压力等大部分水平荷载通过一系列凸向上游的水平拱圈的作用传给两岸岩体，而将其余少部分荷载通过一系列竖向悬臂梁的作用传至坝基。它不像重力坝要有足够大的体积靠自重维持稳定，而是充分利用了筑坝材料的抗压强度和拱坝两岸拱端的反力作用。拱坝是经济性和安全性均很优越的坝型。

一、拱坝的特点

1. 结构特点

拱坝是一空间壳体结构，坝体结构可近似看作由一系列凸向上游的水平拱圈和一系列竖向悬臂梁组成。坝体结构既有拱的作用又有梁的作用。其所承受的水平荷载一部分由拱的作用传至两岸岩体，另一部分通过竖直梁的作用传到坝底基岩。

拱坝两岸的岩体部分称作拱座或坝肩；位于水平拱圈拱顶处的悬臂梁称作拱冠梁，一般位于河谷的最深处。

2. 稳定特点

拱坝的稳定性主要是依靠两岸拱端的反力作用。

3. 内力特点

拱结构是一种推力结构，在外荷载作用下内力主要为轴向压力，有利于发挥筑坝材料（混凝土或浆砌块石）的抗压强度，坝体厚度相对较薄。对于有条件修拱坝的坝址，修建拱坝与修建同样高度的重力坝相比，拱坝工程量一般可比重力坝工程量节省 1/3~2/3。

拱坝是一高次超静定结构，当坝体某一部位产生局部裂缝时，坝体的梁作用和拱作用将自行调整，坝体应力将重新分配。所以，只要拱座稳定可靠，拱坝的超载能力是很高的。混凝土拱坝的超载能力可达设计荷载的 5~11 倍。比如意大利的瓦依昂拱坝，坝高 262 m，底厚 23 m，厚高比为 0.087，建成后由于库岸大滑坡，2.7 亿 m^3 的滑坡体滑入仅 1.5 亿 m^3 库容的水库内，激起巨大涌浪，涌浪越过坝顶，引起巨大震动，而瓦依昂拱坝仍然安全屹立。拱坝的抗震能力也较强，国内外都有拱坝在受到强烈地震后坝体未曾受到破坏的例子。

4. 性能特点

拱坝坝体轻韧、弹性较好、整体性好，故抗震性能也是很高的。拱坝是一种安全性能较高的坝型。

5. 荷载特点

拱坝坝身不设永久伸缩缝，其周边通常是固接于基岩上，因而温度变化和基岩变化对坝体应力的影响较显著，必须考虑基岩变形的影响，并将温度荷载作为一项主要荷载。

6. 泄洪特点

在泄洪方面，拱坝不仅可以在坝顶安全溢流，而且可以在坝身开设大孔口泄水。目前坝顶溢流或坝身孔口泄水的单宽流量已超过 $200 \, m^3/(s \cdot m)$。

7. 设计和施工特点

拱坝坝身单薄，体形复杂，设计和施工的难度较大，因而对筑坝材料强度、施工质量、施工技术及施工进度等方面要求较高。

二、拱坝对地形、地质的要求

1. 地形条件

衡量是否适宜修建拱坝的首要条件是河谷断面的宽、高比，即开挖后坝顶高程处河谷宽度 L 和坝高 H 的比值（宽高比）。当宽高比小时，拱作用大，可修建较薄的拱坝；当宽高比较大时，拱的作用减少，坝的断面随之增大。根据工程经验：L/H<2 时，可修建薄拱坝；L/H=2.0~3.0 时，可修建中厚拱坝；L/H>3 时，可修建重力拱坝。

在 L/H 相同的情况下，河谷断面的形状会影响拱坝厚度。对于 V 形河谷，拱作用较强，可建薄拱坝；U 形河谷，底部拱的作用显著降低，大部分荷载由梁承担，拱的厚度相应加大；梯形河谷则介于二者之间。

2. 地质条件

拱坝一般要求基岩完整，没有大的断裂和弱夹层，质地均匀且有足够的强度，岩石具有不透水性和耐久性，尤其是两岸拱座岩石的稳定性要好。当坝址地质条件较差时，在查明地质情况的基础上，应进行严格的处理或采取结构措施，以满足设计要求。

三、拱坝的荷载特点及类型

1. 拱坝的荷载特点

作用在拱坝上的荷载有水平径向荷载（包括静水压力、泥沙压力、浪压力、冰压力）、自重、扬压力、地震荷载等。上述荷载与重力坝基本相同，但坝体自重和扬压力在拱坝中所起的作用与重力坝相比较小，拱坝坝体一般较薄，坝体内部扬压力对应力影响不大，在中、小型拱坝和薄拱坝的坝体应力分析中可不考虑扬压力的作用；对于重力拱坝和中厚拱坝则应考虑扬压力的作用；对坝基及拱座稳定进行分析时，应计入扬压力或渗透压力荷载。对于用纯拱法计算的拱坝，一般不考虑坝体自重的影响。而温度荷载上升为拱坝设计的主要荷载。

温度荷载是指拱坝形成整体后，坝体温度相对于封拱温度的变化值。当坝体温度低于封拱温度时，称温降，此时拱圈将缩短并向下游变位，由此产生的弯矩、剪力及位移的方向都与库水压力作用下所产生的弯矩、剪力及位移的方向相同，但轴力方向相反；当坝体温度高于封拱温度时，称温升，拱圈将伸长并向上游变位，由此产生的弯矩剪力和位移的方向与库水压力所产生的方向相反，但轴力方向相同。因此，在一般情况下，温降对坝体应力不利；温升将使拱端推力加大，对坝肩稳定不利。

2.类型

按最大坝高处的坝底厚度 T 和坝高 H 之比（厚高比）分类，拱坝可分为薄拱坝、中厚拱坝和厚拱坝（重力拱坝）。T/H<0.2 的为薄拱坝，T/H=0.2~0.35 的为中厚拱坝，T/H>0.35 的为厚拱坝。

按拱坝体形分，有圆筒拱坝、单曲拱坝和双曲拱坝。

按水平拱圈的形式分，有圆弧拱、三圆心拱、抛物线拱、椭圆拱、不对称拱等厚度拱、变厚度拱等。另外，还有空腹拱坝、周边缝拱坝等。

3.拱坝类型的选择

根据河谷断面选择拱坝类型。

（1)U 形河谷。由于 U 形河谷宽度变化不大，对坝体的应力和坝肩的稳定而言，采用定圆心等半径拱坝或单曲拱坝，可获得良好的工作性态。因此，对较窄的 U 形河谷，多采用圆弧拱的单曲拱坝。对宽一点的 U 形河谷，考虑到拱向刚度、拱坝推力角等因素的要求，可采用三圆心拱、抛物线拱等非圆拱形拱坝，或采用单曲拱坝。

（2)V 形河谷。由于 V 形河谷宽度变化大，应采用等中心角拱坝或变中心角变半径拱坝，以获得较小的坝体断面及良好的工程布置。

（3）梯形河谷。介于 V 形与 U 形之间的梯形河谷，可选用单曲拱坝或者双曲拱坝。一般当梯形河谷岸坡比较陡且接近 U 形河谷时，可采用单曲拱坝。河谷底宽较小，接近 V 形河谷时，可采用双曲拱坝。

四、拱坝坝肩稳定分析

拱坝结构本身的安全度很高，但必须保证两岸坝肩基岩的稳定。坝肩岩体失稳最常见的形式是坝肩岩体受荷载后发生滑动破坏。

坝肩的稳定性与地形地质构造等因素有关，一般可分为两种情况：第一，存在明显的滑裂面的滑动问题；第二，不具备滑动条件，但下游存在较大软弱破碎带或断层，受力后产生变形问题。对第一种情况，其滑动体的边界常由若干个滑裂面和临空面组成。滑裂面一般为岩体内的各种结构面，尤其是软弱结构面，临空面则为天然地表面。滑裂面必须在工程地质查勘的基础上经初步研究得出最可能滑动的形式后确定，然后据此进行滑动稳定分析。对于第二种情况，即拱座下游存在较大断层或软弱破碎带时的变形问题，必须采取加固措施以控制其变形。

改善坝肩稳定性的工程措施有以下几点：

1.通过挖除某些不利的软弱部位和加强固结灌浆等坝基处理措施来提高基岩的抗剪强度。

2.深开挖，将拱端嵌入坝肩深处，可避开不利的结构面及增大下游抗滑体的重量。

3.加强坝肩帷幕灌浆及排水措施，减小岩体内的渗透压力。

4. 调整水平拱圈形态，采用三心圆拱或抛物线拱等扁平的变曲率拱圈，使拱推力偏向坝肩岩体内部。

5. 如坝基承载力较差，可采用局部扩大拱端厚度推力墩或人工扩大基础等措施。

五、拱坝的泄洪布置

拱坝枢纽的泄洪建筑物布置，应根据拱坝的体形、坝高、电站厂房的布置、泄洪方式、坝址地形地质条件、施工条件等，经综合比较后选定。

拱坝枢纽常用的泄水建筑物有坝顶溢流、坝身孔口泄流、坝肩滑雪道泄流、坝后厂顶溢流等。

1. 坝顶溢流布置

（1）坝顶自由跌落式。对于较薄的双曲拱坝或小型拱坝，当下游尾水较深时，可采用坝顶自由跌落式泄洪，水流经过坝顶自由跌入下游河床，其溢流坝顶可为条石或混凝土的圆弧形。此种布置构造简单、施工方便，但落水点距坝脚较近，对下游河床冲刷能力大。坝顶溢流布置适用于基岩良好且单宽流量较小的工程。

（2）鼻坎挑流式。为使跌落点距坝脚远些，常在溢流堰面曲线末端连接反弧段，形成鼻坎挑流。挑坎末端与堰顶之间的高差常不大于 8 m，约为设计水头的 1.5 倍，鼻坎挑角为 10° ~25°，反弧半径 R 约等于堰顶设计水头，此形式挑距较远，有利于坝身安全，适用于单宽流量较大、坝较高的情况。

（3）滑雪道式。这是拱坝特有的一种泄洪方式。滑雪道式的溢流面由坝顶曲线段、泄槽段和挑流鼻坎段三部分组成。溢流面可以是实体的，也可做成架空的或设置在水电站厂房上，一般可在拱坝两端对称布置，使两股水舌在空中对撞消杀能量，减轻冲刷。这种泄洪方式适用于河谷狭窄而泄洪量大的拱坝枢纽。

2. 坝身泄水孔布置

拱坝的坝身泄水孔包括中孔、深孔和底孔。坝身泄水孔用来承担辅助泄洪，放空水库、排沙、导流等任务。

深式泄水孔通常设计成有压孔，其工作特点是水头高、流速大、射程远，由于拱坝较薄，孔口多采用矩形断面。底孔处于水下较深处，限于高压闸门的制造和操作条件，孔口尺寸不宜太大，进出口体形及闸门设置与隧洞类似。

六、拱坝细部构造与地基处理

1. 拱坝的材料及坝体构造

（1）拱坝的材料

拱坝的材料主要有混凝土、浆砌块石等。我国已修建的中小型拱坝多采用浆砌石，高坝则用混凝土。由于拱坝比较单薄，故对材料强度、抗渗性、耐久性等方面要求比重力坝要高。当坝内厚度小于 20 m 时，混凝土拱坝可不进行材料的分区。

（2）拱坝的构造

1）坝体分缝和接缝的处理。拱坝坝体在工作时是一个整体结构。但在施工期，为使混凝土散热和降低温度应力，需分层分块浇筑。因此，混凝土拱坝应设置横缝、纵缝。水库蓄水前，横缝和纵缝必须进行接缝灌浆，使坝体形成一个整体。

缝面中应设键槽，键槽形状为梯形、三角形等，并埋设灌浆系统。横缝间距宜采用 15~25 m，当坝体厚度大于 40 m 时，可考虑设纵缝。水平施工缝间距（浇筑厚度）为 1.5~3.0 m，施工时相邻坝块高差一般不超过 10~20 m。

待混凝土充分收缩冷却后，即可进行灌浆封拱。封拱灌浆是在灌浆区四周设止浆片，常用的止浆片有镀锌铁铅片、塑料带等。灌浆时，自灌浆区底部向上进行，灌浆压力由大到小，一般控制在 0.1~0.3 MPa。进浆管和回浆管组成一个连通回路，使浆液不断流动，以免凝固。

2）坝顶构造。拱坝的坝顶高程、坝顶宽度、排水要求、防浪墙等与重力坝基本相同。但当坝顶实体宽度不足时，可在上、下游侧做成悬臂板梁结构，加宽坝顶，以满足交通、管理等方面的要求。坝体的防渗、排水、廊道设置与重力坝基本相同。

2. 拱坝地基处理

拱坝的地基处理与基岩上的重力坝基本相同，但比重力坝地基处理的要求更为严格。拱坝地基处理的关键是处理好坝肩的稳定。

坝肩的稳定关系到拱坝的安全，其地基处理要特别慎重。一般来讲，应开挖到坚硬新鲜岩面，开挖后的河谷断面要平顺和尽可能对称。岩石凹凸应不超过 0.3m，拱端拱轴线与岩面等高线交角应不小于 30°，必要时，可采取垫座、重力墩等措施。

第三节　土石坝

一、施工准备

1. 施工组织设计

项目施工前应对合同及设计文件进行深入研讨，并根据具体条件编好施工组织设计。

施工组织设计是研究施工条件、选择施工方案、对工程施工全过程实施组织和管理的指导性文件，是编制工程投资估算、设计概算和招标投标文件的主要依据，它能保证工程开工后施工活动有序、高效、科学合理地进行。

根据初步设计编制规程和施工组织设计规范，初步设计的施工组织设计应包含施工条件分析、施工导流、主体工程施工、施工交通运输、施工工厂设施和大型临建工程、施工总布置、施工总进度、主要技术供应计划八个方面的内容。

2. 技术准备

做好各项技术准备，并做好"四通一平"临建工程，以及各种设备和器材的准备工作。此时导流及引排水工程应已完成。"四通"，就是施工现场水通、电通、路通、通信要通；"一平"是施工现场要平整。

按施工方法的不同，土石坝分为填筑碾压水力冲填水中倒土和定向爆破等类型。目前仍以填筑碾压式最多。

碾压式土石坝施工，包括准备作业，如平整场地，修筑道路，架设水、电线路，修建临时用房，清基、排水等；基本作业，如土石料开挖、装运、铺卸、压实等，以及为基本作业提供保证条件的辅助作业，如清除料场的覆盖层、清除杂物、坝面排水、刨毛及加水等，保证建筑物安全运行而进行的附加作业，如修整坝坡、铺砌块石、种植草皮等。

由于土石坝施工一般不允许坝顶过水，在河道截流后，必须保证在一个枯水期内将大坝修筑到拦洪高程以上。因此，除应合理确定导流方案外，还需周密研究料场的规划使用，采取有效的施工组织措施确保上坝强度，使大坝在一个枯水期内达到拦洪高程。

3. 料场规划

土石坝用料量很大，在坝型选择阶段应对土石料场全面调查，在施工前还应结合施工组织设计，对料场做进一步勘探、规划和选择。料场的规划包括空间、时间和质量等方面的全面规划。

空间规划是指对料场的空间位置、高程进行恰当选择、合理布置。土石料场应尽可能靠近大坝，并有利于重车下坡。坝的上下游、左右岸最好都有料场，以利于各个方向同时向大坝供料，保证坝体均衡上升。用料时，原则上低料低用、高料高用，以减少垂直运输。

时间规划是指料场的选择要考虑施工强度、季节和坝前水位的变化。在用料规划上力求做到近料和上游易淹的料场先用，远料和下游不易淹的料场后用；含水量高的料场旱季用，含水量低的料场雨季用。上坝强度高时充分利用运距近、开采条件好的料场，上坝强度低时用运距远的料场，以平衡运输任务。在料场使用计划中，还应保留一部分近料场供合龙段填筑和拦洪度汛施工高峰时使用。

料场质与量的规划是指对料场的质量和储料量进行合理规划。在选择规划和使用料场时，应对料场的地质成因、产状、埋深、储量及各种物理力学性能指标进行全面勘探试验。

料场规划时还应考虑主要料场和备用料场。主要料场是指质量好、储量大、运距近的料场，可常年开采；备用料场是指在淹没范围以外，当主要料场被淹没或因库水位抬高而导致土料过湿或其他原因不能使用时，在备用料场取料，保证坝体填筑的正常进行。应考虑到开采自然方与上坝压实方的差异，杂物和不合格土料的剔除、开挖、运输、填筑、削坡施工道路和废料占地不能开采及其他可能产生的损耗。

此外，为了降低工程成本，提高经济效益，料场规划时应充分考虑利用永久水工建筑物和临时建筑物的开挖料作为大坝填筑用料。如建筑物的基础开挖时间与上坝填筑时间不吻合，则应考虑安排必要的堆料场地储备开挖料。对土料场进行现场核查，储量应大于需用量的 1.5~2.5 倍，土质及天然含水量符合设计要求。

4. 施工机械

土石方工程所使用的机械设备，一般具有功率大、机动性强、生产效率高和配套机型复杂等特点。土石方机械设备主要分为挖掘机械挖运组合机械、凿岩穿孔机械、压实机械等。

随着科学技术的发展，新技术、新结构和新工艺已广泛应用于各类施工机械设备中，其中，液压技术的运用大大提高了施工机械的生产效率；微机和激光技术的运用，有效提高了机械的工作精度和施工质量；机电一体化技术的运用，使施工机械逐步向自动化和智能化方向发展。在结构上，工程机械已广泛采用模块和组件结构，部件的标准化、通用性程度提高，降低了机械维修保养的难度，提高了机械的完好率和使用效率。我国的工程机械制造业虽然起步较晚，但发展速度快。近二十年来，我国的工程机械得到了持续稳定的发展。土石方工程机械已有上百个品种，有些产品已达到国际同类产品的水平。为提高机械化施工水平和加快工程建设速度，工程机械势必朝着大容量、大功率、高效率、安全可靠和维修便捷的方向发展。

（1）挖掘机械

挖掘机是土石方工程机械中一种用斗状工作装置挖取土壤或其他物料剥离土层的机械，是土石方工程开挖的主要施工机械设备。

1）单斗式挖掘机

以正向铲挖掘机为代表的单斗式挖掘机，有柴油和电力驱动两类，后者又称电铲。挖掘机有回转、行驶和挖掘三个装置。正向铲挖掘机有强力的推力装置，能挖掘Ⅰ~Ⅳ级土和破碎后的岩石。主要挖掘停机地面以上的土石方，也可以挖掘停机地面以下不深的地方。机型常根据挖斗容量来区分。

2）多斗式挖掘机

斗轮式挖掘机是陆上使用较普遍的一种多斗连续式挖掘机。

（2）挖运组合机械

挖运组合机械是指能同时担负开挖、运输、卸土、铺土任务的推土机和铲运机。

1）推土机

以拖拉机为原动机械，另加切土片的推土器，既可薄层切土又能短距离推运。它又按推土器在平面能否转动分为固定式和万能式，前者结构简单而牢固，应用普遍，多用液压操作。

若长距离推土，土料从推土器两侧散失较多，有效推土量大为减少。推土机的经济运距为 60~100m。为了减少推土过程中土料的散失，可在推土器两侧加挡板，或先推成槽，然后在槽中推土，或多台并列推土。

2）铲运机

按行驶方式，铲运机分为牵引式和自行式。前者用拖拉机牵引铲斗，后者自身有行驶动力装置。铲运机的经济运距与铲斗容量有关，一般在几百米至几千米。

（3）压实机械

压实机械根据其压实原理可以分为静力压实、振动压实、夯击压实三种。振动碾压机与静力碾压机相比具有重量轻、体积小、碾压遍数少、深度大、效率高的优点。

（4）凿岩穿孔机械

在土石方工程施工中，钻爆法仍是最常用的施工方法。近几年来，随着爆破技术的发展，高性能、大扭矩、全液压凿岩穿孔机械在大规模石方开挖、预裂光面爆破、深孔爆破等方面得到广泛应用。

凿岩穿孔机械以压缩空气、电、液压传动装置作为动力进行凿岩穿孔作业，通常可分为凿岩机和穿孔机。凿岩机按动力来源分为风动、液压、电动和内燃凿岩机四种类型。穿孔机按破碎岩石的方式分为潜孔钻机、冲击钻机、牙轮钻机和回转钻机。一般情况下，凿岩机适用于钻凿小直径的钻孔；穿孔机适用于较大直径的钻孔。

二、土料开采与运输

（一）土石料的开采与加工

料场开采前的准备工作如下：划定料场范围；分期分区清理覆盖层；设置排水系统；修建施工道路；修建辅助设施。

1. 土料开采

土料开采一般有立面开采和平面开采两种。

立面开采方法适用于土层较厚、天然含水量接近填筑含水量、土料层次较多、各层土质差异较大时。

平面开采方法适用于土层较薄、土料层次少且相对均质、天然含水量偏高需翻晒减水的情况。规划中应将料场划分成数区，进行流水作业。

2. 土料加工

（1）调整土料含水量

降低土料含水量的方法有挖装运卸中的自然蒸发、翻晒、掺料、烘烤等方法；提高土料含水量的方法有在料场、料堆加水，在开挖、装料、运输过程中加水。

（2）掺和、超径料处理

常用的掺和办法有水平互层铺料—立面（斜面）开采掺和法；土料场水平单层铺放掺料—立面开采掺和法；在填筑面堆放掺和法；漏斗—带式输送机掺和法。

3. 沙砾石料和堆石料开采

沙砾石料开采分为陆上开采和水下开采。

（1）陆上开采：一般挖运设备即可。

（2）水下开采：采用采沙船和索铲开采。当水下开采沙砾石料含水量高时，需加以堆放排水。

（3）块石料开采：结合建筑物开挖或由石料场开采，开采的布置要形成多工作面流水作业方式。开采方法一般采用深孔梯段爆破，特定目的使用洞室爆破。

4. 超径处理

超径块石料的处理方法主要有浅孔爆破法和机械破碎法两种。

浅孔爆破法指采用手持式风动凿岩机对超径石进行钻孔爆破。

机械破碎法指采用风动和振冲破石、锤破碎超径块石，也可利用吊车起吊重锤，让重锤自由下落破碎超径块石。

（二）土石料开挖运输方案

1. 设备选型的基本原则

坝料的开挖与运输，是保证上坝强度的重要环节之一。开挖运输方案主要根据坝体结构布置特点、坝料性质、填筑强度、料场特性、运距远近、可供选择的机械设备型号等多种因素，综合分析比较确定。土石坝施工设备的选型对坝的施工进度、施工质量及经济效益有重大影响。前面已对土石坝工程中使用到的机械进行了介绍，这里不再赘述，而只阐述设备选型的基本原则：

（1）所选机械的技术性能可以适应工作的要求、施工对象的性质和施工场地特征，保证施工质量，能充分发挥机械效率，生产能力满足整个施工过程的要求。

（2）所选施工机械应技术先进、生产效率高、操作灵活、机动性好、安全可靠、结构简单、易于检修保养。

（3）类型比较单一，通用性好。

（4）工艺流程中各供需所用机械应配套，各类设备应能充分发挥效率，特别应注意充分发挥主导机械的效率。

（5）设备购置费和运行费用较低，易于获得零、配件，便于维修、保养、管理和调度，经济效果好。对于关键的、数量少且不能替代的设备，应使用新购置的，以保证施工质量，避免在一条龙生产中卡壳影响进度。

2. 土石坝施工中开挖运输方案

土石坝施工中开挖运输方案主要有以下几种：

（1）正向铲开挖，自卸汽车运输上坝

正向铲开挖装载，自卸汽车运输直接上坝，通常运距小于10 km。自卸汽车可运各种坝料，运输能力高，设备通用，能直接铺料，机动灵活，转弯半径小，爬坡能力较强，管理方便，设备易于获得。在施工布置时，正向铲一般采用立面开挖，汽车运输道路可布置成循环路线，装料时停在挖掘机一侧的同一平面上，即汽车鱼贯式地装料与行驶。

（2）正向铲开挖、胶带机运输

国内外水利水电工程施工中，广泛采用了胶带机运输土砂石料。胶带机的爬坡能力大、架设简易、运输费用较低，比自卸汽车可降低运输费用 1/3~1/2，运输能力也较高。

胶带机合理运距小于 10 km，可直接从料场运输上坝，也可与自卸汽车配合，做长距离运输，在坝前经漏斗由汽车转运上坝；与有轨机车配合，用胶带机转运上坝做短距离运输。

（3）斗轮式挖掘机开挖，胶带机运输，转自卸汽车上坝

对于填筑方量大、上坝强度高的土石坝，若料场储量大而集中，可采用斗轮式挖掘机开挖，其生产率高，具有连续挖掘、装料的特点。斗轮式挖掘机将料转入移动式胶带机，其后接长距离的固定式胶带机至坝面或坝面附近经自卸汽车运至填筑面。这种布置方案，可使挖、装、运连续进行，简化了施工工艺，提高了机械化水平和生产率。

（4）采沙船开挖，有轨机车运输，转胶带机（或自卸汽车）上坝

有轨机车具有机械结构简单、修配容易的优点。当料场集中、运输量大、运距较远（大于 10km）时，可用有轨机车进行水平运输。有轨机车运输的临建工程量大，设备投资较高，对线路坡度、转弯半径等的要求也较高。有轨机车不能直接上坝，在坝脚经卸料装置至胶带机或自卸汽车转运上坝。

坝料的开挖运输方案很多，但无论采用何种方案，都应结合工程施工的具体条件，提高机械利用率；减少坝料的转运次数；各种坝料铺筑方法及设备应尽量一致，减少辅助设施；充分利用地形条件，统筹规划和布置。

三、碾压式土石坝施工

碾压式土石坝是采用土、砂、沙砾石卵石、块石、风化岩等材料分层填筑并压实而成的土石坝。根据土石坝采用的防渗体形式可以分为均质坝、土质防渗体分区坝和非土质材料防渗体分区坝三种。

（一）料场、坝面作业施工组织

1.料场施工组织

（1）料源的选择

为保证坝体填筑质量和施工进度，降低工程造价，应正确选择料源、做好料场规划和坝料处理设计，应在坝型研究阶段开展坝料研究工作。根据坝料设计需要对开采料和可能利用的工程开挖料的勘探试验提出明确要求，在分析勘探试验资料的基础上选定料源。

（2）料场勘探与试验

料场勘探工作应按现行的天然建筑材料勘察有关标准进行。在普查阶段，料场勘探应拓宽选料范围，随着设计阶段的加深，逐步收缩勘探范围，加大勘探精度，提供设计需要的各项资料。料场勘探除应查明料物的物理力学特性外，还应查明施工特性。用作坝料的工程开挖料的勘探应按设计的要求，提供建筑物设计所需要的地质资料和作为建筑材料所需要的勘探试验成果。料物的试验应随设计阶段逐步加深。应在常规试验的基础上，根据

设计要求,针对选定料场料物特性和存在问题进行试验研究工作。大型工程宜做爆破试验、现场碾压试验和料物加工试验。

2.坝面作业施工组织

基坑开挖和地基处理结束后即可进行坝体填筑。坝体土方填筑的特点是作业面狭窄、工种多、工序多、机械设备多、施工干扰大,若组织不好将导致窝工,影响工程进度和施工质量。坝面作业包括铺土、平土、洒水或晾晒(控制含水量)、压实和质量检查等。为了避免施工干扰、充分发挥各不同工序施工机械的生产效率,一般采用流水作业法组织坝面施工。

采用流水作业法组织施工时,首先应根据施工工序将坝面划分成若干区段,然后组织各工种专业施工队依次进入所划分的区段施工。于是,各专业施工队按工序依次连续在同一施工区段施工;对各专业施工队而言,则不停地轮流在各个施工区段完成本专业的施工工作。其结果是完成不同工序的施工机械均由相应的专业施工队来操作,实现了施工专业化,有利于工人操作熟练程度的提高;同时在施工过程中保证了人、机、地三不闲,避免了施工干扰,有利于坝面作业连续均衡地进行。

由于坝面作业面积的大小随高程而变化,因此施工技术人员应经常根据作业面积变化的情况,采取有效措施,合理地组织坝面流水作业。

(二)施工及安全措施

施工安全管理是施工企业全体职工及各部门同心协力,把专业技术、生产管理、数理统计和安全教育结合起来,为达到安全生产目的而采取各种措施的管理。

1.安全管理的内容

(1)建立安全生产制度。

(2)贯彻安全技术管理。

(3)坚持安全教育和安全技术培训。

(4)组织安全检查。

(5)进行事故处理。

2.安全生产责任制

(1)安全生产责任制。安全生产责任制是根据"管生产必须管安全""安全工作,人人有责"的原则,以制度的形式,明确规定各级领导和各类人员在生产活动中应负的安全职责。

(2)责任制的制定和考核。施工现场项目经理是项目安全生产第一责任人,对安全生产负全面的领导责任。

施工现场从事与安全有关的管理、执行和检查人员,特别是独立行使权力开展工作的人员,应规定其职责、权限和相互关系,定期考核。

(3)安全生产目标管理。施工现场应实行安全生产目标管理,制定总的安全目标,如伤亡事故控制目标、安全达标、文明施工目标等。制订达标计划，将目标分解到人、责任落实、考核到人。

（4）安全技术操作规程。施工现场要建立健全各种规章制度，除安全生产责任制，还有安全技术交底制度、安全宣传教育制度、安全检查制度、安全设施验收制度、伤亡事故报告制度等。

（5）施工现场安全管理网络。施工现场要建立以项目经理为组长、由各职能机构和分包单位负责人及安全管理人员参加的安全生产管理小组，组成自上而下覆盖各单位、各部门、各班组的安全生产管理网络。

3.安全生产检查

（1）安全检查内容

施工现场应建立各级安全检查制度，工程项目部在施工过程中应组织定期和不定期的安全检查，主要是查思想、查制度、查教育培训、查机械设备、查安全设施、查操作行为、查劳保用品的作用、查伤亡事故处理等。

（2）安全检查的要求

一是各种安全检查都应该根据检查要求配备力量；二是每种安全检查都应有明确的检查目的和检查项目、内容及标准；三是检查记录是安全评价的依据，因此要认真、详细，特别是对隐患的记录必须具体，如隐患的部位、危险性程度及处理意见等；四是安全检查需要认真地、全面地进行系统分析，定性、定量地进行安全评价；五是整改是安全检查工作重要的组成部分，是检查结果的归宿，整改工作包括隐患登记、整改、复查、销案。

4.施工安全文件编制要求

按照水利水电工程施工安全管理的相关标准、法规和规章编制安全管理体系文件，编制的要求如下：

（1）安全管理目标应与企业的安全管理总目标协调一致；

（2）安全保证计划应围绕安全管理目标，将要素用矩阵图的形式，按职能部门（岗位）进行安全职能各项活动的展开和分解，依据安全生产策划的要求和结果，对各要素在本现场的实施提出具体方案。

（3）体系文件应经过自上而下、自下而上的多次反复讨论与协调，以提高编制工作的质量，并按标准规定由上级机构对安全生产责任制、安全保证计划的完整性和可行性、工程项目部满足安全生产的保证能力等进行确认，建立并保存确认记录。

（4）安全保证计划应送上级主管部门备案。

（5）配备必要的资源和人员，首先应保证适应工作需要的人力资源，适宜而充分的设施、设备，以及综合考虑成本、效益和风险的财务预算。

（6）加强信息管理、日常安全监控和组织协调。

（7）由企业按规定对施工现场安全生产保证体系运行进行内部审核，验证和确认安全生产保证体系的完整性、有效性和适合性。

为了有效、准确、及时地掌握安全管理信息，可以根据项目施工的对象、特点要求，编制安全检查表。

5. 检查和处理

（1）检查中发现隐患应该进行登记，作为整改备查依据，提供安全动态分析信息。

（2）安全检查中查出的隐患除进行登记外，还应发出隐患整改通知单。

（3）对于违章指挥、违章作业行为，检查人员可以当场指出并纠正。

（4）被检查单位领导对查出的隐患，应立即研究整改方案，按照"三定"原则（定人、定期限、定措施）进行整改。

（5）整改完成后要及时报告有关部门。

6. 安全教育培训

（1）安全教育内容

1）新工人（包括合同工、临时工学徒工、实习和代培人员）必须进行公司、工地和班组的三级安全教育。教育内容包括安全生产方针、政策、法规、标准及安全技术知识、设备性能、操作规程、安全制度、严禁事项及本工种的安全操作规程。

2）电工、焊工、架工、司炉工、爆破工、机操工及起重工、打桩机和各种机动车辆司机等特殊工种工人，除进行一般安全教育外，还要进行本工种的专业安全技术教育。

3）采用新工艺、新技术、新设备施工和调换工作岗位时，要对操作人员进行新技术、新岗位的安全教育。

（2）安全教育的种类

1）安全法制教育。

2）安全思想教育。

3）安全知识教育。

4）安全技能教育。

5）事故案例教育。

（3）特种作业人员培训

根据国家经济贸易委员会《特种作业人员安全技术培训考核管理办法》的规定，特种作业是指容易发生人员伤亡事故，对操作者本人、他人及周围设施的安全有重大危害的作业。从事这些作业的人员必须进行专门的培训和考核。与建筑业有关的特种作业主要有以下几种：

1）电工作业。

2）金属焊接切割作业。

3）起重机械（含电梯）作业。

4）企业内机动车辆驾驶。

5）登高架设作业。

6）压力容器操作。

7）爆破作业。

（4）安全生产的经常性教育

施工企业在做好新工人入场教育、特种作业人员安全生产教育和各级领导干部、安全管理干部的安全生产培训的同时，还必须把经常性的安全教育贯穿于管理工作的全过程，并根据接受教育对象的不同特点，采取多层次、多渠道和多种方法进行。

（5）班前安全活动

班组长在班前进行上岗交底、上岗检查，做好上岗记录。

上岗交底：对当天的作业环境、气候情况、主要工作内容和各个环节的操作安全要求及特殊工种的配合等进行交流。

上岗检查：查上岗人员的劳动防护情况、每个岗位周围作业环境是否安全无患、机械设备的安全保险装置是否完好有效，以及各类安全技术措施的落实情况等。

四、面板堆石坝的施工

（一）堆石材料的质量要求和坝体材料分区

1. 堆石材料的质量要求

根据施工组织设计，查明各料场的储量和质量，如利用施工中挖方石料，要按料场要求增做试验。1、2 级高坝坝料室内试验项目应包括坝料的颗粒级配、相对密度、抗剪强度和压缩模量，以及垫层料、沙砾料、软岩料的渗透和渗透变形试验。100m 以上的坝，应测定坝料的应力应变参数。

垫层料要求有良好的级配，最大粒径为 80~100 mm，小于 5 mm 的颗粒含量为 30%~50%，小于 0.075 mm 的颗粒含量不宜超过 8%，中低坝可适当降低要求。用天然沙砾料做垫层料时，要求级配连续、内部结构稳定、压实后渗透系数为 1/1000~1/10 000cm/s。寒冷地区，垫层的颗粒级配要满足排水性要求。

过渡料要求级配连续，最大粒径不宜超过 300 mm。可用人工细石料、经筛分加工的天然砂砾料等，压实后的过渡料要压缩性小、抗剪强度高、排水性好。

主堆石料可用坝基开挖料或料场开采石料，要求级配良好，最大粒径不应超过压实层厚度，小于 5 mm 的含量不宜超过 20%，小于 0.75 mm 的颗粒含量不宜超过 5%。在开采前应做专门的爆破试验。

2. 面板堆石坝的坝体分区

堆石坝坝体应根据石料来源及对坝料的强度、渗透性、压缩性、施工方便和经济合理性等要求进行分区。

垫层区的水平宽度应由坝高、地形、施工工艺和经济性比较确定。当用汽车直接卸料、推土机推平方法施工时，垫层区不宜小于 3 m，有专门的铺料设备时，垫层区宽度可减少，并相应增大过渡区的面积，主堆石区用硬岩时，到垫层区之间应设过渡区，为方便施工，其宽度应不小于 3 m。

（二）堆石坝填筑工艺、压实参数和质量控制

1. 填筑工艺

坝体填筑应在坝基、岸坡处理完毕，面板底座混凝土浇筑完成后进行。垫层料、过渡料和一定宽度的主堆石料的填筑应平起施工，均衡上升。

主、次堆石区可分区、分期填筑，其纵横坡面上均可布置临时施工道路，但必须设于填筑压实合格的坝段。主堆石区与岸坡、混凝土结构接触带要回填 12m 宽的过渡带料。

垫层料、过渡料卸料、铺料时，避免分离，两者交界处避免大石集中，超径石应予剔除。垫层料铺筑时，上游侧超铺 20~30mm。每升高 10~15m，进行垫层坡面削坡修整和碾压，削坡修整后，坡面在法线方向应高于设计线 5~8 cm。有条件时宜用激光控制削坡的坡度。斜坡碾压可用振动碾。压实合格后，尽快进行护面，常用的形式有碾压水泥砂浆、喷乳化沥青喷混凝土等。碾压砂浆表面喷混凝土表面允许误差为 5 cm。

坝料铺筑采用进占法卸料，及时平料，保持填筑面平整。用测量方法检查厚度，超厚及时处理。坝料填筑宜加水碾压，加水要均匀，控制加水量。采用振动平碾压实，碾重不小于 10t。经常检测振动碾的工作参数。碾压应按坝料分区分段进行，各碾压段之间的搭接不应小于 1.0m。坝体堆石区纵、横向接坡宜采用台阶收坡法施工，台阶宽度不宜小于 1.0m，填筑高差不宜过大。

下游护坡宜与坝体填筑平起施工，护坡石宜选取大块石，机械整坡、堆码，或人工干砌，块石间嵌合要牢固。

2. 堆石体的质量控制

料场质量控制的内容有以下几个方面：

（1）在规定的料区范围内开采，料场的草皮、树根、覆盖层及风化层已清除干净。

（2）堆石料开采加工方法符合规定要求。

（3）堆石料级配、含泥量、物理力学性质符合设计要求，不合格料不允许上坝。

坝体填筑的质量控制。坝体填筑的质量一般要求如下：堆石材料、施工机械符合要求；负温下施工时，坝基已压实的沙砾石无冻结现象，填筑面上的冰雪已清除干净。坝面压实，应对压实参数和孔隙率进行控制，以碾压参数为主。铺料厚度、碾实遍数、加水量等符合要求，铺料误差不宜超过层厚的 10%，坝面保持平整。

第四节　水闸

一、概述

水闸是应用最广、功能最全的控制水流建筑物，也是工序较复杂的水工建筑物。现浇混凝土水闸施工与大体积混凝土坝施工的不同，主要表现在精细的钢筋加工、高瘦的模板架构、复杂的接缝止水、繁多的精准预埋件和窄深空间内的浇筑等方面。

水闸工程一般由闸室段、上游连接段和下游连接段组成。建造内容包括以下部位：闸室段下部（底板及基础、防渗及止水设施、下置启闭闸门设施）、闸室段中部（闸墩、胸墙和岸墙）、闸室段上部（工作桥及上置启闭闸门设施、检修桥、交通桥、启闭机房等）、上游连接段（上游翼墙、铺盖、护底和护岸）和下游连接段（消力池、防冲设施、下游翼墙和护岸）。其中每段都有与两岸的连接问题，而且是按先下部、后上部的施工程序进行的。水闸施工应以闸室为主，岸墙、翼墙为辅，穿插进行上、下游连接段施工。水闸工程的分部工程验收，可按地基开挖、基础处理、闸室土建工程、上下游连接段工程、闸门和启闭机安装、电气设备安装工程、自动化控制工程、管理设施工程等分部进行。

闸室的下部结构大多是"板状"结构底板，虽工作面较大，但断面规则，施工以水平运输为主。整体式结构的闸底板有平底板和反拱底板，作为墩墙基础的平底板其施工总是先于墩墙；而反拱底板的施工一般是先浇墩墙，预留联结钢筋，待沉陷稳定后再浇反拱底板；分离式结构的闸底板为小底板，应该先浇墩墙，待沉降稳定后再浇小底板。

闸墩和岸墙是闸室的中部结构，系墙体结构，高瘦的模板架构和窄深空间内的浇筑施工，弧形闸门的牛腿结构是闸墩施工的重要节点，还包括一定数量的门槽二期混凝土和预埋件安装等工作。

闸室的上部结构大都为装配式构件。选择吊装机械应与墩墙施工的竖直运输统一考虑，力求做到一机多用、经济合理；液压启闭式的闸墩结构不设机架桥、机房，结构形式更加合理。

上、下游翼墙及护岸，大多为曲面，用砌石或预制块砌筑，也有混凝土现浇；铺盖、护坦及消力池多为钢筋混凝土现浇；下游护底、防冲设施多采用块石笼铺砌、宾格网块石笼等。

水闸施工应做到优质、安全、经济，保证工期。所以水闸施工组织设计要充分考虑施工现场条件和合同要求，结合工期计划进行合理安排。水闸施工前，应根据批准的设计文件编制施工组织设计。对地基差、技术复杂、涉及面广的大型水闸，应根据需要编制专项施工组织设计。

遇到松软地基、严重的承压水、复杂的施工导流（如拦河截流、开挖导流）、特大构件的制作与安装、混凝土温控等重要问题时，应提请设计方做出专门研究。

必须按设计图纸施工。如需修改，应有设计单位的修改补充图和设计变更通知书。施工组织设计的重大修改，必须经原审批单位批准。水闸施工应积极采用经过试验和鉴定的新技术、新工法。施工过程中施工单位可以根据实际情况提出合理的设计变更建议，由建设单位组织设计、监理、施工单位现场论证通过后实施。该变更增加的费用由建设单位承担。

二、水闸设计

（一）闸址的选择与总体布置

1. 闸址的选择

闸址宜选择地形开阔、边坡稳定、岩土坚实、地下水水位较低的地点，并优先选用地质条件良好的天然地基，尽量避免采用人工处理地基。

节制闸或泄洪闸闸址宜选择在河道顺直、河势相对稳定的河段，经技术经济比较后也可选择在弯曲河段裁弯取直的新开河道上；进水闸、分水闸或分洪闸闸址宜选择在河岸基本稳定的顺直河段或弯道凹岸顶点稍偏下游处，但分洪闸闸址不宜选择在险工堤段和被保护的重要城镇的下游堤段；排水闸（排涝闸、泄水闸、退水闸）闸址宜选择在地势低洼、出水通畅处，排水闸（排涝闸）闸址也适宜选择在主要涝区和容泄区老堤的堤线上。

选择闸址应考虑材料来源、对外交通、施工导流、场地布置、基坑排水、施工水电供应的条件，水闸建成后工程管理维修和防汛抢险及占用土地及拆迁房屋等诸多条件。

2. 枢纽布置

水闸枢纽布置应根据闸址地形、地质、水流等条件及该枢纽中各建筑物的功能、特点、运用要求等确定，做到紧凑合理、协调美观，组成整体效益最大的有机联合体。节制闸或泄洪闸的轴线宜与河道中心线正交，其上、下游河道直线段长度不宜小于 5 倍水闸进口处水面宽；进水闸或分水闸的中心线与河（渠）道中心线的交角不宜超过 30°，其上游引河（渠）长度不宜过长；排水闸或泄水闸的中心线与河（渠）道中心线的交角不宜超过 60°，其下游引河（渠）宜短而直，引河（渠）轴线方向宜避开常年大风向。水流流态复杂的大型水闸枢纽布置，应经水工模型试验验证。模型试验范围应包括水闸上、下游可能产生冲淤的河段。

3. 闸室布置

水闸闸室的布置应根据水闸挡水、泄水条件和运行要求，综合考虑地形、地质等因素，做到结构安全可靠、布置紧凑合理、施工方便、运用灵活、经济美观。

（1）闸室结构

闸室结构可根据泄流特点和运行要求，选用开敞式、胸墙式、涵洞式或双层式等结构形式。整个闸室结构的重心应尽可能与闸室底板中心相连接，且位于偏高水位一侧。

（2）闸顶高程

水闸闸顶高程应根据挡水和泄水两种运用情况确定。挡水时，闸顶高程不应低于水闸正常蓄水位（或最高挡水位）加波浪计算高度与相应的安全超高值之和；泄水时，闸顶高程不应低于设计洪水位（校核洪水位）与相应安全超高值之和。位于防洪（挡潮）堤上的水闸顶高程不得低于防洪（挡潮）堤的堤顶高程。

（3）闸槛高程

闸槛高程应根据河（渠）底的高程、水流、泥沙、闸址地形地质、闸室施工、运行等条件，结合选用的堰型、门型及闸孔总净宽等，经技术经济比较确定。

（4）闸孔总净宽

闸孔总净宽应根据泄流的特点、下游河床地质条件和安全泄流的要求，结合闸孔孔径和孔数的选用，经技术比较后确定。

（5）闸室底板

闸室底板形式应根据地基、泄流等条件选用平底板、低堰底板或折线底板。

一般情况下，闸室底板宜采用平底板；在松软地基上且荷载较大时，也可以采用箱式底板。当需要限制单宽流量而闸底建基高程不能抬高，或因地基表层松软需要降低闸底建基高程，或在多泥沙河流上游拦沙时可采用低堰底板。在坚实或中等坚实地基上，当闸室高度不大，但上、下游河（渠）底高差较大时，可采用折线底板，其后部可作为消力池的一部分。闸室底板厚度应根据闸室地基条件、作用荷载及闸孔净宽等因素，经计算并结合构造要求确定。

闸室底板顺水流向分段长度（顺水流向永久缝的缝距）应根据闸室地基条件和结构构造特点，结合考虑采用的施工方法和措施确定。

（6）闸墩结构形式

闸墩结构形式应根据闸室结构抗滑稳定性和闸墩纵向刚度的要求确定，一般宜采用实体式。

闸墩的外形轮廓设计应能满足过闸水流平顺、侧向收缩小、过流能力大的要求。上游墩头可采用半圆形，下游墩头宜采用流线型。

闸墩厚度应根据闸孔孔径、受力条件、构造的要求和施工方法等确定。平面闸门闸墩门槽处最小厚度不宜小于 0.4 m。工作闸门门槽应设在闸墩水流较平顺部位，其宽深比宜取 1.6~1.8。根据管理维修需要设置的检修闸门门槽，其与工作闸门门槽之间的净距离不宜小于 1.5 m。

边墩的选型布置应符合规范规定。兼作岸墙的边闸墩还应考虑承受侧向土压力的作用，其厚度应根据结构抗滑稳定性和结构强度的需要计算确定。

（7）闸门结构的选型布置

闸门结构的选型布置应根据其受力情况、控制运用要求、制作、运输、安装、维修条件等，结合闸室结构布置合理选定。

4. 防渗排水设计

关闸蓄水时，上、下游水位差对闸室产生水平推力，且在闸基和两岸产生渗流。渗流既对闸基底和边墙产生渗透压力，不利于闸室和边墙的稳定性，又可能引起闸基和岸坡土体的渗透变形，直接危及水闸的安全，故需进行防渗排水设计。

水闸防渗排水布置设计应根据闸基地质条件和水闸上、下游水位差等因素，结合闸室、消能防冲和两岸连接布置综合分析确定。均质土地基上的水闸闸基轮廓线应根据选用的防渗排水设施，经合理布置确定。

5. 消能防冲布置

开闸泄洪时，出闸水流具有很大的动能，需要采取有效的消能防冲措施，才能削减对下游河床的有害冲刷，保证水闸的安全。如果上游流速过大，亦可导致河床与水闸连接处的冲刷，上游亦应设计防护措施。

水闸消能防冲布置应根据闸基地质情况、水力条件及闸门控制运用方式等因素，进行综合分析确定。

水闸闸下宜采用底流式消能。其消能设施的布置形式按下列情况经技术经济比较后确定：水闸上、下游护坡和上游护底工程布置应根据水流流态、河床土质抗冲能力等因素确定；护坡长度应大于护底长度；护坡、护底下均应设垫层；必要时，上游护底首端宜增设防冲槽（防冲墙）。

6. 两岸连接布置

水闸两岸连接应保证岸坡稳定，改善水闸进、出水流的条件，提高泄流能力和消能防冲效果，满足侧向防渗需要，减轻闸室底板边荷载影响，且有利于环境绿化等。

（二）水力设计与防渗排水设计

1. 水力设计

水闸的水力计算设计内容包括以下几个方面：

（1）闸孔总净宽计算

水闸闸孔总净宽应根据下游闸槛形式和布置，上、下游水位衔接要求，泄流状态等因素依据规范计算确定。

（2）消能防护设施的设计计算

水闸闸下消能防冲设施必须在各种可能出现的水力条件下，都能满足消散动能与均匀扩散水流的要求，且应与下游河道有良好的衔接。

底流式消能设计应根据水闸的泄流条件（特别是始流条件）进行水力计算，确定消力池的深度、长度和底板厚度等。

海漫的长度应根据可能出现的不利的水位、流量组合情况计算确定。下游防冲槽的深度应根据河床土质、海漫末端单宽流量和上游水深等因素综合确定，且不应小于海漫末端的河床冲刷深度。上游防冲槽的深度应根据河床土质、上游护底首端单宽流量和上游水深等因素综合确定，且不小于上游护底首端的河床冲刷深度。

（3）闸门控制运用方式的拟定

闸门的控制运用应根据水闸的水力设计或水工模型试验成果，规定闸门的启闭顺序和开度，避免产生集中水流或折冲水流等不良流态。闸门的控制运用方式应满足下列要求：

1）闸孔泄水时，保证在任何情况下水跃均能完整地发生在消力池内。

2）闸门尽量同时均匀分级启闭，如不能全部同时启闭，可由中间孔向两侧分段、分区或隔孔对称启闭，关闭时与上述顺序相反。

3）对分层布置的双层闸孔或双扉闸门应先开底层闸孔或下扉闸门，再开上层闸孔或上扉闸门，关闭时与上述顺序相反。

4）严格控制始流条件下的闸门开度，避免闸门停留在震动较大的开度区泄水。

5）关闭或减小闸门开度时，避免水闸下游河道水位降落过快。

（4）模型验证

在大型水闸的初步设计阶段，其水力设计成果应经水工模型试验验证。

2. 防渗排水设计

水闸的防渗排水应根据闸基地质情况，以及闸基和两侧轮廓线布置和上、下游水位条件等进行，其内容应包括以下几个方面：

（1）渗透压力计算

岩基上水闸基底渗透压力计算可采用全截面直线分布法，但应考虑设置防渗帷幕和排水孔时对降低渗透压力的作用和效果。土基上水闸基底渗透压力计算可采用改进阻力系数法或流网法；复杂土质地基上的重要水闸，应采用数值计算法。

（2）抗渗稳定性验算

验算闸基抗渗稳定性时，要求水平段和出口段的渗流坡降必须分别小于规定的水平段和出口段允许渗流坡降值。

（3）反滤层设计

反滤层的级配应满足被保护土的稳定性和滤料的透水性要求，且滤料粒径分布曲线应大致与被保护土粒径分布曲线平行。

当采用土工织物代替传统石料做滤层时，选用的土工织物应有足够的强度和耐久性，并且能满足保土性、透水性和防堵性的要求。

（4）防渗帷幕及排水孔设计

岩基上的水闸基底帷幕灌浆孔宜设单排，孔距宜取 1.5~3.0 m，孔深宜取闸上最大水深的 0.3~0.7 倍。帷幕灌浆应在有一定厚度混凝土盖重及固结灌浆后进行。灌浆压力应以不掀动基础岩体为原则，通过灌浆试验确定。防渗帷幕透水率的控制标准不宜大于 5Lu。帷幕灌浆孔后排水孔宜设单排，其与帷幕灌浆孔的间距不宜小于 2.0 m，排水孔孔距宜取 2.0~3.0 m，孔深宜取帷幕灌浆孔孔深的 0.4~0.6 倍，且不宜小于固结灌浆孔孔深。

（5）永久缝止水设计

位于防渗范围内的永久缝应设一道止水。大型水闸的永久缝设两道止水。止水的形式应能适应不均匀沉降和温度变化的要求，止水材料应耐久，垂直止水与水平止水相交处必须构成密封系统。永久缝可铺贴沥青油毡或其他柔性材料，缝下土质地基上宜铺设土工织物带。设计烈度为8度及以上地震区大、中型水闸的永久缝止水设计，应做专门研究。

（三）结构设计

水闸结构设计应根据结构受力条件、工程施工及地质条件进行，其内容应包括荷载及其组合，闸室和岸墙、翼墙的稳定计算，结构应力分析。

水闸混凝土结构除应满足强度和限裂要求外，还应根据所在部位的工作条件、地区气候和环境等情况，分别满足抗渗、防冻、抗侵蚀、抗冲刷等耐久性要求。

1. 荷载计算及组合

作用在水闸上的荷载可分为基本荷载和特殊荷载两类。

（1）基本荷载

基本荷载主要有下列各项：

1）水闸结构及其上部填料和永久设备的自重。

2）相对正常蓄水位或设计洪水位情况下水闸底板上的水重。

3）相对正常蓄水位或设计洪水位情况下的静水压力。

4）相对正常蓄水位或设计洪水位的扬压力（浮托力与渗透压力之和）。

5）土压力。

6）淤沙压力。

7）风压力。

8）相对正常蓄水位或设计洪水位情况下的浪压力。

9）冰压力。

10）土的冻胀力。

11）其他出现概率较大的荷载等。

（2）特殊荷载

特殊荷载主要有下列各项：

1）相对校核洪水位情况下水闸底板上的水重。

2）相对校核洪水位情况下的静水压力。

3）相对校核洪水位情况下的扬压力。

4）相对校核洪水位情况下的浪压力。

5）地震荷载。

6）其他出现概率较小的荷载等。

水闸在施工、运用及检修过程中，各种荷载的大小及分布情况是随机变化的，因此设计水闸时，应根据水闸不同的工作条件和荷载情况进行荷载组合。荷载组合的原则是考虑各种荷载出现的概率，将实际上可能同时出现的各种荷载进行最不利的组合，并将水位作为组合条件。规范规定荷载组合可分为基本组合和特殊组合两类。在基本荷载组合中又可分为完建情况、正常蓄水位情况、设计洪水位情况和冰冻情况 4 种；在偶然作用效应组合中又可分为施工情况、检修情况、校核洪水位情况和地震情况 4 种。由于地震荷载与设计洪水位、校核洪水位遭遇的概率很低，因此规范规定地震荷载只与正常蓄水位情况下的相应荷载组合。

2. 闸室稳定计算

闸室稳定计算宜取两相邻顺水流向永久缝之间的闸段作为计算单元。

（1）土基上的闸室稳定计算应满足下列要求：

在各种计算情况下，闸室平均基底应力不大于地基允许承载力，最大基底应力不大于地基允许承载力的 1.2 倍，闸室基底应力的最大值和最小值之比不大于规范规定的允许值，沿闸室基底面的抗滑稳定安全系数不小于规范规定的允许值。

（2）岩基上的闸室稳定计算应满足下列要求：

在各种计算情况下，闸室最大基底应力不大于地基允许承载力，在非地震情况下，闸室基底不出现拉应力；在地震情况下，闸室基底拉应力不大于 100 KPa；沿闸室基底面的抗滑稳定安全系数不小于规范规定的允许值。

3. 结构应力计算

水闸结构应力应根据各部分结构布置形式、尺寸及受力条件等进行。开敞式水闸闸室底板应力可按下列方法选用：

（1）土基上水闸闸室底板的应力分析可采用反力直线分布法或弹性地基梁法；相对密度小于或等于 0.50 的沙土地基，可采用反力直线分布法；黏性土地基或相对密度大于 0.50 的沙土地基，可采用弹性地基梁法。

（2）当采用弹性地基梁法分析水闸闸室底板应力时，应考虑可压缩土层厚度与弹性地基梁半长之比值的影响。当比值小于 0.25 时，可按基床系数法（文克尔假定）计算；当比值大于 2.0 时，可按半无限深弹性地基梁法计算；当比值为 0.25~2.0 时，可按有限深的弹性地基梁法计算。

（3）岩基上水闸闸室底板的应力分析可按基床系数法计算。

（四）观测设计

水闸的观测设计内容应包括设置观测项目、布置观测设施、拟定观测方法、提出整理分析观测资料的技术要求。水闸应根据其工程规模、等级、地基条件、工程施工和运用条件等因素设置一般性的观测项目，并根据需要有针对性地设置专门性观测项目。水闸的一般性观测项目应包括水位、流量、沉降、水平位移、扬压力、闸下流态、冲刷、淤积等。水闸的专门性观测项目主要有永久缝、结构应力、地基反力、墙后土压力、冰凌等。

三、闸室施工

（一）底板施工

水闸底板有平底板与反拱底板两种。目前，平底板较为常用。

1. 平底板施工

闸室地基处理工作完成后，对软基应立即按设计要求浇筑 8~10cm 的素混凝土垫层，以保护地基和找平。垫层找到一定强度后，进行扎筋、立模和清仓工作。

底板施工中，混凝土入仓的方式很多。例如，可以用汽车进行水平运输，起重机进行垂直运输入仓和泵送混凝土入仓。采用这两种方法，需要起重机械混凝土泵等大型机械，但不需在舱面搭设脚手架。在中、小型工程中，采用架子车、手推车或机动翻斗车等小型运输工具直接入仓时，需在舱面搭设脚手架。

底板的上、下游一般都设有齿墙。浇筑混凝土时，可组成两个作业组分层浇筑。先由两个作业组共同浇筑下游齿墙，待齿墙浇平后，第一组由下游向上游进行，抽出第二组去浇上游齿墙，当第一组浇到底板中部时，第二组的上游齿墙已基本浇平，然后将第二组转到下游浇筑第二坯。当第二组浇到底板中部，第一组已达到上游底板边缘，这时第一组再转回浇第三坯。如此连续进行，可缩短每坯间隔时间，避免冷缝的发生，提高工程质量，加快施工进度。

2. 反拱底板施工

（1）施工程序

由于反拱底板对地基的不均匀沉陷比较敏感，因此必须注意施工程序，目前采用的程序有以下两种：

1）先浇闸墩及岸墙后浇反拱底板。这样，闸墩岸墙在自重下沉降基本稳定后，再浇反拱底板，从而使底板的受力状态得到改善。

2）反拱底板与闸墩、岸墙底板同时浇筑。此法适用于地基较好的水闸，对于反拱底板的受力状态较为不利，但保证了建筑的整体性，同时减少了工序，加快了进度。对于缺少有效排水措施的砂性土地基，采用这种方法较为有利。

（2）施工要点

1）反拱底板施工时，首先必须做好基坑排水工作，降低地下水位，使基土干燥，对于沙土地基排水尤为重要。

2）挖模前必须将基土夯实，然后按设计圆弧曲线放样挖模，并严格控制曲线的准确性。土模挖出后，可在其上铺垫一层砂浆，约 10mm 厚，待其具有一定强度后加盖保护，以待浇筑混凝土。

3）当采用第一种施工程序，在浇筑岸墩墙底板时，应将接缝钢筋一头埋在岸墩墙底板之内，另一头插入土模中，以备下一阶段浇入反拱底板。

4）当采用第二种施工程序时，可在拱脚处预留一缝，缝底设临时铁皮止水，缝顶设"假铰"，待大部分上部结构施工后，在低温期用二期混凝土封堵。

5）为保证反拱底板受力性能，在拱腔内浇筑的门槛、消力坎等构件，需在底板混凝土凝固后浇筑二期混凝土，接缝处不加处理以使两者不成整体。

（二）闸墩施工

闸墩的特点是高度大、厚度小、门槽处钢筋密、预埋件多、闸墩相对位置要求严格，所以闸墩的立模与混凝土浇筑是施工中的主要问题。

1.闸墩模板安装

为使闸墩混凝土一次浇筑达到设计高程，闸墩模板不仅要有足够的强度，而且要有足够的刚度。所以闸墩模板安装常采用"铁板螺栓对拉撑木"的立模支撑方法。近年来，滑模施工技术日趋成熟，闸墩混凝土浇筑逐渐开始采用滑模施工。

（1）"铁板螺栓，对拉撑木"的模板安装

闸墩立模时，其两侧模板要同时相对进行。先立平直模板，再立墩头模板。在闸底板上架立第一层模板时，上口必须保持水平，在闸墩两侧模板上，每隔1m左右钻与螺栓直径相应的圆孔，并于模板内侧对准圆孔撑以毛竹管或混凝土撑头，然后将螺栓穿入。且端头穿出横向双夹围囹和竖直围囹木，然后用螺帽拧紧在竖直围囹木上。铁板螺栓带扁铁的一端与水平对拉撑木相接，与两端均绞丝的螺栓要相间布置。在对立撑木与竖直围囹木之间要留10cm的空隙，以便用木楔校正对拉撑木的松紧度。对拉撑木是为了防止每孔闸墩模板的歪斜与变形。若闸墩不高，每隔两根对销螺栓放一根铁板螺栓。

当水闸为3孔一联整体底板时，则中孔可不予支撑。在双孔底板的闸墩上，则宜将两孔同时支撑，这样可使3个闸墩同时浇筑。

（2）翻模施工

由于钢模板的广泛应用，施工人员依据滑模的施工特点，发展形成了用于闸墩施工的翻模施工法。立模时一次至少立三层，当第二层模板内混凝土浇至腰箍下缘时，第一层模板内腰箍以下部分的混凝土需达到脱模强度（以98KPa为宜），这样便可拆掉第一层，去架立第四层模板，并绑扎钢筋。依此类推，保持混凝土浇筑的连续性，以免产生次缝。

2.混凝土浇筑

闸墩模板立好后，随即进行清仓工作。用压力水冲洗模板内侧和闸墩底面，污水由底层模板上的预留孔排出。清仓完毕堵塞小孔后，即可进行混凝土浇筑。

闸墩混凝土的浇筑，主要是解决好两个问题：一是每块底板上闸墩混凝土的均衡上升；二是流态混凝土的入仓及仓内混凝土的铺筑。为了保证混凝土的均衡上升，运送混凝土入仓时应很好地组织，使在同一时间运到同一底块各闸墩的混凝土量大致相同。

为防止流态混凝土自8~10m高度下落时产生离析，应采用溜管运输，可每隔2~3m设置一组。由于仓内工作面窄，浇捣人员走动困难，可把仓内浇筑面划分成几个区段，每区段内固定浇捣工人，这样可以提高工效。每坯混凝土厚度可控制在 30cm 左右。

（三）止水施工

为适应地基的不均匀沉降和伸缩变形，在水闸设计中均设置有结构缝（包括沉陷缝与温度缝）。凡位于防渗范围内的缝，都有止水设施，且所有缝内均应有填料，填料通常为沥青油毡或沥青杉木板、沥青芦苇等。止水设施分为垂直止水和水平止水两种。

1. 水平止水

水平止水大多利用塑料止水带或橡皮止水带，近年来广泛采用塑料止水带。它止水性能好，抗拉强度高，切性好，适应变形能力强，耐久且易黏结，价格便宜。

水平止水施工简单，有两种方法：一是先将止水带的一端埋入先浇块的混凝土中，拆模后安装填料，再浇另一侧混凝土；另一种方法是先将填料及止水带的一端安装在先浇块模板内侧，混凝土浇好拆模后，止水带嵌入混凝土中，填料被贴在混凝土表面，随后再浇后浇块混凝土。

2. 垂直止水

垂直止水多用金属止水片，重要部分用紫铜片，一般可用铝片、镀锌或镀铜铁皮。重要结构要求止水片与沥青井联合使用，沥青井与垂直止水的施工过程用沥青井用预制混凝土块砌筑，用水泥砂浆胶结，2~3m 可分为一段，与混凝土接触面应凿毛，以利于接合，沥青要在后浇块浇筑前随预制块的接长分段灌注。井内灌注的是沥青胶，其配合比为沥青：水泥：石棉粉 =2 ：2 ：1。沥青井内沥青的加热方式有蒸汽管加热和电加热两种，多采用电加热。

四、水闸准备操作

1. 闸门启闭前的准备工作

（1）闸门的检查

1）闸门的开度是否在原定位置。

2）闸门的周围有无漂浮物卡阻，门体有无歪斜，门槽是否堵塞。

3）在冰冻地区，冬季启闭闸门前还应注意检查闸门的活动部分有无冻结现象。

（2）启闭设备的检查

1）启闭闸门的电源或动力有无故障。

2）电动机是否正常，相序是否正确。

3）机电安全保护设施仪表是否完好。

4）机电转动设备的润滑油是否充足，要特别注意高速部位（如变速箱等）的油量是否符合规定要求。

5）牵引设备是否正常，如钢丝绳有无锈蚀、断裂，螺杆等有无弯曲变形，吊点结合是否牢固。

6）液压启闭机的油泵、阀、滤油器是否正常，油箱的油量是否充足，管道、油缸是否漏油。

（3）其他方面的检查

1）上下游有无船只、漂浮物或其他障碍物影响行水等情况。

2）观测上下游水位、流量、流态。

2.闸门的操作运用原则

（1）工作闸门可以在动水情况下启闭，船闸的工作闸门应在静水情况下启闭。

（2）检修闸门一般在静水情况下启闭。

五、水闸裂缝

（一）水闸裂缝的处理

1.闸底板和胸墙的裂缝处理

闸底板和胸墙的刚度比较小，适应地基变形的能力较差，很容易受到地基不均匀沉陷的影响而发生裂缝。另外，混凝土强度不足、温差过大或者施工质量差也会引起闸底板和胸墙裂缝。

对不均匀沉陷引起的裂缝，在修补前，应首先采取措施稳定地基，一般有两种方法：一种方法是卸载，比如将边墩后的土清除改为空箱结构，或者拆除交通桥；另外一种方法是加固地基，常用的方法是对地基进行补强灌浆，提高地基的承载能力。对于因混凝土强度不足或因施工质量产生的裂缝，应主要进行结构补强处理。

2.翼墙和浆砌块石护坡的裂缝处理

地基不均匀沉陷和墙后排水设备失效是造成翼墙裂缝的两个主要原因。由于不均匀沉陷产生的裂缝，首先应通过减荷稳定地基，然后再对裂缝进行修补处理；因墙后排水设备失效产生的裂缝，应先修复排水设施，再修补裂缝。浆砌石护坡裂缝往往是由于填土不实造成的，严重时应进行翻修。

3.护坦的裂缝处理

护坦裂缝产生的原因有地基不均匀沉陷、温度应力过大和底部排水失效等。因地基不均匀沉陷产生的裂缝，可待地基稳定后，在裂缝上设止水，将裂缝改为沉陷缝。温度裂缝可采取补强措施进行修补，底部排水失效，应先修复排水设备。

4.钢筋混凝土的顺筋裂缝处理

钢筋混凝土的顺筋裂缝是沿海地区挡潮闸普遍存在的一种病害现象。裂缝的发展可使混凝土脱落钢筋锈蚀，使结构强度过早丧失。顺筋裂缝产生的原因是海水渗入混凝土后，降低了混凝土碱度，使钢筋表面的氧化膜遭到破坏导致海水直接接触钢筋而产生电化学反应，导致钢筋锈蚀。锈蚀引起的体积膨胀致使混凝土顺筋开裂。

顺筋裂缝的修补，其施工过程如下：沿缝凿除保护层，再将钢筋周围的混凝土凿除

2cm；对钢筋彻底除锈并清洗干净；在钢筋表面涂上一层环氧基液，在混凝土修补面上涂一层环氧胶，再填筑修补材料。

顺筋裂缝的修补材料应具有抗硫酸盐、抗碳化、抗渗、抗冲强度高、凝聚力大等特性。目前常用的有铁铝酸盐、强水泥砂浆及混凝土、抗硫酸盐水泥砂浆及细石混凝土、聚合物水泥砂浆及混凝土和树脂砂浆及混凝土等。

5. 闸墩及工作桥裂缝的处理

中国早期建成的许多闸墩及工作桥，发现许多细小裂缝，严重老化剥离，其主要原因是混凝土的碳化。混凝土的碳化是指空气中的二氧化碳与水泥中的氢氧化钙作用生成碳酸钙和水，使混凝土的碱度降低、钢筋表面的氢氧化钙保护膜破坏而开始生锈，混凝土膨胀形成裂缝。

此种病害的处理应对锈蚀钢筋除锈，锈蚀面积大的加设新筋，采用预缩砂浆并掺入阻锈剂进行加固。

（二）闸门的防腐处理

1. 钢闸门的防腐处理

钢闸门常在水中或干湿交替的环境中工作，极易发生腐蚀，加速其破坏，引起事故。为了延长钢闸门的使用年限，保证安全运用，必须经常予以保护。

钢铁的腐蚀一般分为化学腐蚀和电化学腐蚀两类。钢铁与氧气或非电解质溶液作用发生的腐蚀，称为化学腐蚀；钢铁与水或电解质溶液接触形成微小腐蚀电池引起的腐蚀，称为电化学腐蚀。钢闸门的腐蚀多为电化学腐蚀。

钢闸门防腐蚀措施主要有两种。一种是在钢闸门表面涂上覆盖层，借以把钢材母体与氧或电解质隔离，以免产生化学腐蚀或电化学腐蚀。另一种是设法供给适当的保护电能，使钢结构表面积聚足够的电子，成为一个整体阴极而得到保护，即电化学保护。

钢闸门不管采用哪种防腐措施，在具体实施过程中，首先都必须进行表面的处理。表面处理就是清除钢闸门表面的氧化皮、铁锈焊渣、油污、旧漆及其他污物。经过处理的钢闸门要求表面无油脂、无污物、无灰尘、无锈蚀、表面干燥、无失效的旧漆等。目前钢闸门表面处理方法有人工处理、火焰处理、化学处理和喷砂处理等。

人工处理就是靠人工铲除锈和旧漆，此法工艺简单，无须大型设备，但劳动强度大、工效低、质量较差。

火焰处理就是对旧漆和油脂有机物，借燃烧使之碳化而清除。对氧化皮是利用加热后金属母体与氧化皮及铁锈间的热膨胀系数不同而使氧化皮崩裂、铁锈脱落。处理用的燃料一般为氧乙炔焰。此种方法设备简单、清理费用较低，质量比人工处理好。

化学处理是利用碱液或有机溶剂与旧漆层发生反应来除漆，利用无机酸与钢铁的锈蚀产物进行化学反应清理铁锈。除旧漆可利用纯碱石灰溶液（纯碱：生石灰：水=1：1.5：1.0）或其他有机脱漆剂。除锈可以用无机酸与填加料配制的除锈药膏。化学处理，劳动强度低、工效较高、质量较好。

喷砂处理方法较多，常见的干喷砂除锈除漆法是用压缩空气驱动砂粒通过专用的喷嘴以较高的速度冲到金属表面，依靠砂粒的冲击和摩擦以除锈、除漆。这种方法工效高、质量好，但工艺较复杂，需专用设备。

2.钢丝网水泥闸门的防腐处理

钢丝网水泥是一种新型水工结构材料，它由若干层重叠的钢丝网、浇筑高强度等级水泥砂浆而成。它具有重量轻、造价低、便于预制、弹性好、强度高、抗震性能好等优点。完好无损的钢丝网水泥结构，其钢丝网与钢筋被氢氧化钙等碱性物质包围着，钢丝与钢筋在氢氧化钙碱性作用下生成氢氧化铁保护膜保护网、筋，防止网筋的锈蚀。因此，钢丝网水泥闸门必须使砂浆保护层完整无损。要达到这个要求，一般采用涂料保护。

钢丝网水泥闸门在涂防腐涂料前也必须进行表面处理，一般可采用酸洗处理，使砂浆表面洁净、干燥、轻度毛糙。

常用的防腐涂料有环氧材料、聚苯乙烯、氯丁橡胶沥青漆及生漆等。为保证涂抹质量，一般需涂 2~3 层。

3.木闸门的防腐处理

在水利工程中，一些中小型闸门常用木闸门，木闸门在阴暗潮湿或干湿交替的环境中工作，易于霉料和虫蛀，因此也需进行防腐处理。

木闸门常用的防腐剂有氟化钠、硼铬合剂、硼酚合剂、铜铬合剂等。作用在于毒杀微生物与菌类，以达到防止木材腐蚀的目的。施工方法有涂刷法、浸泡法、热浸法等。处理前应将木材烤干，使防腐剂容易吸附和渗入木材内。

木闸门通过防腐剂处理以后，为了彻底封闭木材空隙、隔绝木材与外界的接触，常在木闸门表面涂上油性调和漆、生桐油、沥青等，以杜绝发生腐蚀的各种条件。

第三章 水利工程地基处理

第一节 岩基处理方法

若岩基处于严重风化或破碎状态，首先应考虑清除至新鲜的岩基为止。若风化层或破碎带很厚，无法清除彻底，则考虑采用灌浆的方法加固岩层和截止渗流。对于防渗，可以从结构上进行处理，设截水墙和排水系统。

灌浆方法是钻孔灌浆（在地基上钻孔，用压力把浆液通过钻孔压入风化或破碎的岩基内部）。待浆液胶结或固结后，就能达到防渗或加固的目的。最常用的灌浆材料是水泥。当岩石裂隙多、空洞大、吸浆量很大时，为了节省水泥、降低工程造价、改善浆液性能，常加砂或其他材料；当裂隙细微，水泥浆难以灌入，基础的防渗不能达到设计要求或者有大的集中渗流时，可采用化学材料灌浆的方法处理。化学灌浆是一种以高分子有机化合物为主体材料的新型灌浆方法。这种浆材呈溶液状态，能灌入 0.1mm 以下的微细裂缝，浆液经过一定时间起化学作用，可将裂缝黏合起来或形成凝胶，起到堵水防渗及补强的作用。除了上述灌浆材料外，还有热柏油灌浆、黏土灌浆等，但是本身都存在一些缺陷致，使其应用受到限制。

一、基岩灌浆的分类

水工建筑物的岩基灌浆按其作用可分为固结灌浆、帷幕灌浆和接触灌浆。灌浆技术不仅大量运用于建筑物的基岩处理，而且也是进行水工隧洞围岩固结、衬砌回填、超前支护、混凝土坝体接缝及建（构）筑物补强、堵漏等方面的主要措施。

1. 帷幕灌浆

帷幕灌浆布置在靠近建筑物上游迎水面的基岩内，形成一道连续的平行建筑物轴线的防渗幕墙。其目的是减少基岩的渗流量，降低基岩的渗透压力，保证基础的渗透稳定。帷幕灌浆的深度主要由作用水头及地质条件等确定，较之固结灌浆要深得多，有些工程的帷幕深度超过百米。在施工中，通常采用单孔灌浆，所使用的灌浆压力比较大。帷幕灌浆一般安排在水库蓄水前完成，这样有利于保证灌浆的质量。由于帷幕灌浆的工程量较大，与坝体施工在时间安排上有矛盾，所以通常安排在坝体基础灌浆廊道内进行。这样既可以实现坝体上升与基岩灌浆同步进行，也使灌浆施工具备了一定厚度的混凝土压重，有利于提高灌浆压力、保证灌浆质量。

2. 固结灌浆

其目的是提高基岩的整体性与强度，并降低基础的透水性。当基岩地质条件较好时，一般可在坝基上、下游应力较大的部位布置固结灌浆孔；在地质条件较差而坝体较高的情况下，则需要对坝基进行全面的固结灌浆，甚至在坝基以外上、下游一定范围内也要进行固结灌浆。灌浆孔的深度一般为 5~8m，也有深达 15~40m 的，各孔在平面上呈网格交错布置。通常采用群孔冲洗和群孔灌浆。

固结灌浆宜在一定厚度的坝体基层混凝土上进行，这样可以防止基岩表面冒浆，并采用较大的灌浆压力，提高灌浆效果，同时也兼顾坝体与基岩的接触灌浆。如果基岩比较坚硬、完整，为了加快施工速度，也可直接在基岩表面进行无混凝土压重的固结灌浆。在基层混凝土上进行钻孔灌浆，必须在相应部位混凝土的强度达到 50% 设计强度后，方可开始；或者先在岩基上钻孔，预埋灌浆管，待混凝土浇筑到一定厚度后再灌浆。同一地段的基岩灌浆必须按先固结灌浆后帷幕灌浆的顺序进行。

3. 接触灌浆

其目的是加强坝体混凝土与坝基或岸肩之间的接合能力，提高坝体的抗滑稳定性。一般是通过混凝土钻孔压浆或预先在接触面上埋设灌浆盒及相应的管道系统，也可结合固结灌浆进行。接触灌浆应安排在坝体混凝土达到稳定温度以后进行，以利于防止混凝土收缩产生拉裂。

二、灌浆的材料

岩基灌浆的浆液，一般应满足如下要求：

1. 浆液在受灌的岩层中应具有良好的可灌性，即在一定的压力下，能灌入裂隙、空隙或孔洞中，充填密实。

2. 浆液硬化成结石后，应具有良好的防渗性能、必要的强度和黏结力。

3. 为便于施工和增大浆液的扩散范围，浆液应具有良好的流动性。

4. 浆液应具有较好的稳定性，吸水率低。

基岩灌浆以水泥灌浆最普遍。灌入基岩的水泥浆液，由水泥与水按一定配比制成，水泥浆液呈悬浮状态。水泥灌浆具有灌浆效果可靠、灌浆设备与工艺比较简单、材料成本低廉等优点。

水泥浆液所采用的水泥品种，应根据灌浆目的和环境水的侵蚀作用等因素确定。一般情况下，可采用标号不低于 C45 的普通硅酸盐水泥或硅酸盐大坝水泥，如有耐酸等要求时，选用抗硫酸盐硅酸盐水泥。矿渣水泥与火山灰质硅酸盐水泥由于其吸水快、稳定性差、早期强度低等缺点，一般不宜使用。

水泥颗粒的细度对灌浆的效果有较大影响。水泥颗粒越细，越能灌入细微的裂隙中，水泥的水化作用也越完全。帷幕灌浆对水泥细度的要求为通过80cm方孔筛的筛余量不大于5%。灌浆用的水泥要符合质量标准，不得使用过期、结块或细度不符合要求的水泥。对于岩体裂隙宽度小于200 m的地层，普通水泥制成的浆液一般难以灌入。为了提高水泥浆液的可灌性，许多国家陆续研制出各类超细水泥，并在工程中得到广泛采用。超细水泥颗粒不仅具有良好的可灌性，同时在结石体强度、环保及价格等方面都具有很大优势，特别适合细微裂隙基岩的灌浆。

在水泥浆液中掺入一些外加剂（如速凝剂、减水剂、早强剂及稳定剂等），可以调节或改善水泥浆液的一些性能，满足工程对浆液的特定要求，提高灌浆效果。外加剂的种类及掺入量应通过试验确定。

在水泥浆液里掺入黏土、砂、粉煤灰，制成水泥黏土浆、水泥砂浆、水泥粉煤灰浆等，可用于注入量大、对结石强度要求不高的基岩灌浆。这主要是为了节省水泥、降低材料成本。沙砾石地基的灌浆主要是采用此类浆液。

当遇到一些特殊的地质条件，如断层、破碎带、细微裂隙等，采用普通水泥浆液难以达到工程要求时，也可采用化学灌浆，即灌注以环氧树脂、聚氨酯、甲凝等高分子材料为基材制成的浆液。其材料成本比较高，灌浆工艺比较复杂。在基岩处理中，化学灌浆仅起辅助作用，一般是先进行水泥灌浆，再在此基础上进行化学灌浆，这样既可以提高灌浆质量，也比较经济。

三、水泥灌浆的施工

在基岩处理施工前一般需进行现场灌浆试验。通过试验，可以了解基岩的可灌性、确定合理的施工程序与工艺、提供科学的灌浆参数等，为进行灌浆设计与施工准备提供主要依据。

基岩灌浆施工中的主要工序包括钻孔、钻孔（裂隙）冲洗、压水试验、灌浆、回填封孔等工作。

1. 钻孔

钻孔质量要求如下：

（1）确保孔位、孔深、孔向符合设计要求。钻孔的方向与深度是保证帷幕灌浆质量的关键。如果钻孔方向偏斜、钻孔深度达不到要求，则通过各钻孔所灌注的浆液不能连成一体，将形成漏水通路。

（2）力求孔径上下均一、孔壁平顺。孔径均一、孔壁平顺，则灌浆栓塞能够卡紧卡牢，灌浆时不会产生绕塞返浆。

（3）钻进过程中产生的岩粉细屑较少。钻进过程中如果产生过多的岩粉细屑，容易堵塞孔壁的缝隙，影响灌浆质量，同时也影响工人的作业环境。

根据岩石的硬度完整性和可钻性的不同，分别采用硬质合金钻头、钻粒钻头和金刚石钻头。7级以下的岩石多用硬质合金钻头；7级以上用钻粒钻头；石质坚硬且较完整的用金刚石钻头。

帷幕灌浆的钻孔宜采用回转式钻机、金刚石钻头或硬质合金钻头，其钻进效率较高，不受孔深、孔向、孔径和岩石硬度的限制，还可钻取岩芯。钻孔的孔径一般为75~91mm。固结灌浆则采用各式合适的钻机与钻头。

孔向的控制相对较困难，特别是钻设斜孔，掌握钻孔方向更加困难。在工程实践中，按钻孔深度不同规定了钻孔偏斜的允许值。当深度大于60m时，则允许的偏差不应超过钻孔的间距。钻孔结束后，应对孔深、孔斜和孔底残留物等进行检查，不符合要求的应采取补救处理措施。

钻孔顺序。为了有利于浆液的扩散和提高浆液结合的密实性，在确定钻孔顺序时应和灌浆次序密切配合。一般是当一批钻孔钻进完毕后，随即进行灌浆。钻孔次序则以逐渐加密钻孔数和缩小孔距为原则。对排孔的钻孔顺序，先下游排孔，后上游排孔，最后中间排孔。对统一排孔而言，一般2~4次序孔施工，逐渐加密。

2. 钻孔冲洗

钻孔后，要冲洗钻孔及岩石裂隙。冲洗工作通常分为以下几种：钻孔冲洗，将残存在钻孔底和黏滞在孔壁的岩粉铁屑等冲洗出来；岩层裂隙冲洗，将岩层裂隙中的充填物冲洗出孔外，以便浆液进入腾出的空间，使浆液结石与基岩胶结成整体。在断层、破碎带和细微裂隙等复杂地层中灌浆，冲洗的质量对灌浆效果影响极大。

一般采用灌浆泵将水压入孔内循环管路进行冲洗。将冲洗管插入孔内，用阻塞器将孔口堵紧，用压力水冲洗；也可采用压力水和压缩空气轮换冲洗或压力水和压缩空气混合冲洗的方法。

岩层裂隙冲洗方法分为单孔冲洗和群孔冲洗两种。在岩层比较完整、裂隙比较少的地方，可采用单孔冲洗。冲洗方法有高压压水冲洗、高压脉动冲洗和扬水冲洗等。

当节理裂隙比较发育且在钻孔之间互相串通的地层中，可采用群孔冲洗。将两个或两个以上的钻孔组成一个孔组，轮换向一个孔或几个孔压进压力水或压力水混合压缩空气，从另外的孔排出污水，这样反复交替冲洗，直到各个孔出水洁净为止。

群孔冲洗时，沿孔深方向冲洗段的划分不宜过长，否则冲洗段内钻孔通过的裂隙条数增多，不仅会分散冲洗压力和冲洗水量，并且一旦有部分裂隙冲通以后，水量将相对集中在这几条裂隙中流动，使其他裂隙得不到有效的冲洗。

为了提高冲洗效果，可在冲洗液中加入适量的化学剂，如碳酸钠（Na_2CO_3）、氢氧化钠（$NaOH$）、碳酸氢钠（$NaHCO_3$）等，以利于促进泥质充填物的溶解。加入化学剂的品种和重量，宜通过试验确定。

采用高压水或高压水气冲洗时，要注意观测，防止冲洗范围内岩层的抬动和变形。

3. 压水试验

在冲洗完成并开始灌浆施工前，一般要对灌浆地层进行压水试验。压水试验的主要目的是测定地层的渗透特性，为基岩的灌浆施工提供基本技术资料。压水试验也是检查地层灌浆实际效果的主要方法。

压水试验的原理：在一定的水头压力下，通过钻孔将水压入孔壁四周的缝隙中，根据压入的水量和压水的时间，计算出代表岩层渗透特性的技术参数。

灌浆施工时的压水试验，使用的压力通常为同段灌浆压力的80%，但一般不大于1MPa。

4. 灌浆的方法与工艺

为了确保岩基灌浆的质量，必须注意以下几个问题：

（1）钻孔灌浆的次序

基岩的钻孔与灌浆应遵循分序加密的原则。一方面可以提高浆液结石的密实性；另一方面，通过后灌序孔透水率和单位吸浆量的分析，可推断先灌序孔的灌浆效果，同时还有利于减少相邻孔串浆现象。

（2）注浆方式

按照灌浆时浆液灌注和流动的特点，灌浆方式有纯压式和循环式两种。对于帷幕灌浆，应优先采用循环式。

纯压式灌浆，就是一次将浆液压入钻孔，并扩散到岩层裂隙中。灌注过程中，浆液从灌浆机向钻孔流动，不再返回。这种灌注方式设备简单、操作方便，但浆液流动速度较慢，容易沉淀，造成管路与岩层缝隙的堵塞，影响浆液扩散。纯压式灌浆多用于吸浆量大、有大裂隙存在、孔深不超过12~15m的情况。

循环式灌浆，灌浆机把浆液压入钻孔后，浆液一部分被压入岩层缝隙中，另一部分由回浆管返回拌浆筒中。这种方法一方面可使浆液保持流动状态，减少浆液沉淀；另一方面可根据进浆和回浆浆液比重的差别，来了解岩层吸收情况，并作为判定灌浆结束的一个条件。

（3）钻灌方法

按照同一钻孔内的钻灌顺序，有全孔一次钻灌和全孔分段钻灌两种方法。全孔一次钻灌是将灌浆孔一次钻到全深，并沿全孔灌浆。这种方法施工简便，多用于孔深不超过6m、地质条件良好、基岩比较完整的情况。全孔分段钻灌又分为自上而下法、自下而上法、综合灌浆法及孔口封闭法等。

1）自上而下分段钻灌法。其施工顺序如下：钻一段，灌一段，待凝一定时间以后，再钻灌下一段，钻孔和灌浆交替进行，直到设计深度。其优点如下：随着段深的增加，可以逐段增加灌浆压力，借以提高灌浆质量；由于上部岩层经过灌浆，形成结石，下部岩层灌浆时，不易产生岩层抬动和地面冒浆等现象；分段钻灌，分段进行压水试验，压水试验的成果比较准确，有利于分析灌浆效果，估算灌浆材料的需用量。但缺点是钻灌一段以后，要待凝一定时间,才能钻灌下一段,钻孔与灌浆需交替进行,设备搬移频繁,影响施工进度。

2)自下而上分段钻灌法,一次将孔钻到全深,然后自下而上逐段灌浆,这种方法的优缺点与自上而下分段灌浆刚好相反。一般多用在岩层比较完整或基岩上部已有足够压重不致引起地面抬动的情况。

3)综合钻灌法。在实际工程中,通常是接近地表的岩层比较破碎,越往下岩层越完整。因此,在进行深孔灌浆时,可以兼取以上两种方法的优点,上部孔段采用自上而下法钻灌,下部孔段则采用自下而上法钻灌。

4)孔口封闭灌浆法。其要点是先在孔口镶铸不小于2m的孔口管,以便安设孔口封闭器;采用小孔径的钻孔,自上而下逐段钻孔与灌浆;上段灌后不必待凝,进行下段的钻灌,如此循环,直至终孔;可以多次重复灌浆,可以使用较高的灌浆压力。其优点是工艺简便、成本低、效率高、灌浆效果好。其缺点是当灌注时间较长时,容易造成灌浆管被水泥浆凝住的现象。

一般情况下,灌浆孔段的长度多控制在5~6m。如果地质条件好,岩层比较完整,段长可适当放长,但不宜超过10m;在岩层破碎、裂隙发育的部位,段长应适当缩短,可取3~4m;而在破碎带、大裂隙等漏水严重的地段及坝体与基岩的接触面,应单独分段进行处理。

(4)灌浆压力的控制

在灌浆过程中,合理地控制灌浆压力和浆液稠度,是提高灌浆质量的重要保证。灌浆过程中灌浆压力的控制基本上有两种类型,即一次升压法和分级升压法。

1)一次升压法。灌浆开始后,一次将压力升高到预定的压力,并在这个压力作用下,灌注由稀到浓的浆液。当每一级浓度的浆液注入量和灌注时间达到一定限度以后,就变换浆液配比,逐级加浓。随着浆液浓度的增加,裂隙将逐渐充填,浆液注入率将逐渐减少,当达到结束标准时,就结束灌浆。这种方法适用于透水性不大、裂隙不甚发育、岩层比较坚硬完整的地方。

2)分级升压法。这种方法是将整个灌浆压力分为几个阶段,逐级升压直到预定的压力。开始时,从最低一级压力起灌,当浆液注入率减少到规定的下限时,将压力升高一级,如此逐级升压,直到预定的灌浆压力。

(5)浆液稠度的控制

灌浆过程中,必须根据灌浆压力或吸浆率的变化情况,适时调整浆液的稠度,使岩层的大小缝隙既能灌饱,又不浪费。浆液稠度的变换按先稀后浓的原则控制,这是由于稀浆的流动性较好,宽细裂隙都能进浆,使细小裂隙先灌饱,而后随着浆液稠度的逐渐变高,其他较宽的裂隙也能逐步得到良好的充填。

(6)灌浆的结束条件与封孔

灌浆的结束条件一般用两个指标来控制:一个是残余吸浆量,又称最终吸浆量,即灌到最后的限定吸浆量;另一个是闭浆时间,即在残余吸浆量不变的情况下保持设计规定压力的延续时间。

帷幕灌浆时，在设计规定的压力之下，灌浆孔段的浆液注入率不低 0.4L/min 时，再延续灌注 60min（自上而下法）或 30min（自下而上法）；或浆液注入率不高于 1.0L/min 时，继续灌注 90min 或 60min，就可结束灌浆。

对于固结灌浆，其结束标准是浆液注入率不大于 0.4L/min，延续时间 30min，灌浆可以结束。

灌浆结束以后，应随即将灌浆孔清理干净。对于帷幕灌浆孔，宜采用浓浆灌浆法填实，再用水泥砂浆封孔；对于固结灌浆，当孔深小于 10m 时，可采用机械压浆法进行回填封孔，即通过深入孔底的灌浆管压入浓水泥浆或砂浆，顶出孔内积水，随着浆面的上升，缓慢提升灌浆管。当孔深大于 10m 时，其封孔与帷幕孔相同。

5. 灌浆的质量检查

基岩灌浆属于隐蔽性工程，必须加强灌浆质量的控制与检查。为此，一方面，要认真做好灌浆施工的原始记录，严格控制灌浆施工的工艺，防止违规操作；另一方面，要在一个灌浆区灌浆结束以后，进行专门性的质量检查，做出科学的灌浆质量评定。基岩灌浆的质量检查结果，是整个工程验收的重要依据。

灌浆质量检查的方法很多，常用的有以下几种：在已灌地区钻设检查孔，通过压水试验和浆液注入率试验进行检查；通过检查孔，钻取岩芯进行检查，或进行钻孔照相和孔内电视，观察孔壁的灌浆质量；开挖平洞、竖井或钻设大口径钻孔，检查人员直接进去观察检查，并在其中进行抗剪强度、弹性模量等方面的试验；利用地球物理勘探技术，测定基岩的弹性模量、弹性波速等，对比这些参数在灌浆前后的变化，借以判断灌浆的质量和效果。

四、化学灌浆

化学灌浆是在水泥灌浆的基础上发展起来的新型灌浆方法。它是将有机高分子材料配制成的浆液灌入地基或建筑物的裂缝中经胶凝固化后，达到防渗、堵漏、补强、加固的目的。它主要用于裂隙与空隙细小（0.1mm 以下），颗粒材料不能灌入；对基础的防渗或强度有较高要求；渗透水流的速度较快，其他灌浆材料不能封堵等情况。

1. 化学灌浆的特性

化学灌浆材料有很多品种，每种材料都有其特殊的性能，按灌浆的目的可分为防渗堵漏和补强加固两大类。属于防渗堵漏的有水玻璃、丙凝类、聚氨酯类等，属于补强加固的有环氧树脂类、甲凝类等。化学浆液有以下特性：

（1）化学浆液的黏度低，有的接近于水，有的比水还小。其流动性好、灌性高，可以灌入水泥浆液灌不进去的细微裂隙中。

（2）化学浆液的聚合时间可以比较准确地控制，从几秒到几十分钟，有利于机动灵活地进行施工控制。

（3）化学浆液聚合后的聚合体，渗透系数很小，一般为 $10^{-6}\sim10^{-5}$ cm/s，防渗效果好。

（4）有些化学浆液聚合体本身的强度及黏结强度比较高，可承受高水头。

（5）化学灌浆材料聚合体的稳定性和耐久性均较好，能抗酸、碱及微生物的侵蚀。

（6）化学灌浆材料都有一定毒性，在配制、施工过程中要十分注意防护，并切实防止对环境的污染。

2.化学灌浆的施工

由于化学材料配制的浆液为真溶液，没有粒状灌浆材料所存在的沉淀问题，故化学灌浆都采用纯压式灌浆。

化学灌浆的钻孔和清洗工艺及技术要求与水泥灌浆基本相同，也遵循分序加密的原则进行钻孔灌浆。

按浆液的混合方式区分，化学灌浆的方法有单液法灌浆和双液法灌浆。一次配制成的浆液或两种浆液组分在泵送灌注前先行混合的灌浆方法称为单液法。两种浆液组分在泵送后才混合的灌浆方法称为双液法。前者施工相对简单，在工程中使用较多。为了保持连续供浆，现在多采用电动式比例泵提供压送浆液的动力。比例泵是专用的化学灌浆设备，由两个出浆量能够任意调整、可实现按设计比例压浆的活塞泵构成。对于小型工程和个别补强加固的部位，也可采用手压泵。

第二节　防渗墙

防渗墙是一种修建在松散透水底层或土石坝中起防渗作用的地下连续墙。防渗墙技术因其结构可靠、施工简单、适应各类地层条件、防渗效果好及造价低等优点，目前在国内外得到了广泛应用。

一、防渗墙的特点

1.适用范围较广：适用于多种地质条件，如沙土、沙壤土、粉土及直径小于 10mm 的卵砾石土层，都可以做连续墙，对于岩石地层可以使用冲击钻成槽。

2.实用性较强：广泛应用于水利水电、工业民用建筑、市政建设等各个领域。塑性混凝土防渗墙可以在江河、湖泊、水库堤坝中起到防渗加固作用；刚性混凝土连续墙可以在工业民用建筑、市政建设中起到挡土、承重的作用。混凝土连续墙深度可达 100 多米。三峡二期围堰轴线全长 1439.6m，最大高度 82.5m，最大填筑水深达 60m，最大挡水水头达 85m，防渗墙最大高度 74m。

3.施工条件要求较宽：地下连续墙施工时噪声低、振动小，可在较复杂的条件下施工，可昼夜施工，加快施工速度。

4.安全、可靠：地下连续墙技术自诞生以来有了较大发展，在接头的连接技术上也有了很大进步，较好地完成了段与段之间的连接。作为承重和挡土墙，可以做成刚度较大的钢筋混凝土连续墙。

5.工程造价较低：10cm 厚的混凝土防渗墙造价约为 240 元 / 米 ^{2}，40cm 厚的防渗墙造价约为 430 元 / 米 ^{2}。

二、防渗墙的分类及适用条件

按结构形式防渗墙可分为桩柱型、槽板型和板桩灌注型等。按墙体材料防渗墙可分为混凝土、黏土混凝土、钢筋混凝土、自凝灰浆、固化灰浆和少灰混凝土等。

三、防渗墙的作用与结构特点

1.防渗墙的作用

防渗墙是一种防渗结构，但其实际的应用已远远超出了防渗的范围，可用来解决防渗、防冲、加固、承重及地下截流等工程问题。其具体的运用主要有如下几个方面：

（1）控制闸、坝基础的渗流。

（2）控制土石围堰及其基础的渗流。

（3）防止泄水建筑物下游基础的冲刷。

（4）加固一些有病害的土石坝及堤防工程。

（5）作为一般水工建筑物基础的承重结构。

（6）拦截地下潜流，抬高地下水位，形成地下水库。

2.防渗墙的构造特点

防渗墙的类型较多，但从其构造特点来说，主要是两类：槽孔（板）型防渗墙和桩柱型防渗墙。前者是中国水利水电工程中混凝土防渗墙的主要形式。防渗墙是垂直防渗措施，其立面布置有两种形式：封闭式与悬挂式。封闭式防渗墙是指墙体插入基岩或相对不透水层一定深度，以实现全面截断渗流的目的。而悬挂式防渗墙，墙体只深入地层一定深度，仅能加长渗径，无法完全封闭渗流。对于高水头的坝体或重要的围堰，有时设置两道防渗墙，共同作用，按一定比例分担水头。这时应注意水头的合理分配，避免造成单道墙承受水头过大被破坏，这对另一道墙也是很危险的。

防渗墙的厚度主要由防渗要求、抗渗耐久性、墙体的应力与强度及施工设备等因素确定。其中，防渗墙的耐久性是指抵抗渗流侵蚀和化学溶蚀的性能，这两种破坏作用均与水力梯度有关。

不同的墙体材料具有不同的抗渗耐久性，其允许水力梯度值也就不同。例如，普通混凝土防渗墙的允许水力梯度值一般在 80~100，而塑性混凝土因其抗化学溶蚀性能较好，可达 300，水力梯度值一般在 50~60。

3.防渗性能

根据混凝土防渗墙深度、水头压力及地质条件的不同，混凝土防渗墙可以采用不同的厚度，从 1.5~0.2m 不等。在长江监利县南河口大堤用过的混凝土防渗墙深度为 15~20m，墙体厚度为 7.5cm。其渗透系数 $K<10^{-7}$cm/s，抗压强度大于 1.0MPa。目前，塑性混凝土防渗墙越来越受重视，它是在普通混凝土中加入黏土、膨润土等掺和材料，大幅度降低水泥掺量而形成的一种新型塑性防渗墙体材料。塑性混凝土防渗墙因其弹性模量低、极限应变大，使得塑性混凝土防渗墙在荷载作用下，墙内应力和应变都很低，可提高墙体的安全性和耐久性，而且施工方便、节约水泥、降低工程成本，具有良好的变形和防渗性能。

有的工程对墙的耐久性进行了研究，粗略地计算防渗墙抗溶蚀的安全年限。根据已经建成的一些防渗墙统计，混凝土防渗墙实际承受的水力坡降可达 100。如南谷洞土坝防渗墙水力坡降为 91，毛家村土坝防渗墙为 80~85，密云土坝防渗墙为 80。较浅的混凝土防渗墙在承受低水头的情况下，可以使用薄墙，厚度为 0.22~0.35m。

四、防渗墙的墙体材料

防渗墙的墙体材料，按其抗压强度和弹性模量，一般分为刚性材料和柔性材料。可在工程性质与技术经济比较后，选择合适的墙体材料。

刚性材料包括普通混凝土、黏土混凝土和掺粉煤灰混凝土等，其抗压强度大于 5MPa，弹性模量大于 10 000MPa。柔性材料的抗压强度则小于 5MPa，弹性模量小于 10 000MPa，包括塑性混凝土、自凝灰浆和固化灰浆等。另外，现在有些工程开始使用强度大于 25MPa 的高强混凝土，以适应高坝深基础对防渗墙的技术要求。

1.普通混凝土

普通混凝土是指其强度在 7.5~20MPa，不加其他掺和料的高流动性混凝土。由于防渗墙的混凝土是在泥浆下浇筑，故要求混凝土能在自重下自行流动，并有抗离析与保持水分的性能。其坍落度一般为 18~22cm，扩散度为 34~38cm。

2.黏土混凝土

在混凝土中掺入一定量的黏土（一般为总量的 12%~20%），不仅可以节省水泥，还可以降低混凝土的弹性模量，改变其变形性能，增加其和易性，改善其易堵性。

3.粉煤灰混凝土

在混凝土中掺加一定比例的粉煤灰，能改善混凝土的和易性，降低混凝土的发热量，提高混凝土的密实性和抗侵蚀性，并具有较高的后期强度。

4.塑性混凝土

塑性混凝土是以黏土和（或）膨润土取代普通混凝土中的大部分水泥所形成的一种柔性墙体材料。塑性混凝土与黏土混凝土有本质区别，因为后者的水泥用量降低并不多，掺黏土的主要目的是改善和易性，并未过多改变弹性模量。塑性混凝土的水泥用量仅为

80~100kg/m^3，使得其强度低，特别是弹性模量值低到与周围介质（基础）相接近，这时，墙体适应变形的能力大大提高，几乎不产生拉应力，减少了墙体出现开裂现象的可能性。

5. 自凝灰浆

自凝灰浆是在固壁浆液（以膨润土为主）中加入水泥和缓凝剂制成的一种灰浆。凝固前作为造孔用的固壁泥浆，槽孔造成后则自行凝固成墙。

6. 固化灰浆

在槽锻造孔完成后，向固壁的泥浆中加入水泥等固化材料，沙子、粉煤灰等掺和料，水玻璃等外加剂，经机械搅拌或压缩空气搅拌后，凝固成墙体。

五、防渗墙的施工工艺

槽孔（板）型的防渗墙，是由一段段槽孔套接而成的地下墙。尽管在应用范围、构造形式和墙体材料等方面存在各种类型的防渗墙，但其施工程序与工艺是类似的，主要包括造孔前的准备工作、泥浆固壁与造孔成槽、终孔验收与清孔换浆、槽孔浇筑、全墙质量验收等过程。

（一）造孔准备

造孔前准备工作是防渗墙施工的一个重要环节。

造孔前必须根据防渗墙的设计要求和槽孔长度的划分，做好槽孔的测量定位工作，并在此基础上设置导向槽。

导向槽的作用：导墙是控制防渗墙各项指标的基准，导墙和防渗墙的中心线必须一致，导墙宽度一般比防渗墙的宽度多 3~5cm，它指示挖槽位置，为挖槽起导向作用；导墙竖向面的垂直度是决定防渗墙垂直度的首要条件，导墙顶部应平整，保证导向钢轨的架设和定位；导墙可防止槽壁顶部坍塌，保持泥浆压力，防止坍塌和阻止废浆脏水倒流入槽，保证地面土体稳定，在导墙之间每隔 1~3m 加设临时木支撑；导墙经常承受灌注混凝土的导管、钻机等静、动荷载，可以起到重物支承台的作用；维持稳定液面的作用，特别是地下水位很高的地段，为维持稳定液面，至少要高出地下水位 1m；导墙内的空间有时可作为稳定液的储藏槽。

导向槽可用木料、条石、灰拌土或混凝土制成。导向槽沿防渗墙轴线设在槽孔上方，导向槽的净宽一般等于或略大于防渗墙的设计厚度，高度以 1.5~2.0m 为宜。为了维持槽孔的稳定，要求导向槽底部高出地下水位 0.5m 以上。为了防止地表积水倒流和便于自流排浆，其顶部高程应比两侧地面略高。

钢筋混凝土导墙常用现场浇筑法。其施工顺序是平整场地、测量位置、挖槽与处理弃土、绑扎钢筋、支模板、灌注混凝土、拆模板并设横撑、回填导墙外侧空隙并碾压密实。导墙的施工接头位置，应与防渗墙的施工接头位置错开。另外还可以设置插铁以保持导墙的连续性。

导向槽安设好后，在槽侧铺设造孔钻机的轨道，安装钻机，修筑运输道路，架设动力和照明路线及供水供浆管路，做好排水排浆系统，并向槽内充灌泥浆，保持泥浆液面在槽顶以下 30~50cm。做好这些准备工作以后，就可以开始造孔了。

（二）固壁泥浆和泥浆系统

在松散透水的地层和坝（堰）体内进行造孔成墙，如何维持槽孔孔壁的稳定是防渗墙施工的关键技术之一。工程实践表明，泥浆固壁是解决这类问题的主要方法。泥浆固壁的原理：由于槽孔内的泥浆压力要高于地层的水压力，使泥浆渗入槽壁介质中，其中较细的颗粒进入空隙，较粗的颗粒附在孔壁上，形成泥皮。泥皮对地下水的流动形成阻力，使槽孔内的泥浆与地层被泥皮隔开。泥浆一般具有较大的密度，所产生的侧压力通过泥皮作用在孔壁上，就保证了槽壁的稳定。

泥浆除了有固壁作用外，在造孔过程中，还有悬浮和携带岩屑、冷却润滑钻头的作用；成墙以后，渗入孔壁的泥浆和胶结在孔壁上的泥皮，还对防渗起辅助作用。由于泥浆的特殊重要性，在防渗墙施工中，国内外工程对泥浆的制浆土料、配比及质量控制等方面均有严格的要求。

泥浆的制浆材料主要有膨润土、黏土、水及改善泥浆性能的掺和料，如加重剂、增黏剂、分散剂和堵漏剂等。制浆材料通过搅拌机进行拌制，经筛网过滤后，放入专用储浆池备用。

中国根据大量的工程实践，提出制浆土料的基本要求是黏粒含量大于 50%，塑性指数大于 20，含砂量小于 5%，氧化硅与三氧化二铝含量的比值以 3~4 为宜。配制而成的泥浆，其性能指标，应根据地层特性、造孔方法和泥浆用途等通过试验选定。

（三）造孔成槽

造孔成槽工序约占防渗墙整个施工工期的一半。槽孔的精度直接影响着防渗墙的质量。选择合适的造孔机具与挖槽方法对提高施工质量、加快施工速度至关重要。混凝土防渗墙的发展和广泛应用，也是与造孔机具的发展和造孔挖槽技术的改进密切相关的。

用于防渗墙开挖槽孔的机具，主要有冲击钻机、回转钻机、钢绳抓斗及液压铣槽机等。它们的工作原理、适用的地层条件及工作效率有一定差别。对于复杂多样的地层，一般要多种机具配套使用。

进行造孔挖槽时，为了提高工效，通常要先划分槽段，然后在一个槽段内划分主孔和副孔，采用钻劈法、钻抓法或分层钻进等方法成槽。

各种造孔挖槽的方法，都是采用泥浆固壁，在泥浆液面下钻挖成槽的。在造孔过程中，要严格按操作规程施工，防止掉钻、卡钻、埋钻等事故发生；必须经常注意泥浆液面的稳定，发现严重漏浆，要及时补充泥浆，采取有效的止漏措施；要定时测定泥浆的性能指标，并控制在允许范围以内；应及时排除废水、废浆、废渣，不允许在槽口两侧堆放重物，以免影响工作，甚至造成孔壁坍塌；要保持槽壁平直，保证孔位、孔斜、孔深、孔宽及槽孔搭接厚度、嵌入基岩的深度等满足规定的要求，防止漏钻、漏挖和欠钻、欠挖。

（四）终孔验收和清孔换浆

终孔验收合格方准进行清孔换浆，清孔换浆的目的是在混凝土浇筑前，对留在孔底的沉渣进行清除，换上新鲜泥浆，以保证混凝土和不透水地层连接的质量。清孔换浆应该达到的标准是经过 1h 后，孔底淤积厚度不大于 10cm，孔内泥浆密度不大于 1.3，黏度不大于 30s，含沙量不大于 10%。一般要求清孔换浆以后 4h 内开始浇筑混凝土。如果不能按时浇筑，应采取措施，防止落淤，否则，在浇筑前要重新清孔换浆。

（五）墙体浇筑

防渗墙的混凝土浇筑和一般混凝土浇筑不同，是在泥浆液面下进行的。泥浆下浇筑混凝土的主要特点如下：

1. 不允许泥浆与混凝土掺混形成泥浆夹层。

2. 确保混凝土与基础及一、二期混凝土之间的结合。

3. 连续浇筑，一气呵成。

泥浆下浇筑混凝土常用直升导管法。清孔合格后，立即下设钢筋笼、预埋管、导管和观测仪器。导管由若干节管径 20~25cm 的钢管连接而成，沿槽孔轴线布置，相邻导管的间距不宜大于 3.5m，一期槽孔两端的导管距端面以 1.0~1.5m 为宜，开浇时导管口距孔底 10~25cm，把导管固定在槽孔口。当孔底高差大于 25cm 时，导管中心应布置在该导管控制范围的最低处。这样布置导管，不仅有利于全槽混凝土面的均衡上升，还有利于一、二期混凝土的结合，并可防止混凝土与泥浆掺混。槽孔浇筑应严格遵循先深后浅的顺序，即从最深的导管开始，由深到浅一个导管一个导管地开浇，待全槽混凝土面浇平以后，再全槽均衡上升。

每个导管开浇时，先下入导注塞，并在导管中灌入适量的水泥砂浆，准备好足够的混凝土，将导注塞压到导管底部，使管内泥浆挤出管外。然后将导管稍微上提，使导注塞浮出，一举将导管底端被泻出的砂浆和混凝土埋住，保证后续浇筑的混凝土不会与泥浆掺混。在浇筑过程中，应保证连续供料，一气呵成；保持导管埋入混凝土的深度不小于 1m；维持全槽混凝土面均衡上升，上升速度应不小于 2m/h，高差控制在 0.5m 范围内。

混凝土上升到距孔口 10m 左右，常因沉淀砂浆含沙量大、稠度增大、压差减小，增加浇筑困难。这时可用空气吸泥器、泵等抽排浓浆，以便浇筑顺利进行。在浇筑过程中应注意观测，做好混凝土面上升的记录，防止堵管、埋管、导管漏浆和泥浆掺混等事故的发生。

第三节　沙砾石地基处理

一、沙砾石地基灌浆

（一）沙砾石地基的可灌性

沙砾石地基的可灌性是指沙砾石地基能否接受灌浆材料灌入的一种特性。它是决定灌浆效果的先决条件。其主要取决于地层的颗粒级配、灌浆材料的细度、灌浆压力和灌浆工艺等。

（二）灌浆材料

灌浆多用水泥黏土浆液。一般水泥和黏土的比例为 1：1~1：4，水和干料的比例为 1：1~1：6。

（三）钻灌方法

沙砾石地基的钻孔灌浆方法有打管灌浆、套管灌浆、循环钻灌、预埋花管灌浆等。

1. 打管灌浆

打管灌浆就是将带有灌浆花管的厚壁无缝钢管，直接打入受灌地层中，并利用它进行灌浆。其程序如下：先将钢管打入到设计深度，再用压力水将管内冲洗干净，然后用灌浆泵灌浆，或利用浆液自重进行自流灌浆。灌完一段以后，将钢管起拔一个灌浆段高度，再进行冲洗和灌浆，如此自下而上，拔一段灌一段，直到结束。

这种方法设备简单、操作方便，适用于沙砾石层较浅、结构松散、颗粒不大、容易打管和起拔的场合。用这种方法灌成的帷幕，防渗性能较差，多用于临时性工程（如围堰）。

2. 套管灌浆

套管灌浆的施工程序是一边钻孔，一边跟着下护壁套管。或者，一边打设护壁套管，一边冲掏管内的沙砾石，直到套管下到设计深度。然后将钻孔冲洗干净，下入灌浆管，起拔套管到第一灌浆段顶部，安好止浆塞，对第一段进行灌浆。如此自下而上，逐段提升灌浆管和套管，逐段灌浆，直到结束。

采用这种方法灌浆，由于有套管护壁，不会产生第二段灌浆坍孔埋钻等事故。但是，在灌浆过程中，浆液容易沿着套管外壁向上流动，甚至产生地表冒浆。如果灌浆时间较长，则又会胶结套管，造成起拔困难。

3. 循环钻灌

循环钻灌是一种自上而下，钻一段灌一段，钻孔与灌浆循环进行的施工方法。钻孔时用黏土浆或最稀一级水泥黏土浆固壁。钻孔长度，也就是灌浆段的长度，视孔壁稳定和沙砾石层渗漏程度而定，容易坍孔和渗漏严重的地层，分段短一些，反之则长一些，一般为1~2m。灌浆时可利用钻杆做灌浆管。

用这种方法灌浆，做好孔口封闭，是防止地面抬动和地表冒浆提高灌浆质量的有效措施。

4. 预埋花管灌浆

预埋花管灌浆的施工程序：

（1）用回转式钻机或冲击钻钻孔，跟着下护壁套管，一次直达孔的全深。

（2）钻孔结束后，立即进行清孔，清除孔壁残留的石渣。

（3）在套管内安设花管，花管的直径一般为73~108mm，沿管长每隔33~50cm钻一排3~4个射浆孔，孔径1cm，射浆孔外面用橡皮圈箍紧。花管底部要封闭严密牢固，安设花管要垂直对中，不能偏在套管的一侧。

（4）在花管与套管之间灌注填料，边下填料边起拔套管，连续灌注，直到全孔填满套管拔出为止。

（5）填料待凝10d左右，达到一定强度，严密牢固地将花管与孔壁之间的环形圈封闭起来。

（6）在花管中下入双栓灌浆塞，灌浆塞的出浆孔要对准花管上准备灌浆的射浆孔。然后用清水或稀浆逐渐升压，压开花管上的橡皮圈，压穿填料，形成通路，为浆液进入沙砾石层创造条件，称为开环。开环以后，继续用稀浆或清水灌注5~10min，再开始灌浆。每排射浆孔就是一个灌浆段。灌完一段，移动双栓灌浆塞，使其出浆孔对准另一排射浆孔，进行另一灌浆段的开环灌浆。由于双栓灌浆塞的构造特点，可以在任一灌浆段进行开环灌浆，必要时还可以进行复灌，比较机动灵活。

用预埋花管法灌浆，由于有填料阻止浆液沿孔壁和管壁上升，很少发生冒浆、串浆现象，灌浆压力可相对提高，灌浆比较机动，可以重复灌浆，对灌浆质量较有保证。国内外比较重要的沙砾石层灌浆多采用这种方法，其缺点是花管被填料胶结以后，不能起拔，耗用管材较多。

二、水泥土搅拌桩

近几年，在处理淤泥、淤泥质土、粉土、粉质黏土等软弱地基时，经常采用深层搅拌桩进行复合地基加固处理。深层搅拌是利用水泥类浆液与原土通过叶片强制搅拌形成墙体的技术。

1. 技术特点

多头小直径深层搅拌桩机的问世，使防渗墙的施工厚度变为8~45cm，在江苏、湖北、江西、山东、福建等省广泛应用并已取得很高的社会效益。该技术使各幅钻孔搭接形成墙体，使排柱式水泥土地下墙的连续性、均匀性都有了大幅度的提高。从现场检测结果来看：

墙体搭接均匀、连续整齐、美观、墙体垂直偏差小，满足搭接要求。该工法适用于黏土、粉质黏土、淤泥质土及密实度中等以下的砂层，且施工进度和质量不受地下水位的影响。从浆液搅拌混合后形成"复合土"的物理性质来分析，这种复合土属于"柔性"物质。从防渗墙的开挖过程中还可以看到，防渗墙与原地基土无明显的分界面，即"复合土"与周边土胶结良好。因而，目前防洪堤的垂直防渗处理，在墙身不大于18m的条件下优先选用深层搅拌桩水泥土防渗墙。

2. 防渗性能

防渗墙的功能是截渗或增加渗径，防止堤身和堤基的渗透破坏。影响水泥搅拌桩渗透性的因素主要有流体本身的性质、水泥搅拌土的密度、封闭气泡和孔隙的大小及分布。因此，从施工工艺上看，防渗墙的完整性和连续性是关键，当墙厚不小于20cm时，成墙28d后渗透系数 $K<10^{-6}$ cm/s，抗压强度 $R>0.5$ MPa。

3. 复合地基

当水泥土搅拌桩用来加固地基，形成复合地基用以提高地基承载力时，应符合以下规定：

（1）竖向承载搅拌桩的长度应根据上部结构对承载力和变形的要求确定，并应穿透软弱土层到达承载力相对较高的土层；当设置的搅拌桩同时为提高抗滑稳定性时，其桩长应超过危险滑弧2.0m。干法的加固深度不宜大于15m；湿法及型钢水泥土搅拌墙（桩）的加固深度应考虑机械性能的限制。单头、双头加固深度不宜大于20m，多头及型钢水泥土搅拌墙（桩）的深度不宜超过35m。

（2）竖向承载力水泥土搅拌桩复合地基的承载力特征值应通过现场单桩或多桩复合地基荷载试验确定。

（3）竖向承载搅拌桩复合地基中的桩长超过10m时，可采用变掺量设计。在全桩水泥总掺量不变的前提下，桩身上部1/3桩长范围内可适当增加水泥掺量及搅拌次数；桩身下部1/3桩长范围内可适当减少水泥掺量。

（4）竖向承载搅拌桩的平面布置可根据上部结构特点及对地基承载力和变形的要求，采用柱状、壁状、格栅状或块状等加固形式。桩可只在刚性基础平面范围内布置，独立基础下的桩数不宜少于3根。柔性基础应通过验算在基础内、外布桩。柱状加固可采用正方形、等边三角形等布桩形式。

三、高压喷射灌浆

高压喷射灌浆法首创于日本，是将高压水射流技术应用于软弱地层的灌浆处理，成为一种新的地基处理方法。它是利用钻机造孔，然后将带有特制合金喷嘴的灌浆管下到地层预定位置，以高压把浆液或水、气高速喷射到周围地层，对地层介质产生冲切、搅拌和挤压等作用，同时被浆液置换、充填和混合，待浆液凝固后，就在地层中形成一定形状的凝结体。目前，该技术已被水利系统广泛采用。该技术既可用于低水头土坝的坝基防渗，也可用于松散地层的防渗堵漏、截潜流和临时性围堰等工程，还可进行混凝土防渗墙断裂及漏洞、隐患的修补。

高压喷射灌浆是利用旋喷机具造成旋喷桩以提高地基的承载能力，也可以做连锁桩施工或定向喷射成连续墙用于防渗。这种方法可适用于沙土、黏性土、淤泥等地基的加固，对砂卵石（最大粒径小于20cm）的防渗也有较好的效果。

通过各孔凝结体的连接，形成板式或墙式的结构，不仅可以提高基础的承载力，而且成为一种有效的防渗体。由于高压喷射灌浆具有对地层条件适用性广、浆液可控性好、施工简单等优点，近年来在国内外都得到了广泛应用。

（一）技术特点

高压喷射灌浆防渗加固技术适用于软弱土层，包括第四纪冲积层、洪积层、残积层及人工填土等。实践证明，对砂类土、黏性土、黄土和淤泥等土层，效果较好。对粒径过大和含量过多的砾卵石及有大量纤维质的腐殖土地层，一般应通过现场试验确定施工方法，对含有粒径2~20cm的沙砾石地层，在强力的升扬置换作用下，仍可实现浆液包裹作用。

高压喷射灌浆不仅在黏性土层、砂层中可用，在沙砾卵石层中也可用。经过多年的研究和工程试验证明，只要控制措施和工艺参数选择得当，在各种松散地层均可采用，以烟台市夹河地下水库工程为例，采用高喷灌浆技术的半圆相向对喷和双排摆喷菱形结构的新的施工方案，成功地在夹河卵砾石层中构筑了地下水库截渗坝工程。

该技术具有可灌性、可控性好，接头连接可靠，平面布置灵活，适应地层广，深度较大，对施工场地要求不高等特点。

（二）高压喷射灌浆的作用

高压喷射灌浆的浆液以水泥浆为主，其压力一般在10~30MPa，它对地层的作用和机理有如下几个方面：

1. 冲切掺搅作用。高压喷射流通过对原地层介质的冲击、切割和强烈扰动，使浆液扩散充填地层，并与土石颗粒掺混搅和，硬化后形成凝结体，从而改变原地层结构和组分，达到防渗加固的目的。

2. 升扬置换作用。随高压喷射流喷出的压缩空气，不仅对射流的能量有维持作用，而且造成孔内空气扬水的效果，使冲击切割下来的地层细颗粒和碎屑升扬至孔口，空余部分由浆液代替，起到了置换作用。

3. 挤压渗透作用。高压喷射流的强度随射流距离的增加而衰减，至末端虽不能冲切地层，但对地层仍能产生挤压作用；同时，喷射后的静压浆液对地层还产生渗透凝结层，有利于进一步提高抗渗性能。

4. 位移握裹作用。对于地层中的小块石，由于喷射能量大，以及升扬置换作用，浆液可填满块石四周空隙，并将其握裹；对大块石或块石集中区，如降低提升速度，提高喷射能量，可以使块石产生位移，浆液便深入空（孔）隙中去。总之，在高压喷射、挤压、余压渗透及浆气升串的综合作用下，产生握裹凝结作用，从而形成连续和密实的凝结体。

（三）防渗性能

在高压喷射流的作用下切割土层，被切割下来的土体与浆液搅拌混合，进而固结，形成防渗板墙。不同地层及施工方式形成的防渗体结构体的渗透系数稍有差别，一般其渗透系数小于 10^{-7} cm/s。

（四）高压喷射凝结体

1. 凝结体的形式

凝结体的形式与高压喷射方式有关。常见的有以下三种：

（1）喷嘴喷射时，边旋转边垂直提升，简称旋喷，可形成圆柱形凝结体。

（2）喷嘴的喷射方向固定，称定喷，可形成板状凝结体。

（3）喷嘴喷射时，边提升边摆动，简称摆喷，形成哑铃状或扇形凝结体。

为了保证高压喷射防渗板（墙）的连续性与完整性，必须使各单孔凝结体在其有效范围内相互可靠连接，这与设计的结构布置形式及孔距有很大关系。

2. 高压喷射灌浆的施工方法

目前，高压喷射灌浆的基本方法有单管法、二管法、三管法及多管法等，它们各有特点，应根据工程要求和地层条件选用。

（1）单管法。单管法采用高压灌浆泵以大于 2.0MPa 的高压将浆液从喷嘴喷出，冲击、切割周围地层，并产生搅和、充填作用，硬化后形成凝结体。该方法简单易行，但有效范围小。

（2）双管法。这种方法有两个管道，分别将浆液和压缩空气直接射入地层，浆压达 45~50MPa，气压 1~1.5MPa。由于射浆具有足够的射流强度和比能，易于将地层加压密实。这种方法工效高、效果好，尤其适合处理地下水丰富、含大粒径块石及孔隙率大的地层。

（3）三管法。三管法用水管、气管和浆管组成喷射杆，水、气的喷嘴在上，浆液的喷嘴在下。随着喷射杆的旋转和提升，先有高压水和气的射流冲击扰动地层，再以低压注入浓浆进行掺混搅拌。常用参数为水压 38~40MPa、气压 0.6~0.8MPa、浆压 0.3~0.5MPa，如果将浆液也改为高压（浆压达 20~30MPa）喷射，浆液可对地层进行二次切割、充填，其作用范围就更大。

（4）多管法。其喷管包含输送水、气、浆管、泥浆排出管和探头导向管。采用超高压水射流（40MPa）切削地层，所形成的泥浆由管道排出，用探头测出地层中形成的空间，最后由浆液、沙浆、砾石等置换充填。多管法可在地层中形成直径较大的柱状凝结体。

（五）施工程序与工艺

高压喷射灌浆的施工程序主要有造孔、下喷射管、喷射提升（旋转或摆动），最后成桩或墙。

1. 造孔

在软弱透水的地层进行造孔，应采用泥浆固壁或跟管（套管法）的方法确保成孔。造孔机具有回转式钻机、冲击式钻机等。目前用得较多的是立轴式液压回转钻机。为保证钻孔质量，孔位偏差应不大于 1~2cm，孔斜率小于 1%。

2. 下喷射管

用泥浆固壁的钻孔，可以将喷射管直接下入孔内，直到孔底。用跟管钻进的孔，可在拔管前向套管内注入密度大的塑性泥浆，边拔边注，并保持液面与孔口齐平，直至套管拔出，再将喷射管下到孔底。

将喷嘴对准设计的喷射方向，不偏斜，是确保喷射灌浆成墙的关键。

3. 喷射灌浆

根据设计的喷射方法与技术要求，将水、气、浆送入喷射管，喷射 1~3min，待注入的浆液冒出后，按预定的速度自上而下边喷射边转动、摆动，逐渐提升到设计高度。进行高压喷射灌浆的设备由造孔、供水、供气、供浆和喷灌等五大系统组成。

4. 施工要点

（1）管路、旋转活接头和喷嘴必须拧紧，安全密封；高压水泥浆液、高压水和压缩空气各管路系统均应不堵不漏不串。设备系统安装后，必须经过运行试验，试验压力达到工作压力的 1.5~2.0 倍。

（2）旋喷管进入预定深度后，应先试喷，待达到预定压力、流量后，再提升旋喷。中途发生故障，应立即停止提升和旋喷，以防止桩体中断。同时进行检查，排除故障。若发现浆液喷射不足，影响桩体质量，应进行复喷。施工中应做好详细记录。旋喷水泥浆应严格过滤，防止水泥结块和杂物堵塞喷嘴及管路。

（3）旋喷结束后要进行压力注浆，以补填桩柱凝结收缩后产生的顶部空穴。每次施工完毕后，必须立即用清水冲洗旋喷机具和管路，检查磨损情况，如有损坏零部件应及时更换。

第四节　灌注桩工程

灌注桩是先用机械或人工成孔，然后再下钢筋笼，最后灌注混凝土形成的基桩。其主要作用是提高地基承载力、侧向支撑等。

根据其承载性状可分为摩擦型桩、端承摩擦桩、端承型桩及摩擦端承桩；根据其使用功能分为竖向抗压桩、竖向抗拔桩、水平受荷桩、复合受荷桩；根据其成孔形式主要分为冲击成孔灌注桩、冲抓成孔灌注桩、回转钻成孔灌注桩、潜水钻成孔灌注桩和人工挖扩成孔灌注桩等。

一、灌注桩的适应地层

1. 冲击成孔灌注桩：适用于黄土、黏性土或粉质黏土和人工杂填土层应用，特别适用于有孤石的沙砾石层、漂石层、坚硬土层、岩层中使用，对流砂层亦可克服，但对淤泥及淤泥质土，则应慎重使用。

2. 冲抓成孔灌注桩：适用于一般较松软黏土、粉质黏土、沙土、沙砾层及软质岩层应用。

3. 回转钻成孔灌注桩：适用于地下水位较高的软、硬土层，如淤泥、黏性土、沙土、软质岩层。

4. 潜水钻成孔灌注桩：适用于地下水位较高的软、硬土层，如淤泥、淤泥质土、黏土、粉质黏土、沙土、砂夹卵石及风化页岩层，不得用于漂石。

5. 人工扩挖成孔灌注桩：适用于地下水位较低的软、硬土层，如淤泥、淤泥质土、黏土、粉质黏土、沙土、砂夹卵石及风化页岩层。

二、设计原则

桩基采用以概率理论为基础的极限状态设计法，以可靠指标度量桩基的可靠度，采用以分项系数表达的极限状态设计表达式进行计算。按两类极限状态进行设计：承载能力极限状态和正常使用极限状态。

1. 设计等级

根据建筑规模、功能特征、对差异变形的适应性、场地地基和建筑物体形的复杂性及由于桩基问题可能造成建筑破坏或影响正常使用的程度，应将桩基设计分为三个设计等级。

甲级：重要的建筑；30 层以上或高度超过 100m 的高层建筑；体形复杂且层数相差超过 10 层的高低层（含纯地下室）连体建筑；20 层以上框架—核心筒结构及其他对差异沉降有特殊要求的建筑；场地和地基条件复杂的 7 层以上的一般建筑及坡地、岸边建筑；对相邻既有工程影响较大的建筑。

乙级：除甲级、丙级以外的建筑。

丙级：场地和地基条件简单、荷载分布均匀的 7 层及 7 层以下的一般建筑。

2. 桩基承载能力计算

应根据桩基的使用功能和受力特征分别进行桩基的竖向承载力计算和水平承载力计算；应对桩身和承台结构承载力进行计算；对于桩侧土不排水抗剪强度小于 10kPa，且长径比大于 50 的桩应进行桩身压屈验算；对于混凝土预制桩应按吊装、运输和锤击作用进行桩身承载力验算；对于钢管桩应进行局部压屈验算；当桩端平面以下存在软弱下卧层时，应进行软弱下卧层承载力验算；对位于坡地、岸边的桩基应进行整体稳定性验算；对于抗浮、抗拔的桩基，应进行基桩和群桩的抗拔承载力计算；对于抗震设防区的桩基应进行抗震承载力验算。

3.桩基沉降计算

设计等级为甲级的非嵌岩桩和非深厚坚硬持力层的建筑桩基；设计等级为乙级的体形复杂、荷载分布显得不均匀或桩端平面以下存在软弱土层的建筑桩基；软土地基多层建筑减沉复合疏桩基础。

三、灌注桩设计

1.桩体

（1）配筋率：当桩身直径为300~2 000mm时，正截面配筋率可取0.65%~0.2%（小直径桩取高值）；对于受荷载特别大的桩、抗拔桩和嵌岩端承桩应根据计算确定配筋率，并不应小于上述规定值。

（2）配筋长度：

1）端承型桩和位于坡地岸边的基桩应沿桩身等截面或变截面通长配筋。

2）桩径大于600mm的摩擦型桩配筋长度不应小于2/3桩长；当受水平荷载时，配筋长度尚不宜小于4.0/a（a为桩的水平变形系数）。

3）对于受地震作用的基桩，桩身配筋长度应穿过可液化土层和软弱土层，进入稳定土层的深度不应小于相关规定的深度。

4）受负摩阻力的桩、因先成桩后开挖基坑而随地基土回弹的桩，其配筋长度应穿过软弱土层并进入稳定土层，进入的深度不应小于2~3倍桩身直径。

5）专用抗拔桩及因地震作用、冻胀或膨胀力作用而受拔力的桩，应等截面或变截面通长配筋。

（3）对于受水平荷载的桩，主筋不应小于8ϕ12；对于抗压桩和抗拔桩，主筋不应少于6ϕ10；纵向主筋应沿桩身周边均匀布置，其净距不应小于60mm。

（4）箍筋应采用螺旋式，直径不应小于6mm，间距宜为200~300mm；受水平荷载较大桩基、承受水平地震作用的桩基及考虑主筋作用计算桩身受压承载力时，桩顶以下5d范围内的箍筋应加密，间距不应大于100mm；当桩身位于液化土层范围内时箍筋应加密；当钢筋笼长度超过4m时，应每隔2m设一道直径不小于12mm的焊接加劲箍筋。

（5）桩身混凝土及混凝土保护层厚度应符合下列要求：

1）桩身混凝土强度等级不得小于C25，混凝土预制桩尖强度等级不得小于C30。

2）灌注桩主筋的混凝土保护层厚度不应小于35mm，水下灌注桩的主筋混凝土保护层厚度不得小于50mm。

2.承台

（1）桩基承台的构造，除应满足抗冲切、抗剪切、抗弯承载力和上部结构要求，还应符合下列要求：独立柱下桩基承台的最小宽度不应小于500mm，边桩中心至承台边缘的距离不应小于桩的直径或边长，且桩的外边缘至承台边缘的距离不应小于150mm。对于墙下条形承台梁，桩的外边缘至承台梁边缘的距离不应小于75mm。承台的最小厚度不应小于300mm。

（2）桩与承台的连接构造应符合下列规定：

1）桩嵌入承台内的长度中等直径桩不宜小于50mm；大直径桩不宜小于100mm。

2）混凝土桩的桩顶纵向主筋应锚入承台内，其锚入长度不宜小于35倍纵向主筋直径。

3）对于抗拔桩，桩顶纵向主筋的锚固长度应按现行国家标准《混凝土结构设计规范》确定。

4）对于大直径灌注桩，当采用一柱一桩时可设置承台或将桩与柱直接连接。

（3）承台与承台之间的连接构造应符合下列规定：

1）当采用一柱一桩时，应在桩顶两个主轴方向上设置联系梁。当桩与柱的截面直径之比大于2时，可不设联系梁。

2）两桩桩基的承台，应在其短向设置联系梁。

3）有抗震设防要求的柱下桩基承台，宜沿两个主轴方向设置联系梁。

4）联系梁顶面宜与承台顶面位于同一标高。联系梁宽度不宜小于250mm，其高度可取承台中心距的1/15~1/10，且不宜小于400mm。

5）联系梁配筋应按计算确定，梁上下部配筋不宜小于2根直径12mm的钢筋；位于同一轴线上的联系梁纵筋宜通长配置。

（4）柱与承台的连接构造应符合下列规定：

1）对于一柱一桩基础，柱与桩直接连接时，柱纵向主筋锚入桩身内长度不应小于35倍纵向主筋直径。

2）对于多桩承台，柱纵向主筋应锚入承台不应小于35倍纵向主筋直径；当承台高度不满足锚固要求时，竖向锚固长度不应小于20倍纵向主筋直径，并向柱轴线方向呈90°弯折。

3）当有抗震设防要求时，对于一、二级抗震等级的柱，纵向主筋锚固长度应乘以1.15的系数。对于三级抗震等级的柱，纵向主筋锚固长度应乘以1.05的系数。

四、施工前的准备工作

1.施工现场

施工前应根据施工地点的水文、工程地质条件及机具、设备、动力、材料、运输等情况，布置施工现场。

（1）场地为旱地时，应平整场地、清除杂物、换除软土、夯打密实。钻机底座应布置在坚实的填土上。

（2）场地为陡坡时，可用木排架或枕木搭设工作平台。平台应牢固可靠，保证施工能顺利进行。

（3）场地为浅水时，可采用筑岛法，岛顶平面应高出水面 1~2m。

（4）场地为深水时，根据水深、流速、水位涨落、水底地层等情况，采用固定式平台或浮动式钻探船。

2. 灌注桩的试验（试桩）

灌注桩正式施工前，应先打试桩。试验内容包括荷载试验和工艺试验。

（1）试验目的：选择合理的施工方法、施工工艺和机具设备；验证明桩的设计参数，如桩径和桩长等；鉴定或确定桩的承载能力和成桩质量能否满足设计要求。

（2）试桩施工方法。试桩所用的设备与方法，应与实际成孔成桩所用相同；一般可用基桩做试验或选择有代表性的地层或预计钻进困难的地层进行成孔、成桩等工序的试验，着重查明地质情况，判定成孔、成桩工艺方法是否适宜；试桩的材料与截面、长度必须与设计相同。

（3）试桩数目。工艺性试桩的数目根据施工具体情况决定；力学性试桩的数目，一般不少于实际基桩总数的 3%，且不少于 2 根。

（4）荷载试验。灌注桩的荷载试验，一般应做垂直静载试验和水平静载试验。垂直静载试验的目的是测定桩的垂直极限承载力，测定各土层的桩侧极摩擦阻力和桩底反力，并查明桩的沉降情况。试验加载装置，一般采用油压千斤顶。千斤顶的加载反力装置可根据现场实际条件而定。一般均采用锚桩横梁反力装置。加载与沉降的测量与试验资料整理，可参照有关规定。

水平静载试验的目的是确定桩的允许水平荷载作用下的桩头变位（水平位移和转角），一般只有在设计要求时才进行。加载方式、方法、设备、试验资料的观测、记录整理等，参照有关规定。

3. 编制施工流程图

为确保钻孔灌注桩的施工质量，使施工按规定程序有序地进行作业，应编制钻孔灌注桩施工流程图。

4. 测量放样

根据建设单位提供的测量基线和水准点，由专业测量人员制作施工平面控制网。采用极坐标法对每根桩孔进行放样。为保证放样准确无误，对每根桩必须进行三次定位，即第一次定位挖、埋设护筒，第二次校正护筒，第三次在护筒上用十字交叉法定出桩位。

5. 埋设护筒

埋设护筒应准确稳定。护筒内径一般应比钻头直径稍大；用冲击或冲抓方法时，大约 20cm；用回转法时，大约 10cm。护筒一般有木质、钢质与钢筋混凝土三种材质。护筒周围用黏土回填并夯实。当地基回填土松散、孔口易坍塌时，应扩大护筒坑的挖埋直径或在护筒周围填砂浆混凝土。护筒埋设深度一般为 1~1.5m；对于坍塌较深的桩孔，应增加护筒埋设深度。

6. 制备泥浆

制浆用黏土的质量要求、泥浆搅拌和泥浆性能指标等，均应符合有关规定。泥浆主要性能指标：比重 1.1~1.15，黏度 10~25s，含砂率小于 6%，胶体率大于 95%，失水量小于 30mL/min，pH 值 7~9。

泥浆的循环系统主要包括制浆池、泥浆池、沉淀池和循环槽等。开动钻机较多时，一般采用集中制浆与供浆。用抽浆泵通过主浆管和软管向各孔桩供浆。

泥浆的排浆系统由主排浆沟、支排浆沟和泥浆沉淀池组成。沉淀池内的泥浆采用泥浆净化机净化后，由泥浆泵抽回泥浆池，以便再次利用。废弃的泥浆与渣应按环境保护的有关规定进行处理。

五、造孔

1. 造孔方法

钻孔灌注桩造孔常用的方法有冲击钻进法、冲抓钻进法、冲击反循环钻进法、泵吸反循环钻进法、正循环回转钻进法等，可根据具体的情况选用。

2. 造孔

施工平台应铺设枕木和台板，安装钻机应保持稳固、周正、水平。开钻前提钻具，校正孔位。造孔时，钻具对准测放的中心开孔钻进。施工中应经常检测孔径、孔形和孔斜，严格控制钻孔质量。出渣时，及时补给泥浆，保证钻孔内浆液面的泥浆稳定，防止塌孔。根据地质勘探资料、钻进速度、钻具磨损程度及抽筒排出的钻渣等情况，判断换层孔深。如钻孔进入基岩，立即用样管取样。经现场地质人员鉴定，确定终孔深度。终孔验收时，桩位孔口偏差不得大于 5cm，桩身垂直度偏斜应小于 1%。当上述指标达到规定要求时，才能进入下道工序。

3. 清孔

（1）清孔的目的。清孔的目的是抽、换孔内泥浆，清除孔内钻渣，尽量减少孔底沉淀层厚度，防止桩底存留过厚沉淀沙土而降低桩的承载力，确保灌注混凝土的质量。终孔检查后，应立即清孔。清孔时应不断置换泥浆，直至灌注水下混凝土。

（2）清孔的质量要求。清孔的质量要求是应清除孔底所有的沉淀沙土。当技术上确有困难时，允许残留少量不成浆状的松土，其数量应符合合同文件的规定。清孔后灌注混凝土前，孔底 500mm 以内的泥浆性能指标：含沙率为 8%，比重应小于 1.25，漏斗黏度不大于 28s。

（3）清孔方法。根据设计要求、钻进方法、钻具和土质条件选用清孔方法。常用的清孔方法有正循环清孔、泵吸反循环清孔、空压机清孔和掏渣清孔等。

正循环清孔，适用于淤泥层、沙土层和基岩施工的桩孔。孔径一般小于 800mm。其方法是在终孔后，将钻头提离孔底 10~20cm 空转，并保持泥浆正常循环。输入比重为

1.10~1.25 的较纯的新泥浆循环，把钻孔内悬浮钻渣较多的泥浆换出。根据孔内情况，清孔时间一般为 4~6h。

泵吸反循环清孔，适用于孔径 600~1500mm 及更大的桩孔。清孔时，在终孔后停止回转，将钻具提离孔底 10~20cm，反循环持续到满足清孔要求为止。清孔时间一般为 8~15min。

空压机清孔，其原理与空压机抽水洗井的原理相同，适用于各种孔径、深度大于 10m 各种钻进方法的桩孔。一般是在钢筋笼下入孔内后，将安有进气管的导管吊入孔中。导管下入深度为距沉渣面 30~40cm。由于桩孔不深，混合器可以下到接近孔底以增加沉没深度，清孔开始时，应向孔内补水。清孔停止时，应先关风后断水，防止水头损失造成塌孔。送风量由小到大，风压一般为 0.5~0.7MPa。

掏渣清孔，干钻施工的桩孔，不得用循环液清除孔内虚土，应采用掏渣等或加碎石夯实的办法。

六、钢筋笼的制作与安装

1. 一般要求

（1）钢筋的种类、钢号、直径应符合设计要求。钢筋的材质应进行物理力学性能或化学成分的分析试验。

（2）制作前应除锈、调查（螺旋筋除外）。主筋应尽量用整根钢筋。焊接的钢材，应做可焊性和焊接质量的试验。

（3）当钢筋笼全长超过 10m 时，宜分段制作。分段后的主筋接头应互相错开，同一截面内的接头数目不多于主筋总根数的 50%，两个接头的间距应大于 50cm。接头可采用搭接、绑条或坡口焊接。加强筋与主筋间采用点焊连接，箍筋与主筋间采用绑扎方法。

2. 钢筋笼的制作

制作钢筋笼的设备与工具有电焊机、钢筋切割机、钢筋圈制作台和钢筋笼成型支架等。钢筋笼的制作程序如下：

（1）根据设计，确定箍筋用料长度，将钢筋成批切割好备用。

（2）钢筋笼主筋保护层厚度一般为 6~8cm。绑扎或焊接钢筋混凝土预制块，焊接环筋。环的直径不小于 10mm，焊在主筋外侧。

（3）制作好的钢筋笼在平整的地面上放置，应防止变形。

（4）按图纸尺寸和焊接质量要求检查钢筋笼（内径应比导管接头外径大 100mm 以上），不合格者不得使用。

3. 钢筋笼的安装

钢筋笼安装时用大型吊车起吊，对准桩孔中心放入孔内。如桩孔较深，钢筋笼应分段加工，在孔口处进行对接。采用单面焊缝焊接，焊缝应饱满，不得咬边夹渣。焊缝长度不小于10d。为了保证钢筋笼的垂直度，钢筋笼在孔口按桩位中心定位，使其悬吊在孔内。下放钢筋笼应防止碰撞孔壁。如下放受阻，应查明原因，不得强行下插。一般采用正反旋转的方式，缓慢逐步下放。安装完毕后，经有关人员对钢筋笼的位置、垂直度、焊缝质量、箍筋点焊质量等进行全面检查验收，合格后才能下导管灌注混凝土。

第四章 水利工程施工质量控制

第一节 质量管理与质量控制

一、质量管理与质量控制的关系

1. 质量管理

（1）质量管理是指确立质量方针及实施质量方针的全部职能及工作内容，并对其工作效果进行评价和改进的一系列工作。

（2）按照质量管理的概念，组织必须通过建立质量管理体系实施质量管理。其中，质量方针是组织最高管理者的质量宗旨、经营理念和价值观的反映。在质量方针的指导下，通过质量管理手册、程序性管理文件、质量记录的制定，并通过组织制度的落实、管理人员与资源的配置、质量活动的责任分工与权限界定等，形成组织质量管理体系的运行机制。

2. 质量控制

（1）质量控制是质量管理的一部分，致力于满足质量要求的一系列相关活动。由于建设工程项目的质量要求是由业主（或投资者项目法人）提出的，即建设工程项目的质量总目标，是业主的建设意图通过项目策划，包括项目的定义及建设规模、系统构成、使用功能和价值、规格档次标准等的定位策划和目标决策来确定的。因此，建设工程项目质量控制，在工程勘察设计、招标采购、施工安装、竣工验收等各个阶段，项目干系人均应围绕致力于满足业主要求的质量总目标而展开。

（2）质量控制所致力的一系列相关活动，包括作业技术活动和管理活动。产品或服务质量的产生，归根结底是由作业技术过程直接形成的。因此，作业技术方法的正确选择和作业技术能力的充分发挥，就是质量控制的关键点，它包含技术和管理两个方面。必须认识到，组织或人员具备相关的作业技术能力，只是产出合格产品或服务质量的前提，在社会化大生产的条件下，只有通过科学的管理，对作业技术活动过程进行组织和协调，才能使作业技术能力得到充分发挥，实现预期的质量目标。

（3）质量控制是质量管理的一部分而不是全部。两者的区别在于概念不同、职能范围不同和作用不同。质量控制是在明确的质量目标和具体的条件下，通过行动方案和资源配置的计划、实施、检查和监督，进行质量目标的事前预控、事中控制和事后纠偏控制，实现预期质量目标的系统过程。

二、质量控制

质量控制的基本原理是运用全面全过程质量管理的思想和动态控制的原理，进行质量的事前预控、事中控制和事后纠偏控制。

1. 事前质量预控

事前质量预控就是要求预先进行周密的质量计划，包括质量策划、管理体系、岗位设置，把各项质量职能活动，包括作业技术和管理活动建立在有充分能力、条件保证和运行机制的基础上。对于建设工程项目，尤其是施工阶段的质量预控，就是通过施工质量计划、施工组织设计或施工项目管理设施规划的制订过程，运用目标管理的手段，实施工程质量事前预控，或称为质量的计划预控。

事前质量预控必须充分发挥组织的技术和管理方面的整体优势，把长期形成的先进技术、管理方法和经验智慧，创造性地应用于工程项目。

事前质量预控要求针对质量控制对象的控制目标、活动条件、影响因素进行周密分析，找出薄弱环节，制定有效的控制措施和对策。

2. 事中质量控制

事中质量控制也称作业活动过程质量控制，是指质量活动主体的自我控制和他人监控的控制方式。自我控制是第一位的，即作业者在作业过程中对自己质量活动行为的约束和技术能力的发挥，以完成预定质量目标的作业任务；他人监控是指作业者的质量活动过程和结果，接受来自企业内部管理者和企业外部有关方面的检查检验，如工程监理机构、政府质量监督部门等的监控。事中质量控制的目标是确保工序质量合格，杜绝质量事故发生。

由此可知，质量控制的关键是增强质量意识，发挥操作者的自我约束、自我控制功能，即坚持质量标准是根本的，他人监控是必要的补充，没有前者或用后者取代前者都是不正确的。因此，有效进行过程质量控制，就在于创造一种过程控制的机制和活力。

3. 事后质量控制

事后质量控制也称事后质量把关，以杜绝不合格的工序或产品流入后道工序、流入市场。事后质量控制的任务就是对质量活动结果进行评价、认定，对工序质量偏差进行纠正，对不合格产品进行整改和处理。

从理论上分析，对于建设工程项目，如果计划预控过程所制订的行动方案考虑得越周密，事中自控能力越强、监控越严格，则实现质量预期目标的可能性就越大。理想的状况就是希望做到各项作业活动"一次成活""一次交验合格率达 100%"。但要达到这样的管理水平和质量形成能力是相当不容易的，即使坚持不懈的努力，也可能有个别工序或分部分项施工质量会出现偏差，这是因为在作业过程中不可避免地会存在一些计划难以预料的因素，包括系统因素和偶然因素的影响。

建设工程项目质量的事后控制，具体体现在施工质量验收各个环节的控制方面。

以上系统控制的三大环节，不是孤立和截然分开的，它们之间构成有机的系统过程，实质上也就是质量管理 PDCA 循环的具体化，并在每一次滚动循环中不断提高，达到质量管理和质量控制的持续改进。

第二节　建设工程项目质量控制系统

一、建设工程项目质量控制系统的构成

这里所说的建设工程项目质量控制系统，在实践中可能有多种叫法，不尽一致，也没有统一规定。常见的叫法有质量管理体系、质量控制体系、质量管理系统、质量控制网络、质量管理网络、质量保证系统等。工程项目开工前，总监理工程师应审查承包单位现场项目管理机构的质量管理体系、技术管理体系和质量保证体系，确保工程项目施工质量时予以确认。对质量管理体系、技术管理体系和质量保证体系应审核以下内容：质量管理、技术管理和质量保证的组织机构；质量管理、技术管理制度；专职管理人员和特种作业人员的资格证、上岗证。

建设工程项目的现场质量控制，除承包单位和监理机构外，业主、分包商及供货商的质量责任和控制职能仍然必须纳入工程项目的质量控制系统。因此，这个系统无论叫什么名字，其内容和作用是一致的。需要强调的是，要正确理解这类系统的性质、范围、结构、特点及建立和运行的原理并加以应用。

（一）项目质量控制系统的性质

建设工程项目质量控制系统既不是建设单位的质量管理体系或质量保证体系，也不是工程承包企业的质量管理体系或质量保证体系，而是建设工程项目目标控制的一个工作系统，具有下列性质：

1. 建设工程项目质量控制系统是以工程项目为对象，由工程项目实施的总组织者负责建立的面向对象开展质量控制的工作体系。

2. 建设工程项目质量控制系统是建设工程项目管理组织的一个目标控制体系，它与项目投资控制、进度控制、职业健康安全与环境管理等目标控制体系，共同依托于同一项目管理的组织机构。

3. 工程项目质量控制系统是根据工程项目管理的实际需要而建立，随着建设工程项目的完成和项目管理组织的解体而消失，因此它是一个一次性的质量控制工作体系，不同于

企业的质量管理体系。

（二）项目质量控制系统的范围

建设工程项目质量控制系统的范围，包括按项目范围管理的要求，列入系统控制的建设工程项目构成范围；项目实施的任务范围，即由工程项目实施的全过程或若干阶段进行定义；项目质量控制所涉及的责任主体范围。

1.系统涉及的工程范围

系统涉及的工程范围，一般根据项目的定义或工程承包合同来确定。具体来说有以下三种情况：

（1）建设工程项目范围内的全部工程。

（2）建设工程项目范围内的某一单项工程或标段工程。

（3）建设工程项目某单项工程范围内的一个单位工程。

2.系统涉及的任务范围

建设工程项目质量控制系统服务于建设工程项目管理的目标控制，因此其质量控制的系统职能应贯穿于项目的勘察、设计、采购、施工和竣工验收等实施环节，即建设工程项目全过程质量控制的任务或若干阶段承包的质量控制任务。

3.系统涉及的主体范围

建设工程项目质量控制系统所涉及的质量责任自控主体和监控主体，通常情况下包括建设单位、设计单位、工程总承包企业、施工企业、建设工程监理机构、材料设备供应厂商等。这些质量责任和控制主体，在质量控制系统中的地位和作用不同。承担建设工程项目设计、施工或材料设备供货的单位，具有直接的产品质量责任，属质量控制系统中的自控主体；在建设工程项目实施过程中，对各质量责任主体的质量活动行为和活动结果实施监督控制的组织，称为质量监控主体，如业主项目监理机构等。

（三）项目质量控制系统的结构

建设工程项目质量控制系统，一般情况下形成多层次、多单元的结构形态，这是由其实施任务的委托方式和合同结构所决定的。

1.多层次结构

多层次结构是相对于建设工程项目工程系统纵向垂直分解的单项、单位工程项目质量控制子系统。在大、中型建设工程项目，尤其是群体工程的建设工程项目中，第一层面的质量控制系统应由建设单位的建设工程项目管理机构负责建立，在委托代建、委托项目管理或实行交钥匙式工程总承包的情况下，应由相应的代建方项目管理机构、受托项目管理机构或工程总承包企业项目管理机构负责建立。第二层面的质量控制系统，通常是指由建设工程项目的设计总负责单位、施工总承包单位等建立的相应管理范围内的质量控制系统。第三层面及其以下是承担工程设计、施工安装、材料设备供应等各承包单位的现场质量自控系统，或称各自的施工质量保证体系。系统纵向层次机构的合理性是建设工程项目质量目标，控制责任和措施分解落实的重要保证。

2.多单元结构

多单元结构是指在建设工程项目质量控制总体系统下，第二层面的质量控制系统及其以下的质量自控或保证体系，可能有多个。这是项目质量目标、责任和措施分解的必然结果。

（四）项目质量控制系统的特点

如前所述，建设工程项目质量控制系统是面向对象建立的质量控制工作体系，它和建筑企业或其他组织机构按照质量管理体系，有如下不同点：

1.建立的目的不同。建设工程项目质量控制系统只用于特定的建设工程项目质量控制，而不是建筑企业或组织的质量管理，即建立的目的不同。

2.服务的范围不同。建设工程项目质量控制系统涉及建设工程项目实施过程中所有的质量责任主体，而不只是某一个承包企业或组织机构，即服务的范围不同。

3.控制的目标不同。建设工程项目质量控制系统的控制目标是建设工程项目的质量标准，并非某一具体建筑企业或组织的质量管理目标，即控制的目标不同。

4.作用的时效不同。建设工程项目质量控制系统与建设工程项目管理组织系统相融合，是一次性的质量工作系统，而非永久性的质量管理体系，即作用的时效不同。

5.评价的方式不同。建设工程项目质量控制系统的有效性一般由建设工程项目管理，令组织者进行自我评价与诊断，不需要进行第三方认证，即评价的方式不同。

二、建设工程项目质量控制系统的建立

建设工程项目质量控制系统的建立，实际上就是建设工程项目质量总目标的确定和分解过程，也是建设工程项目各参与方之间质量管理关系和控制责任的确立过程。为了保证质量控制系统的科学性和有效性，必须明确系统建立的原则、内容、程序和主体。

1.建立的原则

实践经验表明，建设工程项目质量控制系统的建立，遵循以下原则对质量目标的总体规划、分解和有效实施控制是非常重要的。

（1）分层次规划的原则

建设工程项目质量控制系统的分层次规划，是指建设工程项目管理的总组织者（建设单位或代建制项目管理企业）和承担项目实施任务的各参与单位，分别进行建设工程项目质量控制系统不同层次和范围的规划。

（2）总目标分解的原则

建设工程项目质量控制系统总目标的分解，是根据控制系统内工程项目的分解结构，将工程项目的建设标准和质量总体目标分解到各个责任主体，明示于合同条件，由各责任主体制订出相应的质量计划，确定其具体的控制方式和控制措施。

（3）质量责任制的原则

建设工程项目质量控制系统的建立，应按照《中华人民共和国建筑法》和《建设工程质量管理条例》有关建设工程质量责任的规定，界定各方的质量责任范围和控制要求。

（4）系统有效性的原则

建设工程项目质量控制系统，应从实际出发，结合项目特点、合同结构和项目管理组织系统的构成情况，建立项目各参与方共同遵循的质量管理制度和控制措施，并形成有效的运行机制。

2.建立的程序

工程项目质量控制系统的建立过程，一般可按以下环节依次展开工作。

（1）确立系统质量控制网络

首先明确系统各层面的建设工程质量控制负责人，一般应包括承担项目实施任务的项目经理（或工程负责人）、总工程师，以及项目监理机构的总监理工程师、专业监理工程师等，以形成明确的项目质量控制责任者的关系网络架构。

（2）制定系统质量控制制度

系统质量控制制度包括质量控制例会制度、协调制度、报告审批制度、质量验收制度和质量信息管理制度等。指定相关制度形成建设工程项目质量控制系统的管理文件或手册，作为承担建设工程项目实施任务各方主体共同遵循的管理依据。

（3）分析系统质量控制界面

建设工程项目质量控制系统的质量责任界面，包括静态界面和动态界面。静态界面根据法律法规、合同条件、组织内部职能分工来确定。动态界面是指项目实施过程中设计单位之间、施工单位之间、设计与施工单位之间的衔接配合关系及其责任划分，必须通过分析研究，确定管理原则与协调方式。

（4）编制系统质量控制计划

建设工程项目管理总组织者，负责主持编制建设工程项目总质量计划，并根据质量控制系统的要求，部署各质量责任主体编制与其承担任务范围相符的质量计划，并按规定程序完成质量计划的审批，作为其实施自身工程质量控制的依据。

3.建立的主体

按照建设工程项目质量控制系统的性质、范围和主体的构成，一般情况下其质量控制系统应由建设单位或建设工程项目总承包企业的工程项目管理机构负责建立。在分阶段依次对勘察、设计、施工、安装等任务进行分别招标发包的情况下，通常应由建设单位或其委托的建设工程项目管理企业负责建立，各承包企业根据建设工程项目质量控制系统的要求，建立隶属于建设工程项目质量控制系统的设计项目、施工项目、采购供应项目等质量控制子系统（相应的质量保证体系），以具体实施其质量责任范围内的质量管理和目标控制。

三、建设工程项目质量控制系统的运行

建设工程项目质量控制系统的建立，为建设工程项目的质量控制提供了组织制度方面的保证。建设工程项目质量控制系统的运行，实际上就是系统功能的发挥过程，也是质量活动职能和效果的控制过程。然而，质量控制系统要想有效地运行，还有赖于系统内部的运行环境和运行机制的完善。

1. 运行环境

建设工程项目质量控制系统的运行环境，主要是指以下几个方面：

（1）建设工程的合同结构

建设工程合同是联系建设工程项目各参与方的纽带，只有在建设工程项目合同结构合理、质量标准和责任条款明确，并严格进行履约管理的条件下，质量控制系统的运行才能成为各方的自觉行动。

（2）质量管理的资源配置

质量管理的资源配置包括专职工程技术人员和质量管理人员的配置，以及实施技术管理和质量管理所必需的设备设施、器具、软件等物质资源的配置。人员和资源的合理配置是质量控制系统得以运行的基础条件。

（3）质量管理的组织制度

建设工程项目质量控制系统内部的各项管理制度和程序性文件的建立，为质量控制系统各个环节的运行提供必要的行动指南、行为准则和评价基准，是系统有序运行的基本保证。

2. 运行机制

建设工程项目质量控制系统的运行机制，是由一系列质量管理制度安排形成的内在能力。运行机制是质量控制系统的生命，机制缺陷是造成系统运行无序、失效和失控的重要原因。因此，在系统内部的管理制度设计时，必须予以高度重视，防止重要管理制度的缺失、制度本身的缺陷、制度之间的矛盾等现象出现，为系统的运行注入动力机制、约束机制、反馈机制和持续改进机制。

（1）动力机制

动力机制是建设工程项目质量控制系统运行的核心机制，它来源于公正、公开、公平的竞争机制和利益机制的制度设计或安排。这是因为建设工程项目的实施过程是由多主体参与的价值增值链，只有保持合理的供方及分供方等各方关系，才能形成合力，这是建设工程项目成功的重要保证。

（2）约束机制

没有约束机制的控制系统是无法使工程质量处于受控状态的，约束机制取决于各主体内部的自我约束能力和外部的监控效力。约束能力表现为组织及个人的经营理念、质量意

识、职业道德及技术能力的发挥；监控效力取决于建设工程项目实施主体外部对质量工作的推动和检查监督。二者相辅相成，构成质量控制过程的制衡关系。

（3）反馈机制

运行的状态和结果的信息反馈是对质量控制系统的能力和运行效果进行评价，并及时为处置提供决策依据。因此，必须有相关的制度安排，保证质量信息反馈的及时性和准确性，保持质量管理者深入生产第一线，掌握第一手资料，才能形成有效的质量信息反馈机制。

（4）持续改进机制

在建设工程项目实施的各个阶段，不同的层面、不同的范围和不同的主体间，应用PDCA循环原理，即计划、实施、检查和处置的方式展开质量控制，同时必须注重抓好控制点的设置，加强重点控制和例外控制，并不断寻求改进机会、研究改进措施。这样才能保证建设工程项目质量控制系统不断完善和持续改进，不断提高质量控制能力和控制水平。

第三节　建设工程项目施工质量控制

建设工程项目的施工质量控制，有两个方面的含义。一是指建设工程项目施工承包企业的施工质量控制，包括总包的、分包的、综合的和专业的施工质量控制；二是指广义的施工阶段建设工程项目质量控制，即除承包方的施工质量控制外，还包括业主、设计单位、监理单位及政府质量监督机构，在施工阶段对建设工程项目施工质量所实施的监督管理和控制职能。因此，从建设工程项目管理的角度来讲，应全面理解施工质量控制的内涵，并掌握建设工程项目施工阶段质量控制的任务目标与控制方式、施工质量计划的编制、施工生产要素和作业过程的质量控制方法，熟悉施工质量控制的主要途径。

一、施工阶段质量控制的目标

1. 施工阶段质量控制的任务目标

建设工程项目施工质量的总目标，是实现由建设工程项目决策、设计文件和施工合同所决定的预期使用功能和质量标准。尽管建设单位、设计单位、施工单位、供货单位和监理机构等，在施工阶段质量控制的地位和任务目标不同，但从建设工程项目管理的角度来看，都是致力于实现建设工程项目的质量总目标。因此，施工质量控制目标及建筑工程施工质量验收依据，可具体表述如下：

（1）建设单位的控制目标

建设单位在施工阶段，通过对施工全过程全面的质量监督管理、协调和决策，保证竣工项目达到投资决策所确定的质量标准。

（2）设计单位的控制目标

设计单位在施工阶段，通过对关键部位和重要施工项目的施工质量验收签证设计变更控制及纠正施工中所发现的设计问题，采纳变更设计的合理化建议等，保证竣工项目的各项施工结果与设计文件（包括变更文件）所规定的质量标准相一致。

（3）施工单位的控制目标

施工单位包括职工总包和分包单位，作为建设工程产品的生产者和经营者，应根据施工合同的任务范围和质量要求，通过全过程、全面的施工质量自控，保证最终交付满足施工合同及设计文件所规定质量标准的建设工程产品。我国《建设工程质量管理条例》规定：施工单位对建设工程的施工质量负责；分包单位应当按照分包合同的约定对其分包工程的质量向总承包单位负责，总承包单位与分包单位对分包工程的质量承担连带责任。

（4）供货单位的控制目标

建筑材料、设备、构配件等供应厂商，应按照采购供货合同约定的质量标准提供货物及其质量保证、检验试验单据、产品规格和使用说明书，以及其他必要的数据和资料，并对其产品质量负责。

（5）监理单位的控制目标

建设工程监理单位在施工阶段，通过审核施工质量文件、报告报表及采取现场旁站、巡视、平行检测等形式进行施工过程质量监理，并应用施工指令和结算支付控制等手段，监控施工承包单位的质量活动行为、协调施工关系，正确履行对工程施工质量的监督责任，以保证工程质量达到施工合同和设计文件所规定的质量标准。我国《建筑法》规定，建设工程监理人员认为工程施工不符合工程设计要求、施工技术标准和合同约定的，有权要求建筑施工企业改正。

2.施工阶段质量控制的方式

在长期建设工程施工实践中，施工质量控制的基本方式可以概括为自主控制与监督控制相结合的方式、事前预控与事中控制相结合的方式、动态跟踪与纠偏控制相结合的方式，以及这些方式的综合运用。

二、施工质量计划的编制方法

1.施工质量计划的编制主体和范围

施工质量计划应由自控主体即施工承包企业编制。在平行承、发包方式下，各承包单位应分别编制施工质量计划；在总分包模式下，施工总承包单位应编制总承包工程范围的施工质量计划，各分包单位编制相应分包范围的施工质量计划，作为施工总承包方质量计划的深化和组成。施工总承包方有责任对各分包施工质量计划的编制进行指导和审核，并承担相应施工质量的连带责任。

施工质量计划编制的范围。从工程项目质量控制的要求来讲，应与建筑安装工程施工任务的实施范围相一致，以此保证整个项目建筑安装工程的施工质量总体受控；对具体施工任务承包单位而言，施工质量计划的编制范围，应能满足其履行工程承包合同质量责任的要求。建设工程项目的施工质量计划，应在施工程序、控制组织、控制措施、控制方式等方面，形成一个有机的质量计划系统，确保项目质量总目标和各分解目标的控制能力。

2. 施工质量计划的审批程序与执行

施工单位的项目施工质量计划或施工组织设计文件编成后应按照工程施工管理程序进行审批，施工质量计划的审批程序与执行包括施工企业内部的审批和项目监理机构的审查。

（1）企业内部的审批

施工单位的项目施工质量计划或施工组织设计的编制与审批，应根据企业质量管理程序性文件规定的权限和流程进行，通常由项目经理部主持编制，报企业组织管理层批准并报送项目监理机构核准确认。

施工质量计划或施工组织设计文件的审批过程，是施工企业自主技术决策和管理决策的过程，也是发挥企业职能部门与施工项目管理团队的智慧和经验的过程。

（2）监理工程师的审查

实施工程监理的施工项目，按照我国建设工程监理规范的规定，施工承包单位必须填写《施工组织设计（方案）报审表》并附施工组织设计（方案），报送项目监理机构审查。相关规范规定项目监理机构在工程开工前，总监理工程师应组织专业监理工程师审查承包单位报送的施工组织设计（方案）报审表，提出意见，经总监理工程师审核、签认后报建设单位。

（3）审批关系的处理原则

正确执行施工质量计划的审批程序，是正确理解工程质量目标和要求，保证施工部署技术工艺方案和组织管理措施的合理性、先进性及经济性的重要环节，也是进行施工质量事前预控的重要方法。因此，在执行审批程序时，必须正确处理施工企业内部审批和监理工程师审批的关系，其基本原则如下：

1）充分发挥质量自控主体和监控主体的共同作用，在坚持项目质量标准和质量控制能力的前提下，正确处理承包人利益和项目利益的关系；施工企业内部的审批首先应从履行工程承包合同的角度，审查实现合同质量目标的合理性和可行性，通过项目质量计划取得发包方的信任。

2）施工质量计划在审批过程中，对监理工程师审查所提出的建议、希望、要求等意见是否采纳及采纳的程度，应由负责质量计划编制的施工单位自主决策。在满足合同和相关法规要求的情况下，确定质量计划的调整、修改和优化，并承担相应执行结果的责任。

3）经过按规定程序审查批准的施工质量计划，在实施过程中如因条件变化需要对某些重要决定进行修改时，其修改内容仍应按照相应程序经过审批后执行。

3. 施工质量控制点的设置与管理

（1）质量控制点的设置

施工质量控制点的设置，是根据工程项目施工管理的基本程序，结合项目特点，在制订项目总体质量计划后，列出各基本施工过程对局部和总体质量水平有影响的项目，作为具体实施的质量控制点。比如高层建筑施工质量管理中，基坑支护与地基处理，工程测量与沉降观测，大体积钢筋混凝土施工，工程的防排水，钢结构的制作、焊接及检测，大型设备吊装及有关分部分项工程中必须进行重点控制的内容或部位，可列为质量控制点。通过质量控制点的设定，质量控制的目标及工作重点就能更加明晰，事前质量预控的措施也就更加明确。施工质量控制点的事前质量预控工作包括以下内容：明确质量控制的目标与控制参数；制定技术规程和控制措施，如施工操作规程及质量检测评定标准；确定质量检查检验方式及抽样的数量与方法；明确检查结果的判断标准及质量记录与信息反馈要求。

（2）质量控制点的实施

施工质量控制点的实施主要通过控制点的动态设置和动态跟踪管理来实现。所谓动态设置，是指一般情况下在工程开工前、设计交底和图纸会审时，可确定一批整个项目的质量控制点，随着工程的开展、施工条件的变化，随时或定期进行控制点范围的调整和更新。动态跟踪是应用动态控制原理，落实专人负责跟踪和记录控制点质量控制的状态及效果，并及时向项目管理组织的高层管理者反馈质量控制信息，保持施工质量控制点的受控状态。

4. 施工生产要素的质量控制

施工生产要素是施工质量形成的物质基础，其质量的含义如下：作为劳动主体的施工人员，即直接参与施工的管理者、作业者的素质及其组织效果；作为劳动对象的建筑材料、半成品、工程用品、设备等的质量；作为劳动方法的施工工艺及技术措施的水平；作为劳动手段的施工机械、设备、工具、模具等的技术性能；施工环境——现场水文、地质气象等自然环境，通风照明、安全等作业环境以及协调配合的管理环境。

（1）劳动主体的控制

施工生产要素的质量控制中劳动主体的控制包括工程各类参与人员的生产技能、文化素养、生理体能、心理行为等方面的个体素质，以及经过合理组织充分发挥其潜在能力的群体素质。因此，企业应通过择优录用、加强思想教育及技能方面的教育培训，合理组织、严格考核，并辅以必要的激励机制，使企业员工的潜在能力得到最好的组合和充分的发挥，从而保证劳动主体在质量控制系统中发挥主体自控作用。施工企业必须坚持对所选派的项目领导者、管理者进行质量意识教育和组织管理能力训练；坚持对分包商的资质考核和施工人员的资格考核；坚持工种按规定持证上岗制度。

（2）劳动对象的控制

原材料、半成品及设备是构成工程实体的基础，其质量是工程项目实体质量的组成部分。因此，加强原材料、半成品及设备的质量控制，不仅是保证工程质量的必要条件，也是实现工程项目投资目标和进度目标的前提。要优先采用节能降耗的新型建筑材料，禁止使用国家明令淘汰的建筑材料。

对原材料、半成品及设备进行质量控制的主要内容如下：控制材料设备性能、标准与设计文件的相符性；控制材料设备各项技术性能指标，检验测试指标与标准要求的相符性；

控制材料设备进场验收程序及质量文件资料的齐全程度等。

施工企业应在施工过程中贯彻执行企业质量程序文件中材料设备在封样、采购、进场检验、抽样检测及质保资料提交等方面一系列明确规定的控制标准。

（3）施工工艺的控制

施工工艺的先进合理是直接影响工程质量、工程进度及工程造价的关键因素，施工工艺的合理可靠也直接影响着工程施工安全。因此，在工程项目质量控制系统中，制订和采用先进、合理、可靠的施工技术工艺方案，是工程质量控制的重要环节。对施工方案的质量控制主要包括以下内容：

1）全面正确地分析工程特征、技术关键及环境条件等资料，明确质量目标、验收标准、控制点的重点和难点。

2）制订合理有效的有针对性的施工技术方案和组织方案，前者包括施工工艺、施工方法，后者包括施工区段划分、施工流向及劳动组织等。

3）合理选用施工机械设备和施工临时设施，合理布置施工总平面图和各阶段施工平面图。

4）选用和设计保证质量与安全的模具、脚手架等施工设备。

5）编制工程所采用的新材料、新技术、新工艺的专项技术方案和质量管理方案。

（4）施工设备的控制

1）对施工所用的机械设备，包括起重设备、各项加工机械、专项技术设备、检查测量仪表设备及人货两用电梯等，应根据工程需要从设备选型、主要性能参数及使用操作要求等方面加以控制。

2）对施工方案中选用的模板、脚手架等施工设备，除按适用的标准定型选用外，一般需按设计及施工要求进行专项设计，对其设计方案及制作质量的控制及验收应作为重点进行控制。

3）按现行施工管理制度要求，工程所用的施工机械、模板、脚手架，特别是危险性较大的现场安装的起重机械设备，不仅要对其设计安装方案进行审批，而且安装完毕交付使用前必须经专业管理部门验收，合格后方可使用。同时，在使用过程中尚需落实相应的管理制度，以确保其可以正常使用。

（5）施工环境的控制

环境因素主要包括地质水文状况、气象变化及其他不可抗力因素，以及施工现场的通风、照明、安全卫生防护设施等劳动作业环境等内容。环境因素对工程施工的影响一般难以避免。要消除其对施工质量的不利影响，主要是采取预测预防的控制方法：

1）对地质水文等方面影响因素的控制，应根据设计要求，分析基地地质资料，预测不利因素，并会同设计等采取相应的措施，如降水排水加固等技术控制方案。

2）对天气气象方面的不利条件，应在施工方案中制订专项施工方案，明确施工措施，落实人员、器材等方面各项准备以紧急应对，从而控制其对施工质量的不利影响。

3）因环境因素造成的施工中断，往往也会对工程质量造成不利影响，必须通过加强管理、调整计划等措施，加以控制。

三、施工过程的作业质量控制

施工质量控制是一个涉及面广泛的系统过程，除施工质量计划的编制和施工生产要素的质量控制外，施工过程的作业工序质量控制是工程项目实际质量形成的重要过程。

（一）施工作业质量的自控

1.施工作业质量自控的意义

从经营的层面上说，施工作业质量的自控强调的是作为建筑产品生产者和经营者的施工企业，应全面履行企业的质量责任，向顾客提供质量合格的工程产品；从生产的过程来说，施工作业质量的自控强调的是施工作业者的岗位质量责任，向后道工序提供合格的作业成果（中间产品）。因此，施工方是施工阶段质量自控的主体。施工方不能因为监控主体的存在和监控责任的实施而减轻或免除其质量责任。我国《建筑法》和《建设工程质量管理条例》规定：建筑施工企业对工程的施工质量负责；建筑施工企业必须按照工程设计要求、施工技术标准和合同的约定，对建筑材料、建筑构配件和设备进行检验，不合格的不得使用。

施工方作为工程施工质量的自控主体，既要遵循本企业质量管理体系的要求，也要根据其在所承建的工程项目质量控制系统中的地位和责任，通过具体项目质量计划的编制与实施，有效实现施工质量的自控目标。

2.施工作业质量的自控程序

施工作业质量的自控过程是由施工作业组织的成员进行的，其基本的控制程序包括作业技术交底、作业活动的实施和作业质量的自检自查、互检互查以及专职管理人员的质量检查等。

（1）施工作业技术交底

技术交底是施工组织设计和施工方案的具体化，施工作业技术交底的内容必须具有可行性和可操作性。

从项目的施工组织设计到分部分项工程的作业计划，在实施之前必须逐级进行交底，其目的是使管理者的计划和决策意图为实施人员所理解。施工作业交底是最基层的技术和管理交底活动，施工总承包方和工程监理机构都要对施工作业交底进行监督。作业交底的内容包括作业范围、施工依据、作业程序技术标准和要领、质量目标，以及其他与安全、进度、成本、环境等目标管理有关的要求和注意事项。

（2）施工作业活动的实施

施工作业活动是由一系列工序组成的。为了保证工序质量的受控，首先要对作业条件进行再确认，即按照作业计划检查作业准备状态是否落实到位，其中包括对施工程序和作业工艺顺序的检查确认。在此基础上，严格按作业计划的程序、步骤和质量要求展开工序

（3）施工作业质量的检验

施工作业的质量检验，是贯穿整个施工过程的最基本的质量控制活动，包括施工单位内部的工序作业质量自检、互检、专检和交接检查，以及现场监理机构的旁站检查、平行检验等。施工作业质量检验是施工质量验收的基础，已完成检验批及分部分项工程的施工质量，必须在施工单位完成质量自检并确认合格之后，才能报请现场监理机构进行检查验收。

前道工序作业质量经验收合格后，才可进入下道工序施工。未经验收合格的工序，不得进入下道工序施工。

3. 施工作业质量自控的要求

工序作业质量是直接形成工程质量的基础，为达到对工序作业质量控制的效果，在加强工序管理和质量目标控制方面应坚持以下要求：

（1）预防为主

严格按照施工质量计划的要求，进行各分部分项施工作业的部署。同时，根据施工作业的内容、范围和特点，制订施工作业计划，明确作业质量目标和作业技术要领，认真进行作业技术交底，落实各项作业技术组织措施。

（2）重点控制

在施工作业计划中，一方面要认真贯彻实施施工质量计划中的质量控制点的控制措施；另一方面，要根据作业活动的实际需要，进一步建立工序作业控制点，深化工序作业的控制重点。

（3）坚持标准

工序作业人员在工序作业过程中应严格进行质量自检，通过自检不断改善作业，并创造条件开展作业质量互检，通过互检加强技术与经验的交流。对已完工序作业的产品，即检验批或分部分项工程，应严格坚持质量标准。对不合格的施工作业质量，不得进行验收签证，必须按照规定的程序进行处理。

（4）记录完整

施工图纸、质量计划、作业指导书、材料质保书、检验试验及检测报告、质量验收记录等，是形成可追溯性的质量保证依据，也是工程竣工验收所不可缺少的质量控制资料。因此，对工序作业质量，应有计划、有步骤地按照施工管理规范的要求填写记载，做到及时、准确、完整、有效，并具有可追溯性。

4. 施工作业质量自控的制度

根据实践经验的总结，施工作业质量自控的有效制度有以下几种：

（1）质量自检制度。

（2）质量例会制度。

（3）质量会诊制度。

（4）质量样板制度。

（5）质量挂牌制度。

（6）每月质量讲评制度等。

（二）施工作业质量的监控

1.施工作业质量的监控主体

为了保证项目质量，建设单位、监理单位、设计单位及政府的工程质量监督部门，在施工阶段依据法律法规和工程施工承包合同，对施工单位的质量行为和项目实体质量实施监督控制。

设计单位应当就审查合格的施工图纸设计文件向施工单位做出详细说明；应当参与建设工程质量事故分析，并对因设计造成的质量事故提出相应的技术处理方案。建设单位在领取施工许可证或者开工报告前，应当按照国家有关规定办理工程质量监督手续。

作为监控主体之一的项目监理机构，在施工作业实施过程中，根据其监理规划与实施细则，采取现场旁站、巡视、平行检验等形式，对施工作业质量进行监督检查，如发现工程施工不符合工程设计要求、施工技术标准和合同约定，有权要求建筑施工企业改正。监理机构应进行检查，若没有检查或没有按规定进行检查，给建设单位造成损失时应承担赔偿责任。

必须强调，施工质量的自控主体和监控主体，在施工全过程中相互依存、各尽其责，共同推动着施工质量控制过程的展开和最终实现工程项目的质量总目标。

2.现场质量检查的内容

现场质量检查是施工作业质量监控的主要手段。

（1）开工前的检查，主要检查是否具备开工条件，开工后是否能够保持连续正常施工，能否保证工程质量。

（2）工序交接检查，对于重要的工序或对工程质量有重大影响的工序，应严格执行"三检"制度（自检、互检、专检），未经监理工程师（或建设单位技术负责人）检查认可，不得进行下道工序施工。

（3）隐蔽工程的检查，施工中凡是隐蔽工程必须检查认证后方可进行隐蔽掩盖。

（4）停工后复工的检查，因客观因素停工或处理质量事故等停工复工时，经检查认可后方能复工。

（5）分项、分部工程完工后的检查，应经检查认可，并签署验收记录后，才能进行下一工程项目的施工。

（6）成品保护的检查，检查成品有无保护措施及保护措施是否有效可靠。

3.技术核定与见证取样送检

（1）技术核定

在建设工程项目施工过程中，因施工方对施工图纸的某些要求不甚明白，或图纸内部存在某些矛盾，或工程材料调整与代用，改变建筑节点构造管线位置或走向等，需要通过设计单位明确或确认的，施工方必须以技术核定单的方式向监理工程师提出，报送设计单位核准确认。

（2）见证取样送检

为了保证建设工程质量，我国规定对工程所使用的主要材料、半成品、构配件及施工过程留置的试块、试件等应实行现场见证取样送检。见证人员由建设单位及工程监理机构中有相关专业知识的人员担任；送检的实验室应具备经国家或地方工程检验检测主管部门核准的相关资质；见证取样送检必须严格按执行规定的程序进行，包括取样见证并记录、样本编号、填单、封箱、送实验室、核对、交接、试验检测、报告等。

检测机构应当建立档案管理制度。检测合同、委托单、原始记录检测报告应当按年度统一编号，编号应当连续，不得随意抽撤、涂改。

四、施工阶段质量控制的主要途径

建设工程项目施工质量分别通过事前预控、事中控制和事后控制的相关途径进行质量控制。因此，施工质量控制的途径包括事前预控、事中控制和事后控制。

1.施工质量的事前预控途径

（1）施工条件的调查和分析

施工条件的调查和分析包括合同条件、法规条件和现场条件，做好施工条件的调查和分析，发挥其重要的质量预控作用。

（2）施工图纸会审和设计交底

图纸会审和设计交底有利于理解设计意图和对施工的要求，明确质量控制的重点、要点和难点，以及消除施工图纸的差错等。因此，严格进行设计交底和图纸会审，具有重要的事前预控作用。

（3）施工组织设计文件的编制与审查

施工组织设计文件是直接指导现场施工作业技术活动和管理工作的纲领性文件。工程项目施工组织设计是以施工技术方案为核心，通盘考虑施工程序、施工质量、进度、成本和安全目标的要求。科学合理的施工组织设计对有效地配置合格的施工生产要素、规范施工作业技术活动行为和管理行为，将起到重要的导向作用。

（4）工程测量定位和标高基准点的控制

施工单位必须按照设计文件所确定的工程测量的任务来定位及标高的引测依据，建立工程测量基准点，自行做好技术复核，并报告项目监理机构进行监督检查。

（5）施工分包单位的选择和资质的审查

对分包商资格与能力的控制是保证工程施工质量的重要方面。确定分包内容、选择分包单位及分包方式既直接关系到施工总承包方的利益和风险，更关系到建设工程质量的保证问题。因此，施工总承包企业必须有健全有效的分包选择程序，同时按照我国现行法规的规定，在订立分包合同前，施工单位必须将所联络的分包商情况，报送项目监理机构进行资格审查。

（6）材料设备和部品采购质量控制

建筑材料、构配件、部品和设备是直接构成工程实体的物质，应从施工备料开始进行控制，包括对供货厂商的评审、询价、采购计划与方式的控制等。因此，施工承包单位必须有健全有效的采购控制程序，同时按照我国现行法规的规定，主要材料设备采购前必须将采购计划报送工程监理机构审查，实施采购质量预控。

（7）施工机械设备及工器具的配置与性能控制

施工机械设备、设施、工器具等施工生产手段的配置及性能，对施工质量、安全、进度和施工成本有重要的影响，应在施工组织设计过程中根据施工方案的要求来确定，施工组织设计批准之后应对其落实的状态进行检查控制，以保证技术预案的质量能力。

2. 施工质量的事中控制途径

建设项目施工过程质量控制是最基本的控制途径，因此必须抓好与作业工序质量形成相关的配套技术与管理工作，其主要途径有以下几种：

（1）施工技术复核。施工技术复核是施工过程中保证各项技术基准正确性的重要措施，凡属轴线、标高、配方、样板、加工图等用作施工依据的技术工作，都要进行严格复核。

（2）施工计量管理。施工计量管理包括投料计量、检测计量等，其正确性与可靠性直接关系到工程质量的形成和客观效果的评价。因此，施工全过程必须对计量人员资格、计量程序和计量器具的准确性进行控制。

（3）见证取样送检。为了保证工程质量，我国规定对工程使用的主要材料、半成品、构配件及施工过程留置的试块、试件等实行现场见证取样送检。见证员由建设单位及工程监理机构中有相关专业知识的人员担任，送检的实验室应具备国家或地方工程检测主管部门批准的相关资质，见证取样送检必须严格执行规定的程序进行，包括取样见证并记录、样本编号、填单、封箱，送实验室核对、交接、试验检测、出具报告。

（4）技术核定和设计变更。在工程项目施工过程中，因施工方对图纸的某些要求不甚明白，或者是图纸内部的某些矛盾，或施工配料调整与代用、改变建筑节点构造管线位置或走向等，需要通过设计单位明确或确认的，施工方必须以技术联系单的方式向业主或监理工程师提出，报送设计单位核准确认。在施工期间无论是建设单位、设计单位还是施工单位提出，需要进行局部设计变更的内容，都必须按规定程序采用书面方式。

（5）隐蔽工程验收。所谓隐蔽工程，是指上一道工序的施工成果要被下一道工序所覆盖，如地基与基础工程、钢筋工程预埋管线等均属隐蔽工程。施工过程中，总监理工程师应安排监理人员对施工过程进行巡视和检查，对隐蔽工程、下道工序施工完成后难以检查的重点部位，专业监理工程师应安排监理员进行旁站，对施工过程中出现的质量缺陷，专业监理工程师应及时下达监理工程师通知，要求承包单位整改并检查整改结果。工程项目的重点部位、关键工序应由项目监理机构与承包单位协商后共同确认。监理工程师应从巡视、检查、旁站监督等方面对工序工程质量进行严格控制。加强隐蔽工程质量验收，是施工质量控制的重要环节。其程序要求施工方首先应完成自检并合格，然后填写专用的"隐蔽工程验收单"，验收的内容应与已完成的隐蔽工程实物相一致，事先通知监理机构及有关方面，按约定时间进行验收。验收合格的工程由各方共同签署验收记录。验收不合格的隐蔽工程，应按验收意见进行整改后重新验收。严格执行隐蔽工程验收的程序和记录，对预防工程质量隐患，提供可追溯的质量记录具有重要作用。

（6）其他。长期施工管理实践过程中形成的质量控制途径和方法，如批量施工前应做样板示范、现场施工技术质量例会、质量控制资料管理等，也是施工过程质量控制的重要工作途径。

3. 施工质量的事后控制途径

施工质量的事后控制，主要是进行已完成施工的成品保护、质量验收和对不合格的处理，以保证最终验收的建设工程质量。

（1）已完工程成品保护，目的是避免已完工成品受到来自后续施工及其他方面的污染或损坏。其成品保护问题和措施，在施工组织设计与计划阶段就应该从施工顺序上进行考虑，防止施工顺序不当或交叉作业造成相互干扰、污染和损坏，成品形成后可采取防护、覆盖、封闭、包裹等相应措施进行保护。

（2）施工质量检查验收作为事后质量控制的途径，应严格按照施工质量验收统一标准规定的质量验收划分，从施工顺序作业开始，依次做好检验批、分项工程、分部工程及单位工程的施工质量验收。通过多层次的设防把关，严格验收，控制建设工程项目的质量目标。

第四节　建设工程项目质量验收

建设工程项目质量验收是对已完工工程实体的内在及外观施工质量，按规定程序检查后，确认其是否符合设计及各项验收标准的要求，是否可交付使用的一个重要环节。正确地进行工程项目质量的检查评定和验收，是保证工程质量的重要手段。

一、施工过程质量验收

（一）施工过程质量验收的内容

对涉及人民生命财产安全、人身健康、环境保护和公共利益的内容以强制性条文做出规定，要求必须坚决、严格地遵照执行。

检验批和分项工程是质量验收的基本单元；分部工程是在所含全部分项工程验收的基础上进行验收的，在施工过程中随完工随验收，并留下完整的质量验收记录和资料；单位工程作为具有独立使用功能的完整的建筑产品，进行竣工质量验收。

1. 检验批

所谓检验批，是指按同一生产条件或按规定的方式汇总起来供检验用的，由一定数量样本组成的检验体。检验批是工程验收的最小单位，是分项工程乃至整个建筑工程质量验收的基础。

应由监理工程师（建设单位项目技术负责人）组织施工单位项目专业质量（技术）负责人等进行验收。

检验批质量验收合格应符合下列规定：

（1）主控项目和一般项目的质量经抽样检验合格。

（2）具有完整的施工操作依据、质量检查记录。主控项目是指对检验批的基本质量起决定作用的检验项目。除主控项目以外的检验项目称为一般项目。

2. 分项工程质量验收

（1）分项工程应由监理工程师（建设单位项目技术负责人）组织施工单位项目专业质量（技术）负责人进行验收。

（2）分项工程质量验收合格应符合下列规定：

1）分项工程所含的检验批均应符合合格质量的规定。

2）分项工程所含的检验批的质量验收记录应完整。

3. 分部工程质量验收

（1）分部工程应由总监理工程师（建设单位项目负责人）组织施工单位项目负责人和技术、质量负责人等进行验收；地基与基础、主体结构等分部工程的勘察，设计单位工程项目负责人和施工单位技术、质量部门负责人也应参加相关分部工程验收。

（2）分部（子分部）工程质量验收合格应符合下列规定：

1）所含分项工程的质量均应验收合格。

2）质量控制资料应完整。

3）地基与基础、主体结构和设备安装等分部工程有关安全、使用功能、节能、环境保护的检验和抽样检验结果应符合有关规定。

4）观感质量验收应符合要求。

（二）施工过程质量验收不合格的处理

施工过程的质量验收是以检验批的施工质量为基本验收单元。检验批质量不合格可能是使用的材料不合格、施工作业质量不合格或质量控制资料不完整等原因所致，其处理方法如下：

1. 在检验批验收时，对严重的缺陷应推倒重来，一般的缺陷通过翻修或更换器具、设备予以解决后重新进行验收。

2. 个别检验批发现试块强度等不满足要求难以确定是否验收时，应请有资质的法定检测单位检测鉴定，当鉴定结果达到设计要求时，应予以验收。

3. 当检测鉴定达不到设计要求，但经原设计单位核算仍能满足结构安全和使用功能的检验批，可予以验收。

4. 严重质量缺陷或超过检验批范围内的缺陷，经法定检测单位检测鉴定以后，认为不能满足最低限度的安全储备和使用功能，则必须进行加固处理；虽然改变了外形尺寸，但能满足安全使用要求，可按技术处理方案和协商文件进行验收，责任方应承担经济责任。

5. 通过返修或加固后处理仍不能满足安全使用要求的分部工程、单位（子单位）工程，严禁验收。

二、建设工程项目竣工质量验收

建设工程项目竣工验收有两层含义：一是指承发包单位之间进行的工程竣工验收，也称工程交工验收；二是指建设工程项目的竣工验收。两者在验收范围、依据、时间、方式、程序、组织和权限等方面存在不同。

1. 竣工工程质量验收的依据

竣工工程质量验收的依据如下：

（1）工程施工承包合同。

（2）工程施工图纸。

（3）工程施工质量验收统一标准。

（4）专业工程施工质量验收规范。

（5）建设法律、法规、管理标准和技术标准。

2. 竣工工程质量验收的要求

工程项目竣工质量验收应按下列要求进行：

（1）建筑工程施工质量应符合相关专业验收规范的规定。

（2）建筑工程施工应符合工程勘察、设计文件的要求。

（3）参加工程施工质量验收的各方人员应具备规定的资格。

（4）工程质量的验收均应在施工单位自行检查评定的基础上进行。

（5）隐蔽工程在隐蔽前应由施工单位通知有关单位进行验收，并应形成验收文件。

（6）涉及结构安全的试块、试件及有关材料，应按规定进行见证取样检测。

（7）检验批的质量应按主控项目和一般项目验收。

（8）对涉及结构安全和使用功能的重要分部工程应进行抽样检测。

（9）承担见证取样检测及有关结构安全检测的单位应具有相应资质。

（10）工程的观感质量应由验收人员通过现场检查，并应共同确认。

3. 竣工质量验收的标准

建设项目单位（子单位）工程质量验收合格应符合下列规定：

（1）单位（子单位）工程所含分部（子分部）工程质量验收均应合格。

（2）质量控制资料应完整。

（3）单位（子单位）工程所含分部工程有关安全和功能的检验资料应完整。

（4）主要功能项目的抽查结果应符合相关专业质量验收规范的规定。

（5）观感质量验收应符合规定。

4.竣工质量验收的程序

建设工程项目竣工验收可分为竣工验收准备、初步验收和正式竣工验收三个环节。整个验收过程必须按照工程项目质量控制系统的职能分工，以监理工程师为核心进行竣工验收的组织协调。

（1）竣工验收准备

施工单位按照合同规定的施工范围和质量标准完成施工任务，经质量自检并合格后，向现场监理机构（或建设单位）提交工程竣工申请报告，要求组织工程竣工验收。

（2）初步验收

监理机构收到施工单位的工程竣工申请报告后，应就验收的准备情况和验收条件进行检查；应就工程实体质量及档案资料存在的缺陷及时提出整改意见，并与施工单位协商整改清单，确定整改要求和完成时间。由施工单位向建设单位提交工程竣工验收报告，申请建设工程竣工验收应具备下列条件：

1）完成建设工程设计和合同约定的各项内容。

2）有完整的技术档案和施工管理资料。

3）有工程使用的主要建筑材料、构配件和设备的进场试验报告。

4）有工程勘察、设计、施工、工程监理等单位分别签署的质量合格文件。

5）有施工单位签署的工程保修书。

（3）正式竣工验收

建设单位组织、质量监督机构与竣工验收小组成员单位不是一个层次的，建设单位应在工程竣工验收前7个工作日将验收时间、地点、验收组名单通知该工程的工程质量监督机构。建设单位组织竣工验收会议。正式验收过程如下：

1）建设、勘察、设计、施工、监理单位分别汇报工程合同履约情况及工程施工各环节满足设计要求，质量符合法律、法规和强制性标准的情况。

2）检查审核设计、勘察、施工、监理单位的工程档案资料及质量验收资料。

3）实地检查工程外观质量，对工程的使用功能进行抽查。

4）对工程施工质量管理各环节工作、工程实体质量及质保资料情况进行全面评价，形成经验收组人员共同确认签署的工程竣工验收意见。

5）竣工验收合格，建设单位应及时提出工程竣工验收报告。验收报告还应附有工程施工许可证、设计文件审查意见、质量检测功能性试验资料、工程质量保修书等法规规定的其他文件。

6）工程质量监督机构应对工程竣工验收工作进行监督。

三、工程竣工验收备案

我国实行建设工程竣工验收备案制度。新建、扩建和改建的各类水利工程的竣工验收，均应按《建设工程质量管理条例》规定进行备案。

1. 建设单位应当自建设工程竣工验收合格之日起 15 日内，将建设工程竣工验收报告和规划、公安消防、环保等部门出具的认可文件或准许使用文件，报建设行政主管部门或者其他相关部门备案。

2. 备案部门在收到备案文件资料后的 15 日内，对文件资料进行审查，符合要求的工程，在验收备案表上加盖"竣工验收备案专用章"，并退建设单位一份存档。审查中发现建设单位在竣工验收过程中有违反国家有关建设工程质量管理规定行为的，责令停止使用，重新组织竣工验收。

3. 建设单位有下列行为之一的，责令改正，处以工程合同价款 2%~4% 的罚款；造成损失的依法承担赔偿责任。

（1）未组织竣工验收，擅自交付使用的。

（2）验收不合格擅自交付使用的。

（3）对不合格的建设工程按照合格工程验收的。

第五节　建设工程项目质量的政府监督

为加强对建设工程质量的管理，我国《建筑法》及《建设工程质量管理条例》明确政府行政主管部门设立专门机构对建设工程质量行使监督职能，目的是保证建设工程质量、建设工程的使用安全及环境质量。国务院建设行政主管部门对全国建设工程质量实行统一监督管理，国务院铁路、交通、水利等有关部门按照规定的职责分工，负责对全国有关专业建设工程质量的监督管理。

一、建设工程项目质量政府监督的职能

1. 监督职能的内容

建设工程项目质量政府监督职能包括三个方面：

（1）监督检查施工现场工程建设参与各方主体的质量行为。

（2）监督检查工程实体的施工质量。

（3）监督工程质量验收。

2. 政府监督职能的权限

政府质量监督的权限包括以下几项：

（1）要求被检查的单位提供有关工程质量的文件和资料。

（2）进入被检查单位的施工现场进行检查。

（3）发现有影响工程质量的问题时，责令改正。建设工程质量监督管理，由建设行政主管部门或者委托的建设工程质量监督机构具体实施。

二、建设工程项目质量政府监督的内容

1. 受理质量监督申报

在工程项目开工前，政府质量监督机构在受理建设工程质量监督的申报手续时，对建设单位提供的文件资料进行审查，审查合格签发有关质量监督文件。

2. 开工前的质量监督

开工前召开项目参与各方参加的首次监督会议，公布监督方案，提出监督要求，并进行第一次监督检查。监督检查的主要内容为工程项目质量控制系统及各施工方的质量保证体系是否已经建立，以及完善的程度，具体如下：

（1）检查项目各施工方的质保体系，包括组织机构、质量控制方案及质量责任制等制度。

（2）审查施工组织设计、监理规划等文件及审批手续。

（3）检查项目各参与方的营业执照、资质证书及有关人员的资格证书。

（4）检查的结果记录保存。

3. 施工期间的质量监督

（1）在建设工程施工期间，质量监督机构按照监督方案对工程项目施工情况进行不定期的检查。其中在基础和结构阶段每月安排监督检查。检查内容为工程参与各方的质量行为及质量责任制的履行情况、工程实体质量和质保资料的状况。

（2）对建设工程项目结构主要部位（如桩基、基础、主体结构），除了常规检查外，还要在分部工程验收时，要求建设单位将施工、设计、监理、建设方分别签字的质量验收证明在验收后 3 天内报监督机构备案。

（3）对施工过程中发生的质量问题、质量事故进行查处；根据质量检查状况对查实的问题签发质量问题整改通知单或局部暂停施工指令单，对问题严重的单位也可以根据问题情况发出临时收缴资质证书通知书等处理意见。

4. 竣工阶段的质量监督

政府建设工程质量监督机构按规定对工程竣工验收备案工作实施监督。

（1）做好竣工验收前的质量复查。对质量监督检查中提出的质量问题的整改情况进行复查，了解其整改情况。

（2）参与竣工验收会议。对竣工工程的质量验收程序验收组织与方法验收过程等进行监督。

（3）编制单位工程质量监督报告。工程质量监督报告作为竣工验收资料的组成部分提交竣工验收备案部门。

（4）建立建设工程质量监督档案。建设工程质量监督档案按单位工程建立，要求归档及时、资料记录等各类文件齐全，经监督机构负责人签字后归档，按规定年限保存。

第六节　企业质量管理体系标准

一、质量管理体系八项原则

八项质量管理原则是世界各国质量管理成功经验的科学总结，其中不少内容与我国全面质量管理的经验相吻合。它的贯彻执行能促进企业管理水平的提高，并提高客户对其产品或服务的满意程度，帮助企业达到持续成功的目的。质量管理体系八项原则的具体内容如下：

1. 以顾客为关注焦点

组织（从事一定范围生产经营活动的企业）依存于其客户。组织应理解客户当前的和未来的需求，满足客户要求并争取超越客户的期望。这是组织进行质量管理的基本出发点和归宿点。

2. 领导作用

领导者确立本组织统一的宗旨和方向，并营造和保持使员工充分参与实现组织目标的内部环境。因此，领导在企业的质量管理中起着决定性的作用。只有领导重视，各项质量活动才能有效开展。

3. 全员参与

各级人员都是组织之本，只有全员充分参加，才能让他们给组织带来更大收益。产品质量是产品形成过程中全体人员共同努力的结果，其中也包含着为他们提供支持的管理、检查、行政人员的贡献。企业领导应对员工进行质量意识等各方面的教育，激发他们的积极性和责任感，为其能力、知识、经验的提高提供机会，发挥创造精神，鼓励持续改进，给予必要的物质和精神奖励，使全员积极参与，为达到让客户满意的目标而奋斗。

4. 过程方法

将相关的资源和活动作为过程进行管理，可以更高效地得到期望的结果。任何使用资源生产活动和将输入转化为输出的一组相关联的活动都可视为过程。

5. 管理的系统方法

将相互关联的过程作为系统加以识别、理解和管理，有助于组织提高实现其目标的有效性和效率。不同企业应根据自己的特点，建立资源管理、过程实现、测量分析改进等方面的关联关系，并加以控制，即采用过程网络的方法建立质量管理体系，实施系统管理。一般建立实施质量管理体系包括确定客户期望；建立质量目标和方针；确定实现目标的过程和职责；确定必须提供的资源；规定测量过程有效性的方法；实施测量确定过程的有效性；确定防止不合格并清除产生原因的措施；建立和应用持续改进质量管理体系的过程。

6. 持续改进

持续改进总体业绩是组织的一个永恒目标，其作用是增强企业满足质量要求的能力，包括产品质量过程及体系的有效性和效率的提高。持续改进是增强和满足质量要求能力的循环活动，使企业的质量管理走上良性循环的轨道。

7. 基于事实的决策方法

有效的决策应建立在数据和信息分析的基础上，数据和信息分析是事实的高度提炼。以事实为依据做出决策，可防止决策失误。为此企业领导应重视数据信息的收集、汇总和分析，以便为决策提供依据。

8. 与供方互利的关系

组织与供方是相互依存的，建立双方的互利关系可以增强双方创造价值的能力。供方提供的产品是企业提供产品的一个组成部分。处理好与供方的关系，涉及企业能否持续稳定地提供客户满意产品的重要问题。因此，对供方不能只讲控制，不讲合作互利，特别是关键供方，更要建立互利关系，这对企业与供方都有利。

二、企业质量管理体系的建立和运行

1. 企业质量管理体系的建立

（1）企业质量管理体系的建立，是在确定市场及客户需求的前提下，按照八项质量管理原则制定企业质量管理体系文件，并将质量目标分解落实到相关层次、相关岗位的职能和职责中，形成企业质量管理体系的执行系统。

（2）企业质量管理体系的建立还包含组织企业不同层次的员工进行培训，使体系的工作内容和执行要求为员工所了解，为形成全员参与的企业质量管理体系的运行创造条件。

（3）企业质量管理体系的建立需识别并提供实现质量目标和持续改进所需的资源，包括人员、基础设施、环境、信息等。

2. 企业质量管理体系的运行

（1）运行

按质量管理体系文件所制定的程序、标准、工作要求及目标分解的岗位职责运行。

（2）记录

按各类体系文件的要求，监视、测量和分析过程的有效性和效率，做好文件规定的质量记录。

（3）考核评价

按文件规定的办法进行质量管理评审和考核。

（4）落实内部审核

落实质量体系的内部审核程序，有组织、有计划地开展内部质量审核活动，其主要目的如下：

1）评价质量管理程序的执行情况及适用性。

2）揭露过程中存在的问题，为质量改进提供依据。

3）检查质量体系运行的信息。

4）向外部审核单位提供体系有效的证据。

第七节　工程质量统计方法

一、分层法

1. 分层法的基本原理

由于工程质量形成的影响因素多，因此对工程质量状况的调查和质量问题的分析，必须分门别类地进行，以便准确有效地找出问题及其原因，这就是分层法的基本思想。

2. 分层法的实际应用

根据管理需要和统计目的，通常可按照以下分层方法取得原始数据：

（1）按时间分：月、日、上午、下午、白天、晚间、季节。

（2）按地点分：地域、城市、乡村、楼层、外墙、内墙。

（3）按材料分：产地、厂商、规格、品种。

（4）按测定分：方法、仪器、测定人、取样方式。

（5）按作业分：工法、班组、工长、工人、分包商。

（6）按工程分：住宅、办公楼、道路、桥梁、隧道。

（7）按合同分：总承包、专业分包、劳务分包。

二、因果分析图法

1. 因果分析图法的基本原理

因果分析图法也称质量特性要因分析法，其基本原理是对每一个质量特性或问题，逐层深入排查可能原因，然后确定其中最主要的原因，进行有的放矢的处置和管理。

2.因果分析图法应用时的注意事项

（1）一个质量特性或一个质量问题使用一张图分析。

（2）通常采用 QC 小组活动的方式进行，集思广益、共同分析。

（3）必要时可以邀请小组以外的有关人员参与，广泛听取意见。

（4）分析时要充分发表意见，层层深入，列出所有可能的原因。

（5）在充分分析的基础上，由各参与人员采用投票或其他方式，从中选择 1~5 项多数人达成共识的最主要原因。

三、排列图法

1.排列图定义

排列图法是利用排列图寻找影响质量主次因素的一种有效方法。排列图又叫帕累托图或主次因素分析图。

2.组成

它由两个纵坐标、一个横坐标、几个连起来的直方形和一条曲线组成。实际应用中，通常按累计频率划分为 0~80%、80%~90%、90%~100% 三部分，与其对应的影响因素分别为 A、B、C 三类。A 类为主要因素、B 类为次要因素、C 类为一般因素。

四、直方图法

1.直方图的用途

（1）定义

直方图法即频数分布直方图法，是将收集到的质量数据进行分组整理，绘制成频数分布直方图，用以描述质量分布状态的一种分析方法，所以又称质量分布图法。

（2）作用

1）通过直方图的观察与分析，可以了解产品质量的波动情况，掌握质量特性的分布规律，以便对质量状况进行分析判断。

2）可以通过质量数据特征值的计算，估算施工生产过程中总体的不合格品率、评价过程能力等。

2.控制图法

（1）控制图的定义及其用途

1）控制图的定义

控制图又称管理图。它是在直角坐标系内画有控制界限，描述生产过程中产品质量波动状态的图形。利用控制图区分质量波动原因，判明生产过程是否处于稳定状态的方法称为控制图法。

2）控制图的用途

控制图是用样本数据来分析判断生产过程是否处于稳定状态的有效工具。它的用途主要有两个：

过程分析，即分析生产过程是否稳定。为此，应随机连续收集数据，绘制控制图，观察数据点分布情况并判定生产过程状态。

过程控制，即控制生产过程质量状态。为此，要定时抽样取得数据，将其变为点描在图上，发现并及时消除生产过程中的失调现象，预防不合格品的产生。

（2）控制图的种类

1）按用途分类：分析用控制图。分析生产过程是否处于控制状态，连续抽样；管理（或控制）用控制图。用来控制生产过程，使之经常保持在稳定状态下，等距抽样。

2）按质量数据特点分类：计量值控制图；计数值控制图。

（3）控制图的观察与分析

当控制图同时满足以下两个条件（一是点几乎全部落在控制界限之内，二是控制界限内的点排列没有缺陷），就可以认为生产过程基本上处于稳定状态。如果点的分布不满足其中任何一条，都应判断生产过程为异常。

第八节　建设工程项目总体规划和设计质量控制

一、建设工程项目总体规划的编制

1. 建设工程项目总体规划的过程

从广义上来说，包括建设方案的策划、决策过程和总体规划的制订过程。建设工程项目的策划与决策过程主要包括建设方案策划、项目可行性研究论证和建设工程项目决策。建设工程项目总体规划的制订是要具体编制建设工程项目规划设计文件，对建设工程项目的决策意图进行直观的描述。

2. 建设工程项目总体规划的内容

建设工程项目总体规划的主要内容是解决平面空间布局、道路交通组织、场地竖向设计、总体配套方案、总体规划指标等问题。

二、建设工程项目设计质量控制的方法

1. 建筑过程设计项目过程质量控制中存在的一系列问题

就目前来说，许多建筑设计企业推行项目管理制度，借此来对建筑设计项目的采购、风险、沟通、资源、人力、成本、质量、进度和范围等一系列环节进行监控，最终满足客

户的各项需求，让客户满意。但是，随着项目复杂程度的日渐提高，客户对于设计质量、设计进度、服务速度等方面的要求日益严格，建筑项目设计的过程中存在的问题依旧没有改变，甚至变得更加严重。这些问题具体表现在以下几个方面：各专业图纸之间的错误、漏、碰、缺；图纸交付不够及时；专业设计的图纸本身就不一致；对于施工现场的关键工作的循序指导不够及时；没能及时反馈客户的各项需求等等。这些问题当中，有几个问题真实地反映出建筑工程项目设计企业远未能达到制造行业中对产品各项生产全过程的掌握。

2. 建筑工程施工项目设计过程质量控制现阶段存在的问题

经济和技术的融合不够成熟。长期以来，在工程建设的各个领域，投资项目控制和建筑工程设计之间的联系不紧密是比较常见的事情。一提到设计，大家自然而然地想到那是设计师的职责，一提到建筑造价的控制，自然而然就会想到，这是造价师的责任。但是在现实的工作当中，一般情况下都是设计师根据现场调查的情况进行方案设计，在不同的工作阶段向造价师提供实际情况，进行预算和估价。实际情况是，造价师对于建筑的现场的情况及工程的整体情况了解极少，因而就无法全面考虑各种影响因素，所以，在具体的工作过程中，既要克服一味强调节俭而忽略技术，另一方面也要反对只重视技术、轻视经济而出现设计浪费的情况。

在建筑工程项目设计的过程中，对于成本的控制认识不够充分，这些方面都会对竞争力造成影响。设计人员在设计过程中一般只重视设计技术的先进性及实用性和安全性，强调设计显现出来的产值，而对设计产品经济因素存在忽视的情况，在设计的过程中对于成本控制和经济指标方面没有做重点关注。另外，现有的建筑设计项目收费标准是以照工程造价为基础的，对于设计过程中出现的浪费缺乏具体的控制，不承担任何经济责任，具有浓厚的计划经济的特色。

3. 建筑工程设计项目的质量控制

设计过程中要抓好关键的步骤。对于其中关键或者重大的过程设计，除了要有具体的设计方案之外，还应该具备设计创新。在设计的过程中，项目的总负责人要积极引导设计师依据自身的特色制订相关的符合本工程的具体方案，并组织共同探讨，征求专家的意见。除了按照既定的标准检查建筑设计的质量之外，还应该进一步加强对于关键设计过程的审查工作，避免由于出现设计错误造成工程事故。

设计师在设计的过程中要严格按照标准设计，依据建筑工程的具体特点，以及建筑设计公司制定的统一技术措施、设计说明、技术规定，按照经常使用，或者是人们能够通用的目录，这样一来可以方便设计人员使用。值得关注的是，所有的设计方案都必须对其质量进行严格的控制，包括其正确性、可操作性、可行性等。

第九节　水利工程施工质量控制的难题及解决措施

一、存在的问题

1. 质量意识普遍较低

施工过程中不能重视施工质量控制，不考虑施工质量的重要性。当质量与进度发生矛盾、费用紧张时，就放弃了质量控制的中心和主导地位，变成了提前使用、节约投资。

2. 对设计和监理的行政干预多

在招标投标阶段或开工阶段，有些业主就提出提前投入使用、节约投资的指标。有的则是提出许多具体的设计优化方案，指令设计组执行。对于大型工程，重要的优化方案都需经咨询专家慎重研究后，正式向设计院提出，设计院接到建议，组织有关专家研究之后，才做出正式决策。个别领导提出的方案，只能作为设计院工作的提示。优化方案可能是很好的，也可能是不成熟的。仓促决策有可能对质量控制造成重大影响。

3. 设计方案变更过多

水利工程的设计方案变更比较随便，有些达到了优化的目的，有的则把合理的方案改到了错误的道路上。设计方案变更将导致施工方案的调整和设备配置的变化，牵一发而动全身。没有明显的错误，或者缺乏优化的可靠论证，不宜过多变更设计方案。

4. 设代组、监理部力量偏小

一方面是限于费用，另一方面是轻视水利工程，在设代组和监理部的人员配备上，往往偏少、偏弱。水利工程建设中的许多问题，都要由设代组或监理部在现场独立做出决定，更需要派驻专业设备齐全、经验丰富的工程师到现场。

5. 费用较紧、工作条件较差

施工设备、试验设备大多破旧不堪，交通、通信不便，安全保护、卫生医疗、防汛抗灾条件都较差。

二、解决措施

1. 监理工作一定要及早介入，要贯穿建设工作的全过程

开工令发布之前的质量控制工作比较重要。施工招标的过程、施工单位进场时的资质复核、施工准备阶段的若干重大决策的形成，都对施工质量起着举足轻重的作用。开工伊始，就应形成一种严格的模式，坏习惯一旦养成，就很难改正。工程上马后的第一件事，就是监理工作招标投标，随之组建监理部。

2. 要处理好监理工程师的质量控制体系与施工单位的质量保证体系之间的关系

总地来说，监理工程师的质量控制体系是建立在施工承包商的质量保证体系上的。后者是基础，没有一个健全的、运转良好的施工质量保证体系，监理工程师很难有所作为。因此，监理工程师质量控制的首要任务就是在开工令发布之前，检查施工承包商是否有一个健全的质量保证体系，没有肯定答复，不签发开工令。

3. 监理要在每个环节实施监控

质量控制体系由多个环节构成，任何一个环节松懈，都可能造成失控。不能把控制点仅仅设到验收这最后一关，而是要每个工序、每个环节实施控制。首先检查承包商的施工技术员、质检员、值班工程师是否在岗，施工记录是否真实、完整，质量保证机构是否正常运转。监理部一定要分工明确、各负其责，方能每个环节都有人监控。

4. 严禁转包

主体工程不能分包。对分包资质要严加审查，不允许多次分包。水利工程的资质审查，通常只针对企业法人，对项目部的资质很少进行复核。项目部是独立性很强的经济、技术实体，是对质量起保证作用的关键。一旦转包或多次分包，连责任都不明确了，从合同法来讲是企业法人负责，而在实际运作中是无人负责。

但是，目前的水利工程的监理，实际上是一种契约劳务。费用不是按工程费用的比率计算，而是按劳务费的计算方法或较低的工程费用的比率确定。责任是非常扩大化的（质量、进度、投资控制的一切责任），但是权力却集中在业主手上。

第五章 水利工程施工进度控制

第一节 施工进度计划的作用和类型

一、施工进度计划的作用

施工进度计划具有以下作用：

1. 控制工程的施工进度，使之按期或提前竣工，并交付使用或投入运转。

2. 通过施工进度计划的安排，加强工程施工的计划性，使施工能均衡、连续、有节奏地进行。

3. 从施工顺序和施工进度等组织措施上保证工程质量和施工安全。

4. 合理地使用建设资金、劳动力、材料和机械设备，达到多、快、好、省地进行工程建设的目的。

5. 确定各施工时段所需的各类资源的数量，为施工准备提供依据。

6. 施工进度计划是编制更细一层进度计划（如月、旬作业计划）的基础。

二、施工进度计划的类型

施工进度计划按编制对象的大小和范围不同可分为施工总进度计划、单项工程施工进度计划、单位工程施工进度计划、分部工程施工进度计划和施工作业计划。下面只对常见的几种进度计划进行概述。

1. 施工总进度计划

施工总进度计划是以整个水利水电枢纽工程为编制对象，拟定出其中各个单项工程和单位工程的施工顺序及建设进度，以及整个工程施工前的准备工作和完工后的结尾工作的项目与施工期限。因此，施工总进度计划属于轮廓性（或控制性）的进度计划，在施工过程中主要控制和协调各单项工程或单位工程的施工进度。

施工总进度计划的任务是分析工程所在地区的自然条件、社会经济资源、影响施工质量与进度的关键因素，确定关键性工程的施工分期和施工程序，并协调安排其他工程的施工进度，使整个工程施工前后兼顾、相互衔接、均衡生产，从而最大限度地合理使用资金、劳动力、设备、材料，在保证工程质量和施工安全的前提下，按时或提前建成投产。

2. 单项工程施工进度计划

单项工程进度计划是以枢纽工程中的主要工程项目（如大坝、水电站等单项工程）为编制对象，并将单项工程划分成单位工程或分部分项工程，拟定出其中各项目的施工顺序和建设进度及相应的施工准备工作内容与施工期限。它以施工总进度计划为基础，要求在施工程序、施工方法和技术供应等基础上，论证施工进度的合理性和可靠性，尽可能组织流水作业，并研究加快施工进度和降低工程成本的具体措施。反过来，又可以根据单项工程进度计划对施工总进度计划进行局部微调或修正，并编制劳动力和各种物资的技术供应计划。

3. 单位工程施工进度计划

单位工程进度计划是以单位工程（如土坝的基础工程、防渗体工程、坝体填筑工程等）为编制对象，拟定出其中各分部、分项工程的施工顺序、建设进度及相应的施工准备工作内容和施工期限。它以单项工程进度计划为基础进行编制，属于实施性进度计划。

4. 施工作业计划

施工作业计划是以某一施工作业过程为编制对象，制定该作业过程的施工起止日期及相应的施工准备工作内容和施工期限。它是最具体的实施性进度计划。在施工过程中，为了加强计划管理工作，各施工作业班组都应在单位工程施工进度计划的要求下，制订年度、季度或逐月的作业计划。

第二节　施工总进度计划的编制

施工总进度计划是项目工期控制的指挥棒，是项目实施的依据和向导。编制施工总进度计划必须遵循相关的原则，并准备翔实可靠的原始资料，按照一定的方法去编制。

一、施工总进度计划的编制原则

加强与施工组织设计及其他各专业的密切联系，统筹考虑，以关键性工程的施工分期和施工程序为主导，协调安排其他各单项工程的施工进度。同时，进行必要的多方案比较，从中选择最优方案。

在充分掌握及认真分析基本资料的基础上，尽可能采用先进的施工技术和设备，最大限度地组织均衡施工，力争全年施工，加快施工进度。同时，应做到实事求是，并留有余地，保证工程质量和施工安全。当施工情况发生变化时，要及时调整和落实施工总进度。充分重视和合理安排准备工程的施工进度。在主体工程开工前，各项准备工作应基本完成，为主体工程开工和顺利进行创造条件。

对高坝、大库容的工程，应研究分期建设或分期蓄水的可能性，尽可能减少第一批机组投产前的工程投资。

二、施工总进度计划的编制方法

1. 基本资料的收集和分析

在编制施工总进度计划之前和编制过程中，要收集和不断完善编制施工总进度所需的基本资料。这些基本资料主要有以下几个方面：

（1）上级主管部门对工程建设的指示和要求，有关工程的合同协议，如设计任务书，工程开工竣工、投产的顺序和日期，对施工承建方式和施工单位的意见，工程施工机械化程度、技术供应等方面的指示，以及国民经济各部门对施工期间防洪灌溉、航运、供水、过木等要求。

（2）设计文件和有关的法规、技术规范、标准。

（3）工程勘测和技术经济调查资料。比如地形、水文、气象资料，工程地质与水文地质资料，当地建筑材料资料，工程所在地区和库区的工矿企业、矿产资源、水库淹没和移民安置等资料。

（4）工程规划设计和概预算方面的资料，如工程规划设计的文件和图纸、主管部门的投资分配和定额资料等。

（5）施工组织设计其他部分对施工进度的限制和要求，如施工场地情况、交通运输能力、资金到位情况、原材料及工程设备供应情况、劳动力供应情况、技术供应条件、施工导流与分期、施工方法与施工强度限制及供水、供电、供风和通信情况等。

（6）施工单位施工技术与管理方面的资料，已建类似工程的经验及施工组织设计资料等。

（7）征地及移民搬迁安置情况。

（8）其他有关资料，如环境保护、文物保护和野生动物保护等。

收集了以上资料后，应着手对各部分资料进行分析和比较，找出控制进度的关键因素。尤其是施工导流与分期的划分，截流时段的确定，围堰挡水标准的拟定，大坝的施工程序及施工强度、加快施工进度的可能性，坝基开挖顺序及施工方法、基础处理方法和处理时间，各主要工程所采用的施工技术与施工方法、技术供应情况及各部分施工的衔接，现场布置、劳动力设备、材料的供应与使用等。只有把这些基本情况搞清楚，并理顺它们之间的关系，才可能做出既符合客观实际又满足主管部门要求的施工总进度安排。

2. 施工总进度计划的编制步骤

（1）划分并列出工程项目

总进度计划的项目划分不宜过细。列项时，应根据施工部署中分期、分批开工的顺序和相互关联的密切程度依次进行，防止漏项，突出每一个系统的主要工程项目，分别列入工程名称栏内。对于一些次要的零星项目，则可合并到其他项目中去。例如，河床中的水利水电工程，若按扩大单项工程列项，可以有准备工作、导流工程、拦河坝工程、溢洪道工程、引水工程、电站厂房、升压变电站、水库清理工程结束工作等。

（2）计算工程量

工程量的计算一般应根据设计图纸、工程量计算规则及有关定额手册或资料进行。其数值的准确性直接关系到项目持续时间的误差，进而影响进度计划的准确性。当然，设计深度不同，工程量的计算（估算）精度也不一样。在有设计图的情况下，还要考虑工程性质、工程分期、施工顺序等因素，分别按土方、石方、混凝土、水上、水下、开挖、回填等不同情况，分别计算工程量。有时，为了分期、分层或分段组织施工的需要，应分别计算不同高程（如对大坝）、不同桩号（如对渠道）的工程量，做出累计曲线，以便分期、分段组织施工。计算工程量常采用列表的方式进行。工程量的计量单位要与使用的定额单位相吻合。

在没有设计图或设计图不全、不详时，可参照类似工程或通过概算指标估算工程量。常用的定额资料如下：

1）每万元、每 10 万元投资工程量、劳动量及材料消耗扩大指标。

2）概算指标和扩大结构定额。

3）标准设计和已建成的类似建筑物、构筑物的资料。

（3）计算各项目的施工持续时间

确定进度计划中各项工作的作业时间是计算项目计划工期的基础。在工作项目的实物工程量一定的情况下，工作持续时间与安排在工程上的设备水平、人员技术水平、人员与设备数量、效率等有关。在现阶段，工作项目持续时间的确定方法主要有下述几种：

1）按实物工程量和定额标准计算

根据计算出的实物工程量，应用相应的标准定额资料，就可以计算或估算出各项目的施工持续时间 t：

$$t = \frac{Q}{\mathrm{mn}N}$$

式中：

Q——项目的实物工程量；

m——日工作班制，m=1、2、3；

n——每班工作的人数或机械设备台数；

N——人工或机械台班产量定额（用概算定额或扩大指标）。

2）套用工期定额法

对于总进度计划中大"工序"的持续时间，通常采用国家制定的各类工程工期定额，并根据具体情况进行适当调整或修改。

3）三时估计法

有些工作任务没有确定的实物工程量，或不能用实物工程量来计算工时，也没有颁布的工期定额可套用，如试验性工作或采用新工艺、新技术、新结构、新材料的工程。此时，可采用"三时估计法"计算该项目的施工持续时间 t：

$$t = \frac{t_n + 4t_m + t_b}{6}$$

式中 t_a——最乐观的估计时间，即最紧凑的估计；

t_b——最悲观的估计时间，即最松动的估计时间；

t_m——最可能的估计时间。

（4）分析确定项目之间的逻辑关系

项目之间的逻辑关系取决于工程项目的性质和轻重缓急、施工组织、施工技术等诸多因素，概括说来分为两大类。

工艺关系，即由施工工艺决定的施工顺序关系。在作业内容、施工技术方案确定的情况下，这种工作逻辑关系是确定的，不得随意更改。例如，一般土建工程项目，应按照先地下后地上、先基础后结构、先土建后安装再调试、先主体后围护（或装饰）的原则安排施工顺序。现浇柱子的工艺顺序为扎柱筋→支柱模→浇筑混凝土→养护和拆模。土坝坝面作业的工艺顺序为铺土→平土→晾晒或洒水→压实→刨毛。它们在施工工艺上，都有必须遵循的逻辑顺序，违反这种顺序将付出额外的代价甚至造成巨大损失。

组织关系，即由施工组织安排决定的施工顺序关系。如工艺上没有明确规定先后顺序关系的工作，由于考虑到其他因素（如工期、质量、安全、资源限制、场地限制等）的影响而人为安排的施工顺序关系，均属此类。例如，由导流方案形成的导流程序，决定了各控制环节所控制的工程项目，从而也就决定了这些项目的衔接顺序。再如，采用全段围堰隧洞导流的导流方案时，通常要求在截流以前完成隧洞施工、围堰进占、库区清理、截流备料等工作，由此形成了相应的衔接关系。又如，由于劳动力的调配、施工机械的转移、建筑材料的供应和分配、机电设备进场等原因，安排一些项目在先、另一些项目滞后，均属组织关系所决定的顺序关系。由组织关系决定的衔接顺序，一般是可以改变的。只要改变相应的组织安排，有关项目的衔接顺序就会发生相应的变化。

项目之间的逻辑关系是科学地安排施工进度的基础，应逐项研究，仔细确定。

（5）初拟施工总进度计划

通过对项目之间进行逻辑关系分析，掌握工程进度的特点，理清工程进度的脉络之后，就可以初步拟订出一个施工进度方案。在初拟进度时，一定要抓住关键，分清主次，理清关系，互相配合，合理安排。要特别注意把与洪水有关、受季节性限制较严、施工技术比较复杂的控制性工程的施工进度安排好。

对于堤坝式水利水电枢纽工程，其关键项目一般位于河床，故施工总进度的安排应以导流程序为主要线索。先将施工导流、围堰截流基坑排水、坝基开挖、基础处理施工度汛坝体拦洪、下闸蓄水、机组安装和引水发电等关键控制进度安排好，其中应包括相应的准备、结束工作和配套辅助工程的进度。这样，构成的总的轮廓进度即进度计划的骨架。然后，再配合安排不受水文条件控制的其他工程项目，形成整个枢纽工程的施工总进度计划草案。

需要注意的是，在初拟控制性进度计划时，对于围堰截流、拦洪度汛、蓄水发电等关键项目，一定要进行充分论证，并落实相关措施。否则，如果延误了截流时机，影响了发电计划，对工期的影响和造成国民经济的损失往往是巨大的。

对于引水式水利水电工程，有时引水建筑物的施工期限成为控制总进度的关键，此时总进度计划应以引水建筑物为主来进行安排，其他项目的施工进度要与之相适应。

（6）调整和优化

初拟进度计划形成以后，要配合施工组织设计其他部分的分析，对一些控制环节、关键项目的施工强度、资源需用量、投资过程等重大问题进行分析计算。若发现主要工程的施工强度过大或施工强度很不均衡（此时也必然引起资源使用的不均衡）时，就应进行调整和优化，使新的计划更加完善，更加切实可行。

必须强调的是，施工进度的调整和优化往往要反复进行，工作量大而枯燥。现阶段已普遍采用优化程序进行电算。

（7）编制正式施工总进度计划

经过调整优化后的施工进度计划，可以作为设计成果整理以后提交审核。施工进度计划的成果可以用横道进度表（又称横道图或甘特图）的形式表示，也可以用网络图（包括时标网络图）的形式表示。此外，还应提交有关主要工种工程施工强度、主要资源需用强度和投资费用动态过程等方面的成果。

第三节　网络进度计划

网络图是网络计划的基础，由箭线（用一端带有箭头的实线或虚线表示）和节点（用圆圈表示）组成，是用来表示一项工程或任务进行顺序的有向、有序的网状图。

网络计划：用网络图表达任务构成、工作顺序，并加注工作时间参数的进度计划。网络计划的时间参数可以帮我们找到工程中的关键工作和关键线路，方便我们在具体实施中对资源、费用等进行调整。

一、双代号网络计划

（一）双代号网络图

双代号网络图是应用较为普遍的一种网络计划形式。在双代号网络图中，用有向箭线表示工作，工作的名称写在箭线的上方，工作所持续的时间写在箭线的下方，箭尾表示工作的开始，箭头表示工作的结束。箭头和箭尾衔接的地方画上圆圈并编上号码，用箭头与箭尾的号码（i、j、k）当作工作的代号。

1. 基本要素

双代号网络图由箭线、节点和线路三个基本要素组成，其具体含义如下：

（1）箭线（工作）

1）在双代号网络图中，一条箭线表示一项工作，工作也称活动，是指完成一项任务的过程。工作既可以是一个建设项目、一个单项工程，也可以是一个分项工程乃至一个工序。

2）箭线有实箭线和虚箭线两种。实箭线表示该工作需要消耗的时间和资源（如支模板浇筑混凝土等），或者该工作仅是消耗时间而不消耗资源（如混凝土养护、抹灰干燥等技术间歇）；虚箭线表示该工作是既不消耗时间也不消耗资源的工作——虚工作，用以反映一些工作与另外一些工作之间的逻辑制约关系。虚工作一般起着工作之间的联系、区分、断路三种作用。联系作用是指应用虚箭线正确表达工作之间相互依存的关系；区分作用是指双代号网络图中每一项工作必须用一条箭线和两个代号表示，若两项工作的代号相同，应使用虚工作加以区分；断路作用是用虚箭线断掉多余联系（在网络图中，若把无联系的工作联系上了，应加上虚工作将其断开）。

3）在无时间坐标限制的网络图中，箭线长短不代表工作时间长短，可以任意画，箭线可以是直线、折线或斜线，但其进行方向均应从左向右；在有时间坐标限制的网络图中，箭线必须根据工作持续时间按照坐标比例绘制。

4）双代号网络图中，工作之间的相互关系有以下几种：

紧前工作：相对于某工作而言，紧排其前的工作称为该工作的紧前工作，工作与其紧前工作之间可能会有虚工作存在。

紧后工作：相对于某工作而言，紧排其后的工作称为该工作的紧后工作，工作与其紧后工作之间也可能会有虚工作存在。

平行工作：相对于某工作而言，可以与该工作同时进行的工作即为该工作的平行工作。

先行工作：自起始工作至本工作之前各条线路上的所有工作。

后续工作：自本工作至结束工作之后各条线路上的所有工作。

（2）节点

节点也称事件或接点，指表示工作的开始、结束或连接关系的圆圈。任何工作都可以用其箭线前、后的两个节点的编码来表示：起点节点编码在前、终点节点编码在后。

节点只是前后工作的交接点，表示一个"瞬间"，既不消耗时间，也不消耗资源。

箭线的箭尾节点表示该工作的开始，箭头节点表示该工作的结束。

1）节点类型

起始节点：网络图的第一个节点为整个网络图的起始节点，也称开始节点或源节点，意味着一项工程的开始，它只有外向箭线。

终点节点：网络图的最后一个节点叫终点节点或结束节点，意味着一项工程的完成，它只有内向箭线。

中间节点：网络图除起点节点和终点节点外的节点均称为中间节点，意味着前项工作的结束和后项工作的开始，它既有内向箭线，又有外向箭线。

2）节点编号的顺序

从起始节点开始，依次向终点节点进行。编号原则：每一条箭线的箭头节点必须大于箭尾节点编号，并且所有节点的编号不能重复出现。

（3）线路

从起始节点出发，沿着箭头方向直至终点节点，中间由一系列节点和箭线构成的若干条"通道"，即称为线路。完成某条线路的全部工作所需的总持续时间，即该条线路上全部工作的工作历时之和，称为线路时间或线路长度。根据线路时间的不同，线路又分为关键线路和非关键线路。

关键线路指在网络图中线路时间最长的线路（注：肯定型网络），或自始至终全部由关键工作组成的线路。关键线路至少有一条，也可能有多条。关键线路上的工作称为关键工作，关键工作的机动时间最少，它们完成的快慢直接影响着整个工程的工期。

非关键线路指网络图中线路时间短于关键线路的任何线路。除关键工作外其余均为非关键工作。非关键工作有机动时间可利用，但拖延了某些非关键工作的持续时间，非关键线路有可能转化为关键线路。同样，缩短某些关键工作持续时间，关键线路有可能转化为非关键线路。

2. 逻辑关系

网络图中的逻辑关系是指表示一项工作与其他相关工作之间相互联系与制约的关系，即各个工作在工艺上、组织管理上所要求的先后顺序关系。项目之间的逻辑关系取决于工程项目的性质和轻重缓急、施工组织、施工技术等诸多因素。逻辑关系包括工艺关系和组织关系。

（1）工艺关系

工艺关系即由施工工艺决定的施工顺序关系。这种关系是确定的、不能随意更改的，如土坝坝面作业的工艺顺序为铺土、平土晾晒或洒水、压实、刨毛等。这些在施工工艺上都有必须遵循的逻辑关系，不能违反。

（2）组织关系

组织关系即由施工组织安排决定的施工顺序关系。这种关系是工艺没有明确规定先后顺序关系的工作，考虑到其他因素的影响而人为安排的施工顺序关系。例如，采用全段围堰明渠导流时，要求在截流以前完成明渠施工、截流备料、戗堤进占等工作。由组织关系决定的衔接顺序一般是可以改变的。

（二）双代号网络图的绘制

1. 绘制原则

（1）双代号网络图必须正确表达已定的逻辑关系。

（2）在双代号网络图中，严禁出现循环回路。

所谓循环回路是指从网络图中的某一节点出发，顺着箭线方向又回到了原来出发点的线路。绘制时尽量避免逆向箭线，逆向箭线容易造成循环回路。

（3）网络图中不允许出现双向箭线和无箭头箭线。进度计划是有向图，沿着方向进行施工，箭线的方向表示工作的进行方向，箭尾表示工作的开始，箭头表示工作的结束。双向箭头或无箭头的连线将使逻辑关系含糊不清。

（4）在双代号网络图中，严禁出现没有箭头节点或没有箭尾节点的箭线。没有箭尾节点的箭线，不能表示它所代表的工作在何时开始；没有箭头节点的箭线，不能表示它所代表的工作何时完成。

（5）在双代号网络图中，严禁出现节点代号相同的箭线。

2. 绘制方法和步骤

（1）绘制方法

为使双代号网络图绘制简洁、美观，宜用水平箭线和垂直箭线表示。在绘制之前，先确定各个节点的位置号，再按照节点位置及逻辑关系绘制网络图。

节点位置号的确定方法如下：

1）无紧前工作的工作，起始节点位置号为 0。

2）有紧前工作的工作，起始节点位置号等于其紧前工作的起始节点位置号的最大值加 1。

3）有紧后工作的工作，终点节点位置号等于其紧后工作的起始节点位置号的最小值。

4）无紧后工作的工作，终点节点位置号等于网络图中除无紧后工作的工作外，其他工作的终点节点位置号最大值加 1。

（2）绘制步骤

1）根据已知的紧前工作确定紧后工作。

2）确定各工作的起始节点位置号和终点节点位置号。

3）根据节点位置号和逻辑关系绘制网络图。

在绘制时，若工作之间没有出现相同的紧后工作或者工作之间只有相同的紧后工作，则肯定没有虚箭线；若工作之间既有相同的紧后工作，又有不同的紧后工作，则肯定有虚箭线；到相同的紧后工作用虚箭线，到不同的紧后工作则无虚箭线。

二、单代号网络计划

单代号网络计划是在单代号网络图中标注时间参数的进度计划。单代号网络图又称节点式网络图，也称单代号对接网络图。它用节点及编号表示工作，用箭线表示工作之间的逻辑关系。由于一个节点只表示一项工作，且只编一个代号，故称其为"单代号"。

（一）单代号网络图的绘制

1.单代号网络图的构成与基本符号

单代号网络图是网络计划的另一种表达方法，包括节点和箭线两个要素。

（1）节点

单代号网络图的节点表示工作，可以用圆圈或者方框表示。节点表示的工作名称、持续时间和工作编号等应标注在节点内。

节点可连续编号或间断编号，但不允许重复编号。一个工作必须有唯一的一个节点和编号。

（2）箭线

在单代号网络图中，箭线表示工作之间的逻辑关系。箭线的形状和方向可以根据绘图的需要设置，可以画成水平直线、折线或斜线等。单代号网络图中不设虚箭线，箭线的箭尾节点的编号应小于箭头节点的编号，水平投影的方向应自左至右，表示工作的进行方向。

2.单代号网络图的绘制规则

单代号网络图的绘制必须遵循一定的逻辑规则，若违背了这些规则，可能会出现逻辑混乱，无法判别工作之间的关系和进行参数计算，这些规则与双代号网络图的规则相似。

（1）在单代号网络图中必须正确表述已定的逻辑关系。

（2）在单代号网络图中严禁出现循环回路。

（3）在单代号网络图中严禁出现双向箭线和无箭线的连线。

（4）工作编号不允许重复，任何一个编号只能表示唯一的工作。

（5）不允许出现无箭头节点的箭线和无箭尾节点的箭线。

（6）绘制网络图时，箭线不宜交叉，当交叉不可避免时，可采用过桥法、指向法或断线法来表示。

（7）单代号网络图中应只有一个起始节点和终点节点，当网络图中有多项起始节点和多项终点节点时，应在网络图两端分别设置一项虚工作作为网络图的起始节点和终点节点。

3.单代号网络图绘制的方法和步骤

（1）根据已知的紧前工作确定其紧后工作。

（2）确定各工作的节点位置号。令无紧前工作的工作节点位置号为0，其他工作的节点位置号等于其紧前工作的节点位置号最大值加1。

（3）根据节点位置号和逻辑关系绘制网络图。

（二）单代号网络图关键工作与关键线路的确定

1.利用关键工作确定关键线路

总时差最小的工作为关键工作。这些关键工作相连，并保证相邻两项工作之间的时间间隔为零构成的线路就是关键线路。

2. 利用相邻两项工作之间的时间间隔确定关键线路。

3. 利用总持续时间确定关键线路：线路上工作总持续时间最长的线路为关键线路。

三、网络计划的优化

编制网络进度计划时，先编制成一个初始方案，然后检查计划是否满足工期控制要求，是否满足人力、物力、财力等资源控制条件，以及能否以最小的消耗取得最大的经济效益。这就要对初始方案进行优化调整。

网络计划优化，就是在满足既定的约束条件下，按某一目标，通过不断调整寻求最优网络计划方案的过程，包括工期优化、费用优化和资源优化。

（一）工期优化

网络计划的计算工期与计划工期若相差太大，为了满足计划工期，则需要对计算工期进行调整：当计划工期大于计算工期时，应放缓关键线路上各项目的延续时间，以降低资源消耗强度；当计划工期小于计算工期时，应紧缩关键线路上各项目的延续时间。

工期优化的步骤如下：

1. 找出网络计划中的关键工作和关键线路（如采用标号法），并计算工期。

2. 按计划工期计算应压缩的时间。

3. 选择被压缩的关键工作，在确定优先压缩的关键工作时，应考虑以下几个因素：

（1）缩短工作持续时间后对质量和安全影响不大的关键工作。

（2）有充足资源的关键工作。

（3）缩短工作的持续时间所需增加的费用最少。

4. 将优先压缩的关键工作压缩到最短的工作持续时间，并找出关键线路和计算出网络计划的工期；如果被压缩的工作变成了非关键工作，则应将其工作持续时间延长，使之仍然是关键工作。

5. 若已达到工期要求，则优化完成。若计算工期仍超过计划工期，则按上述步骤依次压缩其他关键工作，直到满足工期要求或工期已不能再压缩为止。

6. 当所有关键工作的工作持续时间均已达到最短工期仍不能满足要求，应对计划的技术、组织方案进行调整，或对计划工期重新审定。

（二）费用优化

费用优化又称工期成本优化，是指寻求工程费用最低时对应的总工期，或按要求工期寻求成本最低的计划安排过程。

工程总费用由直接费和间接费组成。直接费由人工费、材料费、机械费、措施费等组成。直接费一般与工作时间成反比关系，即增加直接费，如采用技术先进的设备、增加设备和人员、提高材料质量等都能缩短工作时间；减少直接费，则会使工作时间延长。间接费包括与工程相关的管理费、占用资金应付的利息、机动车辆费等。间接费一般与工作时间成正比，即工期越长，间接费越高；工期越短，间接费越低。

对一个施工项目而言，工期的长短与该项目的工程量、施工方案条件有关，并取决于关键线路上各项作业时间之和，关键线路又由许多持续时间和费用各不相同的作业组成。当缩短工期到某一极限时，无论费用增加多少，工期都不能再缩短，这个极限对应的时间称为强化工期，强化工期对应的费用称为极限费用，此时的费用最高。若延长工期，则直接费减少，但将时间延长至某一极限时，无论怎样增加工期，直接费都不会减少，此时的极限对应的时间叫作正常工期，对应的费用叫作正常费用。将正常工期对应的费用和强化工期对应的费用连成一条曲线，称为费用曲线或 ATC 曲线。在工程图中 ATC 曲线为一条直线，这样单位时间内费用的变化就是一常数，把这条直线的斜率（缩短单位时间所需的直接费）称为直接费率。不同作业的费率是不同的，费率越大，意味着作业时间缩短一天，所增加的费用越大，或作业时间增加一天，所减少的费用越多。

第六章　水利工程施工成本控制

第一节　施工成本管理的任务与措施

一、施工成本管理的任务

施工成本是指在建设工程项目的施工过程中所发生的全部生产费用的总和，包括消耗的原材料、辅助材料、构配件等费用，周转材料的摊销费或租赁费，施工机械的使用费或租赁费，支付给生产工人的工资、资金、工资性质的津贴等，以及进行施工组织与管理所发生的全部费用支出。建设工程项目施工成本由直接成本和间接成本组成。

直接成本是指施工过程中耗费的构成工程实体或有助于工程实体形成的各项费用支出，是可以直接计入工程对象的费用，包括人工费、材料费、施工机械使用费和施工措施费等。间接成本是指为施工准备、组织和管理施工生产的全部费用的支出，是非直接用于也无法直接计入工程对象，但为进行工程施工所必须发生的费用，包括管理人员工资、办公费、差旅交通费等。

施工成本管理就是要在保证工期和质量满足要求的情况下，采取相应的管理措施（包括组织措施、经济措施、技术措施、合同措施），把成本控制在计划范围内，并最大限度地节约成本。

1. 施工成本预测

施工成本预测是根据成本信息和施工项目的具体情况，运用专门的方法，对未来的成本水平及其可能发展趋势做出科学的估计，其是在工程施工以前对成本进行的估算。通过成本预测，在满足业主和本企业要求的前提下，选择成本低、效益高的最佳方案，加强成本控制，克服盲目性，提高预见性。

2. 施工成本计划

施工成本计划是以货币形式编制施工项目的计划期内的生产费用、成本水平、成本降低率，以及为降低成本所采取的主要措施和规划的书面方案。它是建立施工项目成本管理责任制、开展成本控制和核算的基础，是该项目降低成本的指导性文件，是设立目标成本的依据。可以说，施工成本计划是目标成本的一种形式。

3. 施工成本控制

施工成本控制是指在施工过程中，对影响施工成本的各种因素加强管理，并采取各种有效措施，将施工中实际发生的各种消耗和支出严格控制在成本计划范围内，随时揭示并及时反馈，严格审查各项费用是否符合标准，计算实际成本和计划成本之间的差异并进行分析，进而采取多种措施，消除施工中的损失浪费现象。

建设工程项目施工成本控制应贯穿于项目从投标开始直至竣工验收的全过程，它是企业全面成本管理的重要环节。施工成本控制可分为事先控制、事中控制（过程控制）和事后控制。在项目的施工过程中，需按动态控制原理对实际施工成本的发生过程进行有效控制。

4. 施工成本核算

施工成本核算包括两个基本环节：一是按照规定的成本开支范围对施工费用进行归集和分配，计算出施工费用的实际发生额；二是根据成本核算对象，采用适当的方法，计算该施工项目的总成本和单位成本。施工成本管理需要正确及时地核算施工过程中发生的各项费用，计算施工项目的实际成本。施工项目成本核算所提供的各种成本信息，是成本预测、成本计划、成本控制、成本分析和成本考核等各个环节的依据。

5. 施工成本分析

施工成本分析是在施工成本核算的基础上，对成本的形成过程和影响成本升降的因素进行分析，以寻求进一步降低成本的途径，包括有利偏差的挖掘和不利偏差的纠正。施工成本分析贯穿于施工成本管理的全过程，是在成本的形成过程中，利用施工项目的成本核算资料（成本信息），与目标成本、预算成本及类似的施工项目的实际成本等进行比较，了解成本的变动情况，同时也要分析主要技术经济指标对成本的影响，系统地研究成本变动的因素，检查成本计划的合理性，并通过成本分析，深入揭示成本变动规律，寻找降低施工项目成本的途径，以便有效地进行成本控制。成本偏差的控制，分析是关键，纠偏是核心，要针对分析得出的偏差发生原因，采取切实有效的措施，加以纠正。

成本偏差分为局部成本偏差和累计成本偏差。局部成本偏差包括项目的月度（或周、天等）核算成本偏差、专业核算成本偏差及分部分项作业成本偏差等；累计成本偏差是指已完工程在某一时间点上实际总成本与相应的计划总成本的差异。分析成本偏差的原因，应采取定性和定量相结合的方法。

6. 施工成本考核

施工成本考核是指在施工项目完成后，对施工项目成本形成中的各责任者，按施工项目成本目标责任制的有关规定，将成本的实际指标与计划、定额、预算进行对比和考核，评定施工项目成本计划的完成情况和各责任者的业绩，并据此给予相应的奖励和处罚。通过成本考核，做到有奖有惩、赏罚分明，以有效地调动每一位员工在各自的施工岗位上努力完成目标成本的积极性，为降低施工项目成本和增加企业的积累，做出自己的贡献。施工成本管理的每一个环节都是相互联系、相互作用的。成本预测是成本决策的前提，成本计划是成本决策所确定目标的具体化。成本计划控制则是对成本计划的实施进行控制和监督，以保证决策成本目标的实现，而成本核算又是对成本计划是否实现的最后检验，它所提供的成本信息对下一个施工项目成本预测和决策提供基础资料。成本考核是实现成本目标责任制的保证和实现决策目标的重要手段。

二、施工成本管理的措施

为了取得施工成本管理的理想成效，应当从多方面采取措施实施管理，通常可以将这些措施归纳为组织措施、技术措施、经济措施、合同措施。

1.组织措施是从施工成本管理的组织方面采取的措施。施工成本控制是全员的活动，如实行项目经理责任制，落实施工成本管理的组织机构和人员，明确各级施工成本管理人员的任务和职能分工、权利和责任。施工成本管理不仅是专业成本管理人员的工作，各级项目管理人员都负有成本控制责任。

组织措施的另一方面是编制施工成本控制工作计划、确定合理详细的工作流程。要做好施工采购规划，通过生产要素的优化配置、合理使用、动态管理、有效控制实际成本；加强施工定额管理和任务单管理，控制活劳动和物化劳动的消耗；加强施工调度，避免因施工计划不周和盲目调度造成窝工损失、机械利用率降低、物料积压等而使施工成本增加；成本控制工作只有建立在科学管理的基础之上，具备合理的管理体制、完善的规章制度、稳定的作业秩序、完整准确的信息传递，才能取得成效。组织措施是其他各类措施的前提和保证，而且一般不需要增加费用，运用得当可以收到良好的效果。

2.技术措施不仅对解决施工成本管理过程中的技术问题是不可缺少的，而且对纠正施工成本管理目标偏差也有相当重要的作用。运用技术纠偏措施的关键，一是要能提出多个不同的技术方案，二是要对不同的技术方案进行技术经济分析。

施工过程中降低成本的技术措施，包括进行技术经济分析，确定最佳的施工方案。结合施工方法，进行材料使用的比选，在满足功能要求的前提下通过迭代、改变配合比、使用添加剂等方法降低材料消耗的费用，确定最合适的施工机械设备的使用方案。结合项目的施工组织设计及自然地理条件，降低材料的库存成本和运输成本，如先进的施工技术的应用、新材料的运用、新开发机械设备的使用等。在实践中，也要避免仅从技术角度选定方案而忽略对其经济效果的分析论证。

3.经济措施是最易为人们所接受和采取的措施。管理人员应编制资金使用计划，确定、分解施工成本管理目标。对施工成本管理目标进行风险分析，并制定防范性对策。对各项支出，应认真做好资金的使用计划，并在施工中严格控制各项开支。及时准确地记录、收集整理、核算实际发生的成本。对各种变更，及时做好增减账，及时落实业主签证，及时结算工资款。通过偏差分析和未完工程预测，可以发现一些潜在问题将引起未完工程施工成本的增加，对这些问题应以主动控制为出发点，及时采取预防措施。由此可见，经济措施的运用绝不仅仅是财务人员的事情。

4.采取合同措施控制施工成本，应贯穿整个合同周期，包括从合同谈判开始到合同终止的全过程。首先，选用合适的合同结构，对各种合同结果模式进行分析、比较，在合同谈判时，要争取选用适合工程规模、性质和特点的合同结构模式。其次，在合同条款中应仔细考虑一切影响成本和效益的因素，特别是潜在的风险因素。通过对引起成本变动的风险因素的识别和分析，采取必要的风险对策，如通过合理的方式增加承担风险的个体数量，降低损失发生的比例，并最终使这些策略反映在合同的具体条款中。在合同执行期间，合同管理的措施既要密切关注对方合同执行情况，寻求合同索赔的机会，同时也要密切关注自己合同履行的情况，以免被对方索赔。

第二节 施工成本计划

一、施工成本计划的类型

对于一个施工项目而言，其成本计划的编制是一个不断深化的过程。在这一过程的不同阶段形成深度和作用不同的成本计划，按其作用可分为三类。

1.竞争性成本计划

竞争性成本计划即工程项目投标及签订合同阶段的估算成本计划。这类成本计划是以招标文件中的合同条件、投标者须知、技术规程、设计图纸或工程量清单等为依据，以有关价格条件说明为基础，结合调研和现场考察获得的情况，根据本企业的工料消耗标准、水平、价格资料和费用指标，对本企业完成招标工程所需要支出的全部费用的估算。在投标报价过程中，虽也着力考虑降低成本的途径和措施，但总体上较为粗略。

2.指导性成本计划

指导性成本计划即选派项目经理阶段的预算成本计划，是项目经理的责任成本目标。它是以合同标书为依据，按照企业的预算定额标准制订的设计预算成本计划，并且一般情况下只是确定责任总成本指标。

3.实施性计划成本

实施性计划成本即项目施工准备阶段的施工预算成本计划，它以项目实施方案为依据，以落实项目经理责任目标为出发点，采用企业的施工定额，通过施工预算的编制形成的实施性施工成本计划。

施工预算和施工图预算虽仅一字之差，但区别较大。

（1）编制的依据不同

施工预算的编制以施工定额为主要依据，施工图预算的编制以预算定额为主要依据，而施工定额比预算定额划分得更详细、更具体，并对其中所包括的内容，如质量要求、施工方法及所需劳动工日、材料品种、规格型号等均有较详细的规定或要求。

（2）适用的范围不同

施工预算是施工企业内部管理用的一种文件，与建设单位无直接关系；而施工图预算既适用于建设单位，又适用于施工单位。

（3）发挥的作用不同

施工预算是施工企业组织生产、编制施工计划、准备现场材料、签发任务书、考核功效、进行经济核算的依据，也是施工企业改善经营管理、降低生产成本和推行内部经营承包责任制的重要手段；而施工图预算则是投标报价的主要依据。

二、施工成本计划的编制依据

施工成本计划是施工项目成本控制的一个重要环节，是实现降低施工成本任务的指导性文件。如果针对施工项目所编制的成本计划达不到目标成本要求，就必须组织施工项目管理班子的有关人员重新研究寻找降低成本的途径，重新编制成本计划。同时，编制成本计划的过程，也是动员全体施工项目管理人员的过程，是挖掘降低成本潜力的过程，是检验施工技术质量管理、工期管理、物资消耗和劳动力消耗管理等是否落实的过程。编制施工成本计划，需要广泛收集相关资料并进行整理，以作为施工成本计划编制的依据。在此基础上，根据有关设计文件、工程承包合同、施工组织设计、施工成本预测资料等，按照施工项目应投入的生产要素，结合各种因素的变化和拟采取的各种措施，估算施工项目生产费用支出的总水平，进而提出施工项目的成本计划控制指标，确定目标总成本。目标成本确定后，应将总目标分解落实到各个机构、班组、便于进行控制的子项目或工序。最后，通过综合平衡，编制完成施工成本计划。

施工成本计划的编制依据包括以下几个方面的内容：投标报价文件；企业定额、施工预算；施工组织设计或施工方案；人工、材料、机械台班的市场价；企业颁布的材料指导价、企业内部机械台班价格、劳动力内部挂牌价格；周转设备内部租赁价格、摊销损耗标准；已签订的工程合同、分包合同（或估价书）；结构件外加工计划和合同；有关财务成本核算制度和财务历史资料；施工成本预测资料；拟采取的降低施工成本的措施；其他相关资料。

三、施工成本计划的编制方法

施工成本计划的编制方法有以下三种：

1. 按施工成本的组成编制

建筑安装工程费用项目由分部分项工程费、措施项目费、其他项目费、规费和税金组成。施工成本可以按成本构成分解为人工费、材料费、施工机械使用费、措施项目费和企业管理费等。

2. 按施工项目组成编制

大、中型工程项目通常是由若干单项工程构成的，每个单项工程又包含若干单位工程，每个单位工程下面又包含了若干分部分项工程。因此，首先把项目总施工成本分解到单项工程和单位工程中，再进一步分解到分部工程和分项工程中。接下来就要具体地分配成本，编制分项工程的成本支出计划，从而得到详细的成本计划表。

在编制成本支出计划时，要在项目总的方面考虑总的预备费，也要在主要的分项工程中安排适当的不可预见费，避免在具体编制成本计划时，由于某项内容工程量计算有较大出入，原来的成本预算失实。

3. 按施工进度编制

编制按工程进度的施工成本计划，通常可利用控制项目进度的网络图进一步扩充而得。即在建立网络图时，一方面确定完成各项工作所需花费的时间，另一方面确定完成这一工作的合适的施工成本支出计划。在实践中，将工程项目分解为既能方便地表示时间，又能方便地表示施工成本支出计划的工作是不容易的，通常如果项目分解程度对时间控制合适的话，则对施工成本支出计划可能分解过细，以至于不可能对每项工作确定其施工成本支出计划。反之亦然。因此，在编制网络计划时，应充分考虑进度控制对项目划分的要求，同时，还要考虑确定施工成本支出计划对项目划分的要求，做到二者兼顾。通过对施工成本目标按时间进行分解，在网络计划基础上，可获得项目进度计划的横道图，并在此基础上编制成本计划。其表示方式有两种：一种是在时标网络图上按月编制的成本计划，另一种是利用时间—成本累积曲线（S形曲线）表示。

以上三种编制施工成本计划的方式并不是相互独立的。在实践中，往往是将这几种方式结合起来使用，从而可以取得扬长避短的效果。例如，将按项目分解总施工成本与按施工成本构成分解总施工成本两种方式相结合，横向按施工成本构成分解，纵向按项目分解，或相反。这种分解方式有助于检查各分部分项工程施工成本构成是否完整，有无重复计算或漏算；同时还有助于检查各项具体的施工成本支出的对象是否明确或落实，并且可以从数字上校核分解的结果有无错误；或者还可以将按子项目分解总施工成本规划与按时间分解总施工成本计划结合起来，一般纵向按项目分解，横向按时间分解。

第三节 工程变更价款的确定

建设工程项目建设的周期长、涉及的关系复杂、受自然条件和客观因素的影响大，导致项目的实际施工情况与招标投标时的情况相比往往会有一些变化，出现工程变更。工程变更包括工程量变更、工程项目的变更（如发包人提出增加或者删减原项目内容）、进度计划的变更、施工条件的变更等。如果按照变更的起因划分，变更的种类有很多，如发包人的变更指令（包括发包人对工程有了新的要求、发包人修改项目计划、发包人消减预算、发包人对项目进度有了新的要求等）；由于设计错误，必须对设计图纸做修改；工程环境变化；由于产生了新的技术和知识，有必要改变原设计、实施方案或实施计划；法律法规或者政府对建设工程项目有了新的要求等。

一、工程变更的控制原则

1. 工程变更无论是业主单位、施工单位还是监理工程师提出，无论是何内容，工程变更指令均需由监理工程师发出，并确定工程变更的价格和条件。

2. 工程变更，要建立严格的审批制度，切实把投资控制在合理的范围内。

3. 对设计修改与变更（包括施工单位、业主单位和监理单位对设计的修改意见），应通过现场设计单位代表请设计单位研究。设计变更必须进行工程量及造价增减分析，经设计单位同意，如突破总概算，必须经有关部门审批。应严格控制施工中的设计变更，健全设计变更的审批程序，防止任意提高设计标准，改变工程规模，增加工程投资费用。设计变更经监理工程师会签后交施工单位施工。

4. 在一般的建设工程施工承包合同中均包括工程变更的条款，监理工程师有权向承包单位发布指令，要求对工程的项目、数量或质量工艺进行变更，对原标书的有关部分进行修改。

工程变更也包括监理工程师提出的"新增工程"，即原招标文件和工程量清单中没有包括的工程项目。承包单位对这些新增工程，也必须按监理工程师的指令组织施工，工期与单价由监理工程师与承包方协商确定。

5. 由于工程变更引起的工程量的变化有可能使项目投资超出原来的预算投资，必须予以严格控制，密切注意其对未完成工程投资支出的影响以及对工期的影响。

6. 对于施工条件的变更，往往是指未能预见的现场条件或不利的自然条件，即在施工中实际遇到的现场条件同招标文件中描述的现场条件有本质的差异，致使施工单位向业主单位提出施工价款和工期的变化要求，由此引起索赔。

工程变更会对工程质量、进度、投资产生影响，因此应做好工程变更的审批，合理确定变更工程的单价、价款和工期延长的期限，并由监理工程师下达变更指令。

二、工程变更程序

工程变更程序主要包括提出工程变更、审查工程变更、编制工程变更文件及下达变更指令。工程变更文件要求包括以下内容：①工程变更令，应按固定的格式填写，说明变更的理由、变更概况、变更估价及对合同价款的影响；②工程量清单，填写工程变更前、后的工程量、单价和金额，并对未在合同中规定的方法予以说明；③新的设计图纸及有关的技术标准；④涉及变更的其他有关文件或资料。

三、工程变更价款的确定

对于工程变更的项目，一种类型是不需确定新的单价，仍按原投标单价计付；另一种类型是需变更为新的单价，包括变更项目及数量超过合同规定的范围；虽属原工程量清单的项目，其数量超过规定范围。变更的单价及价款应由合同双方协商解决。

合同价款的变更价格是在双方协商的时间内，由承包单位提出变更价格，报监理工程师批准后调整合同价款和竣工日期。审核承包单位提出的变更价款是否合理，可考虑以下原则：

1. 合同中有适用于变更工程的价格，按合同已有的价格计算变更合同价款。

2. 合同中只有类似变更情况的价格，可以此为基础，确定变更价格，变更合同价款。

3. 合同中没有适用和类似的价格，由承包单位提出适当的变更价格，监理工程师批准执行。

批准变更价格应与承包单位达成一致，否则应通过工程造价管理部门裁定。经双方协商同意的工程变更，应有书面材料，并由双方正式委托的代表签字；涉及设计变更的，还必须有设计部门的代表签字，均作为以后进行工程价款结算的依据。

第四节　建筑安装工程费用的结算

一、建筑安装工程费用的主要结算方式

建筑安装工程费用的结算可以根据不同情况采取多种方式。

1. 按月结算：先预付部分工程款，在施工过程中按月结算工程进度款，竣工后进行清算。

2. 竣工后一次结算：建设项目或单项工程全部建筑安装工程建设期在 12 个月以内，或者工程承包合同价值在 100 万元以下的，可以实行工程价款每月月中预支，竣工后一次结算。

3. 分段结算：当年开工，当年不能竣工的单项工程或单位工程按照工程形象进度，划分不同阶段进行结算。分段结算可以按月预支工程款。

4. 结算双方约定的其他结算方式：实行竣工后一次结算和分段结算的工程，当年结算的工程款应与分年度的工作量一致，年终不另清算。

二、工程预付款

工程预付款是建设工程施工合同订立后由发包人按照合同约定，在正式开工前预先支付给承包人的工程款。它是施工准备和所需要材料、结构件等流动资金的主要来源，国内习惯上又称其为预付备料款。工程预付款的具体事宜由发、承包双方根据建设行政主管部

门的规定，结合工程款、建设工期和包工包料情况在合同中约定。在《建设工程施工合同》中，对有关工程预付款做如下约定：实行工程预付款的，双方应当在专用条款内约定发包人向承包人预付工程款的时间和数额，开工后按约定的时间和比例逐次扣回。预付时间应不迟于约定的开工日期前 7 天。发包人不按约定预付，承包人在约定预付时间 7 天后向发包人发出要求预付的通知，发包人收到通知后仍不能按要求预付，承包人可在发出通知后 7 天停止施工，发包人应从约定应付之日起向承包人支付应付款的贷款利息，并承担违约责任。

工程预付款额度，各地区、各部门的规定不完全相同，主要是保证施工所需材料和构件的正常储备。一般根据施工工期建设工作量、主要材料和构件费用占建设工作量的比例及材料储备、周期等因素经测算来确定。发包人根据工程的特点、工期长短、市场行情、供求规律等因素，招标时在合同条件中约定工程预付款的百分比。

工程预付款的扣回，扣款的方法有两种：可以从未施工工程尚需的主要材料及构件的价值相当于工程预付款数额时起扣；从每次结算工程价款中，按材料比重扣抵工程价款，竣工前全部扣清，基本公式为：

$$T = P = M / N$$

式中：T——起扣点，工程预付款开始扣回时的累计完成工作量金额；

M——工程预付款限额；

N——主要材料的占比；

p——工程的价款总额。

住房和城乡建设部招标文件范本中规定，在承包完成金额累计达到合同总价的 10% 后，由承包人开始向发包人还款；发包人从每次应付给承包人的金额中扣回工程预付款，发包人至少在合同规定的完工期前三个月将工程预付款的总计金额按逐次分摊的办法扣回。

三、工程进度款

1. 工程进度款的计算

工程进度款的计算主要涉及两个方面：一是工程量的计量；二是单价的计算方法。单价的计算方法，主要根据由发包人和承包人事先约定的工程价格的计价方法决定。目前，我国工程价格的计价方法可以分为工料单价和综合单价两种。二者在选择时，既可采取可调价格的方式，即工程价格在实施期间可随价格变化而调整；也可采取固定价格的方式，即工程价格在实施期间不因价格变化而调整，在工程价格中已考虑价格风险因素并在合同中明确了固定价格所包括的内容和范围。

2. 工程进度款的支付

在确认计量结果后 14 天内，发包人应向承包人支付工程款（进度款）。发包人超过约定的支付时间不支付工程款，承包人可向发包人发出要求付款的通知，发包人接到承包人通知后仍不能按要求付款，可与承包人协商签订延期付款协议，经承包人同意后可延期支付。协议应明确延期支付的时间和从计量结果确认后第 15 天起计算应付款的贷款利息。发包人不按合同约定支付工程款，双方又未达成延期付款协议，导致施工无法进行，承包人可停止施工，由发包人承担违约责任。

四、竣工结算

工程竣工验收报告经发包人认可后 28 天内，承包人向发包人递交竣工结算报告及完整的结算资料，双方按照协议书约定的合同价款及专用条款约定的合同价款调整内容，进行工程竣工结算。专业监理工程师审核承包人报送的竣工结算报表；总监理工程师审定竣工结算报表；与发包人、承包人协商一致后，签发竣工结算文件和最终的工程款支付证书。

发包人收到承包人递交的竣工结算报告及结算资料后 28 天内进行核实，给予确认或者提出修改意见。发包人确认竣工结算报告后通知经办银行向承包人支付竣工结算价款。承包人收到竣工结算价款后 14 天内将竣工工程交付发包人。

发包人收到竣工结算报告及结算资料后 28 天内无正当理由不支付工程竣工结算价款，从第 29 天起按承包人同期向银行贷款利率支付拖欠工程价款的利息，并承担违约责任。

发包人收到竣工结算报告及结算资料后 28 天内无正当理由不支付工程竣工结算价款，承包人可以催告发包人支付结算价款。发包人在收到竣工结算报告及结算资料后 56 天内仍不支付的，承包人可以与发包人协议将该工程折价，也可以由承包人申请人民法院将该工程依法拍卖，承包人就该工程折价或者拍卖的价款优先受偿。

工程竣工验收报告经发包人认可后 28 天内，承包人未能向发包人递交竣工结算报告及完整的结算资料，造成工程竣工结算不能正常进行或工程竣工结算价款不能及时支付，发包人要求交付工程的，承包人应当交付；发包人不要求交付工程的，承包人承担保管责任。

第五节 施工成本控制

一、施工成本控制的依据

施工成本控制的依据包括以下内容：

1. 工程承包合同

施工成本控制要以工程承包合同为依据，围绕降低工程成本这个目标，从预算收入和实际成本两方面努力挖掘增收节支潜力，以获得最大的经济效益。

2. 施工成本计划

施工成本计划是根据施工项目的具体情况制订的施工成本控制方案，既包括预定的具体成本控制目标，又包括实现控制目标的措施和规划，是施工成本控制的指导性文件。

3. 进度报告

进度报告提供了每一时刻工程实际完成量、工程施工成本实际支付情况等重要信息。施工成本控制工作正是通过实际情况与施工成本计划相比较，找出二者之间的差别，分析偏差产生的原因，从而采取措施改进以后的工作。此外，进度报告还有助于管理者及时发现工程实施中存在的隐患，并在还未造成重大损失之前采取有效措施，尽量避免损失。

4. 工程变更

在项目的实施过程中，由于各方面的原因，工程变更是很难避免的。工程变更一般包括设计变更、进度计划变更、施工条件变更、技术规范与标准变更、施工次序变更、工程数量变更等。一旦出现变更，工程量、工期、成本都必将发生变化，从而使施工成本控制工作变得更加复杂和困难。因此，施工成本管理人员就应当通过对变更要求当中各类数据的计算、分析，随时掌握变更情况，包括已发生工程量、将要发生工程量、工期是否拖延、支付情况等重要信息，判断变更及变更可能带来的索赔额度等。

除上述几种施工成本控制工作的主要依据外，有关施工组织设计、分包合同等也都是施工成本控制的依据。

二、施工成本控制的步骤

在确定施工成本计划之后，必须定期进行施工成本计划值与实际值的比较，当实际值偏离计划值时，分析产生偏差的原因，采取适当的纠偏措施，以确保施工成本控制目标的实现。其步骤如下：

1. 比较

按照某种确定的方式将施工成本的计划值和实际值逐项进行比较，以发现施工成本是否超支。

2. 分析

在比较的基础上，对比较的结果进行分析，以确定偏差的严重性及偏差产生的原因。这一步是施工成本控制工作的核心，其主要目的是找出产生偏差的原因，从而采取有针对性的措施，避免或减少偏差的再次发生及由此造成的损失。

3. 预测

根据项目实施情况估算整个项目完成时的施工成本。预测的目的是为决策提供支持。

4. 纠偏

当工程项目的实际施工成本出现偏差时，应当根据工程的具体情况、偏差分析和预测的结果，采用适当的措施，达到使施工成本偏差尽可能小的目的。纠偏是施工成本控制中最具实质性的一步。只有通过纠偏，才能最终达到有效控制施工成本的目的。

5. 检查

它是指对工程的进展进行跟踪和检查，及时了解工程进展状况及纠偏措施的执行情况和效果，为今后的工作积累经验。

三、施工成本控制的方法

施工阶段是控制建设工程项目成本发生的主要阶段，它通过确定成本目标并按计划成本进行施工、资源配置，对施工现场发生的各种成本费用进行有效控制，其具体的控制方法如下：

1. 人工费的控制

人工费的控制实行"量价分离"的方法，将作业用工及零星用工按定额工日的一定比例综合确定用工数量与单价，通过劳务合同进行控制。

2. 材料费的控制

材料费的控制同样按照"量价分离"原则，控制材料用量和材料价格。

（1）材料用量的控制

在保证符合设计要求和质量标准的前提下，合理使用材料，通过定额管理、计量管理等手段有效控制材料物资的消耗，具体方法如下：

1）定额控制。对于有消耗定额的材料，以消耗定额为依据，实行限额发料制度。在规定限额内分期分批领用；超过限额领用的材料，必须先查明原因，经过一定审批手续方可领料。

2）指标控制。对于没有消耗定额的材料，则实行计划管理和按指标控制的办法。

根据以往项目的实际耗用情况，结合具体施工项目的内容和要求，制定领用材料指标，据以控制发料。超过指标的材料，必须经过一定的审批手续方可领用。

3）计量控制。准确做好材料物资的收发计量检查和投料计量检查。

4）包干控制。在材料使用过程中，对部分小型及零星材料（如钢钉、钢丝等）根据工程量计算出所需材料量，将其折算成费用，由作业者包干控制。

（2）材料价格的控制

材料价格主要由材料采购部门控制。由于材料价格由买价、运杂费、运输中的合理损耗等组成，因此主要是通过掌握市场信息、应用招标和询价等方式控制材料、设备的采购价格。

施工项目的材料物资，包括构成工程实体的主要材料和结构件，以及有助于工程实体形成的周转使用材料和低值易耗品。从价值角度看，材料物资的价值占建筑安装工程造价的 60%~70%，其重要程度自然是不言而喻的。由于材料物资的供应渠道和管理方式各不相同，所以控制的内容和所采取的控制方法也将有所不同。

3. 施工机械使用费的控制

合理选择施工机械设备。合理使用施工机械设备对成本控制具有十分重要的意义，尤其是高层建筑施工。据某些工程实例统计，高层建筑地面以上部分的总费用中，垂直运输机械费用占 6%~10%。由于不同的起重机械有不同的用途和特点，因此在选择起重运输机械时，首先应根据工程特点和施工条件确定采取何种不同起重运输机械的组合方式。在确定采用何种组合方式时，首先应满足施工需要，同时也要考虑费用的高低和综合经济效益。

施工机械使用费主要由台班数量和台班单价两方面决定，为有效控制施工机械使用费支出，可以从以下几个方面进行控制：

（1）合理安排施工生产，加强设备租赁计划管理，减少因安排不当引起的设备闲置。

（2）加强机械设备的调度工作，尽量避免窝工，提高现场设备的利用率。

（3）加强现场设备的维修保养，避免因不正确使用造成机械设备的停置。

（4）做好机上人员与辅助生产人员的协调与配合，提高施工机械台班产量。

4. 施工分包费用的控制

分包工程价格的高低，必然对项目经理部的施工项目成本产生一定的影响。因此，施工项目成本控制的重要工作之一是对分包价格的控制。项目经理部应在确定施工方案的初期就确定需要分包的工程范围。确定分包范围的因素主要是施工项目的专业性和项目规模。对分包费用的控制，主要是要做好分包工程的询价、订立平等互利的分包合同、建立稳定的分包关系网络、加强施工验收和分包结算等工作。

第六节　施工成本分析

一、施工成本分析的依据

施工成本分析，就是根据会计核算、业务核算和统计核算提供的资料，对施工成本的形成过程和影响成本升降的因素进行分析，以寻求进一步降低成本的途径；另外，通过成本分析，可从账簿、报表反映的成本现象看清成本的实质，从而增强项目成本的透明度和可控性，为加强成本控制、实现项目成本目标创造条件。

1. 会计核算

会计核算主要是价值核算。会计是对一定单位的经济业务进行计量、记录、分析和检查，做出预测、参与决策、实行监督，旨在实现最优经济效益的一种管理活动。它通过设置账户复式记账、填制和审核凭证、登记账簿成本计算、财产清查和编制会计报表等一系列有组织、有系统的方法，来记录企业的一切生产经营活动，然后据以提出一些用货币来反映的有关各种综合性经济指标的数据。资产、负债、所有者权益、营业收入、成本、利润等会计六要素指标，主要是通过会计来核算的。会计记录由于具有连续性、系统性、综合性等特点，所以是施工成本分析的重要依据。

2. 业务核算

业务核算是各业务部门根据业务工作的需要建立的核算制度，它包括原始记录和计算登记表，如单位工程及分部分项工程进度登记，质量登记，工效、定额计算登记，物资消耗定额记录，测试记录等。业务核算的范围比会计、统计核算要广，会计和统计核算一般是对已经发生的经济活动进行核算，而业务核算不但可以对已经发生的，而且可以对尚未发生或正在发生的经济活动进行核算，看是否可以做、是否有经济效果。它的特点是对个别的经济业务进行单项核算。例如各种技术措施、新工艺等项目，可以核算已经完成的项目是否达到原定的目的、取得预期的效果，也可以对准备采取措施的项目进行核算和审查，看是否有效果，值不值得采纳，随时都可以进行。业务核算的目的，在于迅速取得资料，在经济活动中及时采取措施进行调整。

3. 统计核算

统计核算是利用会计核算资料和业务核算资料，把企业生产经营活动客观现状的大量数据，按统计方法加以系统整理，表明其规律性。它的计量尺度比会计宽，可以用货币计算，也可以用实物或劳动量计量。它通过全面调查和抽样调查等特有的方法，不仅能提供绝对数指标，还能提供相对数和平均数指标，可以计算当前的实际水平、确定变动速度，以及预测发展的趋势。

二、施工成本分析的方法

1. 基本方法

施工成本分析的基本方法包括比较法、因素分析法、差额计算法、比率法等。

（1）比较法

比较法，又称指标对比分析法，就是通过技术经济指标的对比，检查目标的完成情况，分析产生差异的原因，进而挖掘内部潜力的方法。这种方法具有通俗易懂、简单易行、便于掌握的特点，因而得到了广泛的应用，但在应用时必须注意各技术经济指标的可比性。比较法的应用，通常有下列形式：

1）将实际指标与目标指标对比。通过这种对比，可以检查目标完成情况，分析影响目标完成的积极因素和消极因素，以便及时采取措施，保证成本目标的实现。在进行实际指标与目标指标对比时，还应注意目标本身有无问题。如果目标本身出现问题，则应调整目标，重新正确评价实际工作的成绩。

2）本期实际指标与上期实际指标对比。通过这种对比，可以看出各项技术经济指标的变动情况，反映施工管理水平的提高程度。

3）与本行业平均水平、先进水平对比。通过这种对比，可以反映本项目的技术管理和经济管理与行业的平均水平和先进水平的差距，进而采取措施赶超先进水平。

（2）因素分析法

因素分析法又称连环置换法，这种方法可以用来分析各种因素对成本的影响程度。在进行分析时，首先要假定众多因素中的一个发生了变化，而其他因素不变，然后逐个替换，分别比较其计算结果，以确定各个因素的变化对成本的影响程度。因素分析法的计算步骤如下：

1）确定分析对象，并计算出实际与目标数的差异。

2）确定该指标是由哪几个因素组成的，并按其相互关系进行排序（排序规则是先实物量，后价值量；先绝对值，后相对值）。

3）以目标数为基础，将各因素的目标数相乘，作为分析替代的基数。

4）将各个因素的实际数按照上面的排列顺序进行替换计算，并将替换后的实际数保留下来。

5）将每次替换计算所得的结果，与前一次的计算结果相比较，两者的差异即为该因素对成本的影响程度。

6）各个因素的影响程度之和应与分析对象的总差异相等。

（3）差额计算法

差额计算法是因素分析法的一种简化形式，它利用各个因素的目标值与实际值的差额来计算其对成本的影响程度。

（4）比率法

比率法是指用两个以上的指标的比例进行分析的方法。它的基本特点是先把对比分析的数值变成相对数，再观察两个指标相互之间的关系。常用的比率法有以下几种：

1）相关比率法。由于项目经济活动的各个方面是相互联系、相互依存又相互影响的，因而可以将两个性质不同而又相关的指标加以对比，求出比率，并以此来考察经营成果的好坏。例如，产值和工资是两个不同的概念，但它们的关系又是投入与产出的关系。在一般情况下，都希望以最少的工资支出完成最大的产值。因此，用产值工资率指标来考核人工费的支出水平，就很能说明问题。

2）构成比率法。构成比率法又称比重分析法或结构对比分析法。通过构成比率，可以考察成本总量的构成情况及各成本项目占成本总量的比重，同时可以看出量、本、利的比例关系（预算成本、实际成本和降低成本的比例关系），从而为寻求降低成本的途径指明方向。

3）动态比率法。动态比率法，就是将同类指标不同时期的数值进行对比，求出比率，以分析该项指标的发展方向和发展速度。动态比率的计算，通常采用基期指数和环比指数两种方法。

2.综合成本的分析方法

所谓综合成本，是指涉及多种生产要素，并受多种因素影响的成本费用，如分部分项工程成本、月（季）度成本、年度成本等。由于这些成本都是随着项目施工的进展逐步形成的，与生产经营有着密切的关系，因此，做好上述成本的分析工作，无疑将会促进项目的生产经营管理，提高项目的经济效益。

（1）分部分项工程成本分析

分部分项工程成本分析是施工项目成本分析的基础。分部分项工程成本分析的对象为已完成分部分项工程。分析的方法是进行预算成本、目标成本和实际成本的"三算"对比，分别计算实际偏差和目标偏差，分析偏差产生的原因，为今后的分部分项工程成本寻求节约途径。

分部分项工程成本分析的资料来源：预算成本来自投标报价成本，目标成本来自施工预算，实际成本来自施工任务单的实际工程量、实耗人工和限额领料单的实耗材料。

由于施工项目包括很多分部分项工程，不可能也没有必要对每一个分部分项工程都进行成本分析，特别是一些工程量小、成本费用微不足道的零星工程。但是，对于那些主要分部分项工程则必须进行成本分析，而且要做到从开工到竣工进行系统的成本分析。这是一项很有意义的工作，因为通过对主要分部分项工程成本的系统分析，可以基本上了解项目成本形成的全过程，为竣工成本分析和今后的项目成本管理提供一份宝贵的参考资料。

（2）月（季）度成本分析

月（季）度成本分析，是施工项目定期的、经常性的中间成本分析。对于具有一次性特点的施工项目来说，有着特别重要的意义。因为通过月（季）度成本分析，可以及时发现问题，以便按照成本目标指定的方向进行监督和控制，保证项目成本目标的实现。月（季）度成本分析的依据是当月（季）的成本报表。分析的方法通常有以下几种：

1）通过实际成本与预算成本的对比，分析当月（季）的成本降低水平；通过累计实际成本与累计预算成本的对比，分析累计的成本降低水平，预测实现项目成本目标的前景。

2）通过实际成本与目标成本的对比，分析目标成本的落实情况，以及目标管理中的问题和不足，进而采取措施，加强成本管理，保证成本目标的落实。

3）通过对各成本项目的成本分析，可以了解成本总量的构成比例和成本管理的薄弱环节。例如，在成本分析中，发现人工费、机械费和间接费等项目大幅度超支，就可以对这些费用的收支配比关系认真研究，并采取对应的增收节支措施，防止今后再超支。如果是属于规定的"政策性"亏损，则应从控制支出着手，把超支额压缩到最低限度。

4）通过主要技术经济指标的实际与目标对比，分析产量、工期、质量、"三材"节约率、机械利用率等对成本的影响。

5）通过对技术组织措施执行效果的分析，寻求更加有效的节约途径。

6）分析其他有利条件和不利条件对成本的影响。

（3）年度成本分析

企业成本要求一年结算一次，不得将本年成本转入下一年度；而项目成本则以项目的寿命周期为结算期，要求从开工到竣工到保修期结束连续计算，最后结算出成本总量及其盈亏。由于项目的施工周期一般较长，除进行月（季）度成本核算和分析外，还要进行年度成本的核算和分析。这不仅是为了满足企业汇编年度成本报表的需要，也是项目成本管理的需要。因为通过年度成本的综合分析，可以总结一年来成本管理的成绩和不足，为今后的成本管理提供经验和教训，从而对项目成本进行更有效的管理。

年度成本分析的依据是年度成本报表。年度成本分析的内容，除了月（季）度成本分析的六个方面以外，重点是针对下一年度的施工进展情况指定切实可行的成本管理措施，以保证施工项目成本目标的实现。

（4）竣工成本的综合分析

凡是有几个单位工程而且是单独进行成本核算（成本核算对象）的施工项目，其竣工成本分析应以各单位工程竣工成本分析资料为基础，再加上项目经理部的经营效益（如资金调度、对外分包等所产生的效益）进行综合分析。如果施工项目只有一个成本核算对象（单位工程），就以该成本核算对象的竣工成本资料作为成本分析的依据。单位工程竣工成本分析应包括以下三方面内容：

1）竣工成本分析。

2）主要资源节超对比分析。

3）主要技术节约措施及经济效果分析。

第七节　施工成本控制特点的重要性及措施

一、水利工程成本控制的特点

我国的水利工程建设管理体制自实行改革以来，建立了以项目法人制、招标投标制和建设监理制为中心的建设管理体制，其中成本控制是水利工程项目管理的核心。水利工程施工承包合同中的成本可以分为两部分，即施工成本（具体包括直接费、其他直接费和现场经费）和经营管理费用（具体包括企业管理费、财务费和其他费用），其中施工成本一般占合同总价的 70% 以上。但是水利工程大多施工周期长、投资规模大、技术条件复杂、产品单件性鲜明，不可能建立和其他制造业一样的标准成本控制系统，而且水利工程项目管理机构是临时组成的，施工人员中民工较多，施工区域地理和气候条件一般又不利，这使有效地对施工成本进行控制变得更加困难。

二、加强水利工程成本控制的重要性

企业为了实现利润的最大化，必须使产品成本合理化、最小化、最佳化，因此加强成本管理和成本控制是企业提高盈利水平的重要途径，也是企业管理的关键工作之一。加强水利工程施工管理也必须在成本管理、资金管理、质量管理等薄弱环节上狠下功夫，加大整改力度，加快改革的步伐，促进改革成功，从而提高企业的管理水平和经济效益。水利工程施工项目成本控制作为水利工程施工企业管理的基点效益的主体、信誉的窗口，只有对其强化管理，加强企业管理的各项基础工作，才能加快水利工程施工企业由生产经营型管理向技术密集型管理、国际化管理转变的进程。而强化项目管理，形成以成本管理为中心的运营机制、提高企业的经济效益和社会效益，加强成本管理是关键。

三、加强水利工程成本控制的措施

1. 增强市场竞争意识

水利工程项目具有投资大、工期长、施工环境复杂、质量要求高等特点，工程在施工中同时受地质、地形、施工环境、施工方法、施工组织管理、材料与设备人员的素质等不确定因素的影响。在我国正式实行企业改革后，主、客观条件都要求水利工程施工企业推广应用实物量分析法编制投标文件。

实物量分析法有别于定额法，定额法根据施工工艺套用定额，体现的是以行业水平为代表的社会平均水平；而实物量分析法则从项目整体角度全面反映工程的规模、进度、资源配置对成本的影响，比较接近实际成本。这里的"成本"是指个别企业成本，即在特定时期特定企业为完成特定工程所消耗的物化劳动和活化劳动价值的货币反映。

2. 严格过程控制

承建一个水利工程项目，就必须从人、财、物的有效组合和使用全过程狠下功夫。例如，对施工组织机构的设立和人员、机械设备的配备，在满足施工需要的前提下，机构要精简直接、人员要精干高效、设备要充分有效利用。同时对材料消耗、配件更换及施工工序控制都要按规范化、制度化、科学化的方法进行，这样既可以避免或减少不可预见因素对施工的干扰，也可以降低自身生产经营状况对工程成本影响的比例，从而有效控制成本，提高效益。过程控制要全员参与、全过程控制。

3. 建立明确的责、权、利相结合的机制

责、权、利相结合的成本管理机制，应遵循民主集中制的原则和标准化、规范化的原则加以建立。施工项目经理部包括项目经理、项目部全体管理人员及施工作业人员，应在这些人员之间建立一个以项目经理为中心的管理体制，使每个人的职责分工明确，赋予相应的权利，并在此基础上建立健全一套物质奖励、精神奖励和经济惩罚相结合的激励与约束机制，使项目部每个人、每个岗位都人尽其才、爱岗敬业。

4. 控制质量成本

质量成本是反映项目组织为保证和提高产品质量而支出的一切费用，以及因未达到质量标准而产生的一切损失费用之和。在质量成本控制方面，要求项目内的施工质量人员把好质量关，做到"少返工，不重做"。比如在混凝土的浇捣过程中经常会发生跑模、漏浆，以及由于振捣不到位而产生的蜂窝、麻面等现象，而一旦出现这些现象，就不得不在日后的施工过程中进行修补，不仅浪费材料，而且浪费人力，更重要的是影响外观，对企业产生不良的社会影响。但是要注意产品质量并非越高越好，超过合理水平时则属于质量过盛。

5. 控制技术成本

首先，要制订技术先进、经济合理的施工方案，以达到缩短工期提高质量、保证安全、降低成本的目的。施工方案的主要内容是施工方法的确定、施工机具的选择、施工顺序的安排和流水施工作业的组织。科学合理的施工方案是项目成功的根本保证，更是降低成本的关键。其次，在施工组织中努力寻求各种降低消耗、提高工效的新工艺、新技术、新设备和新材料，并在工程项目的施工过程中实施应用，也可以由技术人员与操作员工一起对一些传统的工艺流程和施工方法进行改革与创新，这将对降耗增效起到十分有效的积极作用。

6. 注重开源增收

上述所讲的是控制成本的常见措施，其实为了增收、降低成本，一个很重要的措施就是开源增收。水利工程开源增收的一个方面就是要合理利用承包合同中的有利条款。承包合同是项目实施的最重要依据，是规范业主和施工企业行为的准则，但在通常情况下更多体现了业主的利益。合同的基本原则是平等和公正，汉语语义有多重性和复杂性的特点，这造成了部分合同条款可多重理解或者表述不严密，个别条款甚至有利于施工企业，这就为成本控制人员有效利用合同条款创造了条件。在合同条款基础上进行的变更索赔，依据充分，索赔成功的可能性也比较大。建筑招标投标制度的实行，使施工企业中标项目的利润已经很小，个别情况下甚至没有利润，因而项目实施过程中能否依据合同条款进行有效的变更和索赔，也就成为项目能否盈利的关键。

加强成本管理将是水利施工企业进入成本竞争时代的竞争武器，也是成本发展战略的基础。同时，施工项目成本控制是一个系统工程，它不仅需要突出重点，对工程项目的人工费、材料费、施工设备、周转材料、租赁费等实行重点控制，而且需要对项目的质量、工期和安全等在施工全过程中进行全面控制，只有这样才能取得良好的经济效果。

第七章　现代水利工程的治理

第一节　水利工程治理的演变

　　水孕育了人类文明，并与人类社会的发展密切相关。无论是原始社会、农业社会，还是工业社会、现代社会，不管何种社会形态，人类对水的治理实践从来就没有停止过，并建立了与各时代社会、经济、环境等条件相适应的治水思想体系。根据人类社会形态发展和治水思想的演变，水利工程治理的历史演变过程大致可以划分为三个阶段。

一、水利工程治理的形成阶段

　　水是生命之源，是生命的最基础组成部分，人类的生存和发展都离不开水。远古时期的人们为了生存，一方面离不开河流湖泊，另一方面又往往受河水泛滥之害。这个时期的人们主要从事渔猎生产，生产力比较低下，没有能力对河流进行整治，只能"择丘陵而处之"，躲避洪水灾害。大约在距今5000年前，我国古代社会进入了原始公社末期，农业开始成为社会的基本经济。人们为了生产和生活的方便，以氏族公社为单位，集体居住在河流和湖泊的两旁。人们临水而居虽然有着很大的便利，但也常常受到河水泛滥的危害。为防御洪水，人们修起了一个个围村埝，开始了我国古代的原始形态的防洪工程，此时也开始设立了专门管理工程事务的职官——"司空"。"司空"是古代中央政权机关中主管水土等工程的最高行政长官。大禹即被部落联盟委以司空重任，主持治水工作（《尚书·尧典》记"禹作司空""平水土"）。治水成功后，大禹被推举为部落联盟领袖，成为全国共主。

　　从远古人的"居丘"，到禹治洪水后的"降丘宅土"，将广大平原进行开发，这是人们改造大自然的胜利。随着社会实践和生产力的提高，人们防洪的手段也从简易的围村埝向筑堤防洪转变，并随着生产和生活需求，向引水用水工程发展。春秋战国时期，楚国修建的"芍陂"，被称为"天下第一塘"，可以灌田万顷；吴国开凿的胥河，是我国最早的人工运河；西门豹的引黄治邺和秦国的郑国渠，都是著名的引水灌溉工程。随着水利工程的大规模修筑，统治者开始意识到水事管理的重要性，建立了正式的水事管理机构，工程管理的相关制度也逐步开始形成。

　　《管子·度地》的记载表明，春秋时期已有细致的水利工程管理制度，其中规定：水利工程要由熟悉技术的专门官吏管理，水官在冬天负责检查各地工程，发现需要维修治理的，即向政府书面报告，经批准后实施。施工要安排在春季农闲时节，完工后要经常检查维护。水利修防队伍从老百姓中抽调，每年秋季按人口和土地面积摊派，并且服工役可代替服兵役。汛期堤坝如有损坏，要把责任落实到人，抓紧修治，官府组织人力支持。遇有大雨，要对堤防加以适当遮盖，在迎水冲刷的危险堤段要派人据守防护。这些制度说明我们的祖先在水利工程治理方面已经积累了丰富的实践经验。我国最早有历史记录的水利治理规章也是春秋时期制定的。春秋时诸侯林立，各不相统，各国为己私利修建工程而不顾他国的事件时有发生，所以在春秋时诸侯国之间的盟约中明令禁止这种以邻为壑的行为。其中最著名的是公元前 651 年在葵丘之会上订立的盟约，盟约中有"毋曲防"的条约，用以约束各方沿河筑堤，不许只顾自己不顾全局，损害别国利益。

二、水利工程治理的发展阶段

进入秦汉以后，我国历经由奴隶制到封建社会的制度大变革，特别是铁器的广泛使用，使生产力出现了飞跃的进步。此外，秦汉政权的大一统和不断强盛的国力，对于需要大规模社会组织的水利建设来说，也具有重要的推动作用。不仅在治河防洪工程上，而且在灌溉、航运等方面也都有较大的发展，并有一批传统水利的大型精品问世，有的至今仍卓然于世。在水利建设的基础上，工程治理也得到了不断的发展和完善。

（一）管理组织不断完善

在我国，水利工程治理历来是政府的一项重要职能。因此，历朝历代对水利治理组织机构建设也极为重视，并在长期实践中逐渐形成了一套完整的体系。

中国古代水利管理机构分为两种情况：一类是在中央政府内的主管水利的机构，另一类是派驻地方或河道、运河的管理机构。几千年来，政府主管水利的机构和水利职官的名称虽多次变化，但始终有部门有专人来管理水利。而且在相当长的历史时期内，封建政府的工部有两大任务，一是管营造，二是管水利。由此可见水利事业在封建国家经济生活中的地位。

1. 中央政府直管水利机构

我国水利职官的设立，可上溯至原始社会末期。"司空"是古代中央政权机关中主管水土等工程的最高行政长官。西汉末期设御史大夫为"大司空"，东汉将司空、司徒和司马并称为"三公"，是类似宰相的最高政务长官，虽负责水土工程，但不是专官。隋代以后设工部尚书，主管六部中的工部，工部以下具体负责中央水利行政的机构是"水部"。隋、唐、宋都在工部之下设水部，主管官员为水部郎中。明清工部下设都水清吏司，简称都水司，主管官员为郎中。

工部掌管工程行政，历代往往又设"都水监"与工部并行。都水监系统则是中央政权中主管水利工程计划、施工和管理等工作的专职技术机构。都水监与行政机构有联系，但无隶属关系。

2. 派驻地方水利管理机构

（1）河道管理机构

秦以前，无专职河官，多为兼职。西汉始有专职河官，称为"河堤都尉"或"河堤谒者"。宋代设"河堤使"，但多为兼职，下设"巡河使臣"，是中级专职河官。金代设"都巡河官"，下辖"散巡河官"，其下管埽兵。

明代后期，河道管理机构升格，开始设总理河道一职，全权主持治河事宜，河防事权趋于集中。清代改为河道总督，虽然职权划分其间有所变化，但一直保持了治河事权专一，开了流域机构的先河。清代的河道总督是负责黄河、运河和海河水系有关事务的水利行政官员，权力极大。在河道总督之下分设文职、武职两套系统。文职系统管理铺老，武职系统管理河兵。

为加强堤防管理，明代开始设立铺夫，建立了铺夫制度。明代万恭治河时，已认识到"有堤无夫，与无堤同；有夫无铺，与无夫同"。因此，万恭提出"邳、徐之堤，为每里三铺，每铺三夫"。这样就把堤防修守管护的责任落实到具体的人上了。铺夫，是管理堤防的夫役，又称堤夫。铺老，是一个铺或几个铺的负责人。这一套组织，类似于现代公路养护段的道班组织。铺夫制度为堤防修守建立了一支专业队伍，是保证堤防安全的重要措施。

（2）农田水利工程管理机构

农田水利在中央归水部或都水监管理，地方各级行政区一般都有专职或兼职官吏。唐代各道往往设农田水利使兼职，明代各省设按察司副使或佥事管理屯田水利，清代则有专职或兼职的屯田水利道员。有重要农田水利工程的地方则设府州级官吏（如水利同知等）或县级官吏管理。例如，都江堰在东汉时设都水长，蜀汉时也设有堰官，至清代则专设水利同知。

（3）运河管理机构

我国的运河建设历史悠久，开凿于公元前506年（春秋时期）的胥河，是世界上最古老的人工运河，亦是我国现有记载的最早的运河。公元前219年，秦始皇为沟通湘江和漓江之间的航运开挖了灵渠。主要建于中国隋朝的京杭大运河是世界上最长的运河，是我国古代劳动人民创造的一项伟大的水利建筑工程，元朝时取直疏浚，进一步通到北京，全长1794千米，成为现今的京杭大运河。

运河是古代交通运输的动脉。特别是隋唐以后，漕运成为封建王朝的生命线。所以，历代对运河工程的管理都十分重视。

京杭大运河的管理机构在古代运河管理史上是最完善的。京杭大运河开通之初，元代即设提举河渠司专事管理会通河和通惠河两个河段。后又在东阿设都水分监，掌管河渠闸坝。又在通惠河上设提领三员，负责闸坝的管理和维修。同时，两段运河都设有专门管闸的闸官，其中"通惠河闸官二十又八，会通河闸官三十又三"。

明代的管理机构更加系统和严密。明初曾设漕运使，永乐年间会通河重开以后，即设漕运总兵官。此后侍郎、都御使、少卿等许多官吏都负责过漕运事务。景泰二年（1451）设总督漕运，驻淮安。此后曾分设巡抚、总漕各一员，后来又多次反复合并或分置。嘉靖四十年（1561）改为总督漕运兼提督军务，至万历七年（1579）又加管河道。清代正式设漕运总督，驻淮安，全面负责漕运事务。直隶、山东、河南、江西、江南、浙江、湖广七省负责漕运的官员均听命于漕运总督。

除专门的运河管理机构外，元代开始还设置了管理运河的夫役。明代前期，京杭运河沿河各州县卫所的夫役计有闸夫、溜夫、坝夫、浅夫、泉夫、湖夫、塘夫、洪夫、捞沙夫、挑港夫等，分工十分细致。自通州至仪真、瓜洲，各种夫役共 4.7 万人。

（二）管理法规不断健全

水利工程往往涉及多方利益，因此需要一个能够协调各方利益的规则，用以约束各方，使之共同遵守。这种规则最初表现为约定俗成的惯例，后来为了逐步加强其稳定性和权威性，形成了水利法规。随着社会和自然条件的演变及实践经验的积累，水利法规体系和内容不断得到健全和完善，这也是水利工程治理发展和成熟的标志。我国古代水利法规大致可以分为三类：一是附属于国家大法中的有关条款；二是不同水利门类的单项法规；三是国家综合性水利法规。

1. 国家大法中的水利条款

我国古代的民法和刑法往往不分，国家大法或刑法中就有关于水利的条文。《秦律十八种》是秦代的国家大法，其《田律》中规定"春二月，毋敢伐材木山林及壅堤水"，并严格规定凡遇旱、涝、风、虫等灾情，地方政府必须按照所要求的时间向中央呈报灾情。

唐代的刑律被认为是比较完备的，《唐律疏议》中的杂律规定有水利条款。例如，不许垄断陂湖水利；堤防不修理或修理不及时者要受处罚；如因非常洪水而堤防失事，则不予追究；因取水灌溉而决堤，脊杖一百；因维修不及时而冲毁财物或淹毙人命者，按贪污罪或杀伤罪论处；如故意毁坏堤防，依后果严重程度，最轻的要判三年徒刑，重者罪比杀人。

明清间，除刑法中规定有水利条款外，关于典章制度的专书，更有详尽的水利条文，同样具有法律意义。最具代表性的当数光绪年间撰修的《清会典》100 卷，其中河工 19 卷、海塘 4 卷、水利 8 卷，共计 31 卷之多，条文规定得相当细致。以河工为例，内容包括河务机构、官吏设置、职责范围，各河工机构的河兵和河夫的种类数量及其待遇，各地维修抢险工程的经费数量及开支，木、草、土、石、绳索等河工物料的购置、数量、规格，堤坝、闸、涵洞、木龙等各种工程的施工规范和用料，不同季节堤防的修守，河道疏浚的规格和经费，施工用船只和土车的配备，埽工、坝工、砖工、石工、土工的做法和规格及用料，河工修建保险期限的规定和失事的赔修办法，河工种植苇柳的要求和奖励办法，以及河工和运河禁令等。

2. 不同水利门类的单项法规

按照不同的服务对象，水利分作防洪、农田灌溉、航运城市水利和水利施工组织管理等门类，虽然它们之间存在着密切的联系，但有着各自不同的任务。比起综合性水利法规，一般来说，它们出现得更早一些，并大多有本身适用的地区范围。这种不同门类的专项法规随着水利事业的发展而逐渐丰富。

（1）防洪法规

防洪工程是水利工程中起源最早的。防洪堤防在西周时期就已经出现。春秋时期葵丘之会上订立的禁止随意修建堤防的"毋曲防"规定，也成为日后防洪法规的基本原则。

现在所能见到的最早的系统防洪法令是公元1202年金代颁发的《河防令》，内容是关于黄河和海河水系各河的河防修守法规，共11条。其主要内容包括河防机构、河防工程、河防管理等方面的规定，具体有：朝廷户部、工部每年要派出大员沿河视察，监督、检查都水监派出机构和地方政府落实防洪措施；水利部门必要时可以使用"驰驿"手段，通过驿站选择快马传递汛情；州县主管防洪的官员每年6月至8月上堤防汛，平时分管官员也要轮流上堤检查；沿河州县官吏防汛的功过都要上报；河防军夫有规定假期，医疗也有保障；堤防险工情况要每月向中央政府上报；情况紧急，防守人力不足时，可以随时征调丁夫及防汛物资等。此外，金代在黄河上设有专业的河防官兵。《河防令》规定，每年6月1日至8月终，为黄河涨水月，沿河州、县的河防官兵必须轮流防守，其他河流如发生险情，也要参与抢护。

（2）农田水利法规

最早见于记载的农田水利法规始于西汉。公元前111年，左内史倪宽向汉武帝建议开凿六辅渠，灌溉郑国渠旁地势较高的农田。倪宽在领导兴修水利之际，还在六辅渠的管理运用方面有一项新的创造，那就是在我国首次制定了灌溉用水制度，"定水令，以广溉田"。因为制定了灌溉用水制度，促进了合理用水，因而扩大了灌溉面积。西汉末年（公元8年），召信臣在任南阳郡太守期间，大兴水利，"为民作均水约束，刻石立于田畔，以防纷争"。均水约束就是按需要分配用水的法规，用以约束各受益农户，以免无端争水。为此，这个法规还被刻作石碑立在灌区，以告诫人们合理用水。

现存具体的灌溉管理制度最早见于甘肃敦煌的甘泉水灌区。甘泉水灌区是一个长宽各数十里的大型灌区，制定有被称作《敦煌水渠》的灌溉用水制度，现存残卷2000余字。其内容分两部分：一是记述渠道之间轮灌的先后次序。灌区内各干渠之间、干渠内各支渠之间都有轮灌的规定。二是对全年灌溉次数和各次灌水时间的规定。灌区全年共灌水5次，5次灌水时间又分别和节气相适应，并考虑了不同作物品种对灌水时间和次数的不同要求。《敦煌水渠》还记载着"承前已（以）来，故老相传，用为法则"。反映出它是在实践中，归纳了多年积累的经验，不断修正和完善的。

（3）运河管理法规

运河是古代漕运的主要通道，除工程维修外，还有航运秩序的保障，都需要加强法制管理。北宋对运河通黄河河段规定：为了满足航深要求，"每岁自春及冬，常于河口均调水势，止深六尺，以通行重载为准"。由于黄河主流有时迁徙，因此每到春天就征调大批民工重开汴河口，当黄河主流顶冲时，汴河进水过多，又需通过泄水闸坝泄洪。当河水位增至七尺五寸时，即派禁兵三千上堤防洪。总之，为使其"浅深有度，置官以司之，都水监总察之"。

3.综合性国家水利法规

随着水利事业的进一步发展，原本附属于国家大法中的水利条款，开始独立出来，汇集为综合性国家水利法规。

唐代的《水部式》是我国现存最早的由中央政府颁布的综合性水利法典。唐代是我国水利事业发展的重要阶段，盛唐经济的繁荣，显示了作为农业命脉的水利的巨大效益，反映出唐代水利治理的有效性。

现在我们所见到的《水部式》只是一个残卷，仅有29条，约2600字，主要内容包括农田水利管理、碾磨设置及用水量的规定、运河船闸的管理和维护、桥梁的管理和维修、内河航运船只及水手的管理、海运管理、渔业管理以及城市水道管理等。可以看出，作为由中央政府颁布的综合性水利法规，《水部式》的内容十分丰富，同时它的法律条文规定又十分具体细致。例如，关于灌溉管理，规定灌区设置渠长和斗门长，负责水量控制与分配；灌溉农田面积需要提前申请；渠道上设置引水闸门，闸门尺寸规格有限制，并在官府监督下修建，不能私自建设；灌区维修出工和费用按亩均摊，损坏较大，灌区本身无力承担时，可以向地方政府申请帮助。为了解决不同行业之间的用水需求矛盾，根据各行业的重要性，《水部式》对用水顺序也进行了明确规定。唐代认为航运所关系的是整个国家运输动脉的畅通，牵扯政治和经济全局利益，而灌溉则只影响局部地区的农业收成，因此，当水源紧张时，首先要保证航运需求，其次是农田灌溉，在非灌溉季节才允许开动水碾和水磨等水力机械。

（三）管理经验不断丰富

我国古代水利事业的成就，不仅体现在水利科学技术的发展水平上，而且体现在管理水平上。像郑白渠、都江堰、黄河堤防、京杭运河等一些大型水利工程能够沿用至今，就是因为历朝历代对其实施了有效的管理。实践证明，任何一项伟大的水利工程，如果没有一套严格而科学的运行管理措施，不可能长期发挥出应有的效益。我国在几千年的水利建设实践中，积累了丰富的水利工程施工和运行管理经验，形成了一套切合当时生产力发展水平的管理思想、管理制度和管理办法，许多经验至今仍值得借鉴。

在河防工程中，很早就有严密的施工组织形式，而且最迟在宋代就有严格的施工定额管理规范，对土方工程中各个工种劳动定额的计算方法都有明确规定。所以，古代的堤防工程施工虽然规模大，但组织得很严密。堤防竣工后，又有严格的岁修管理制度和防洪度汛的一整套措施，保障堤防的运行安全、有效。明代的岁修制度和"四防二守"制度就是古代堤防管理规范的代表。

农田水利方面的管理也有许多成功的经验，如工程岁修管理、渠道清淤管理、分水用水管理、工程维护管理等都有许多严格的制度和章程。有的经过历代的总结、深化、完善、提炼而形成了科学的原则。都江堰之所以两千多年仍然能发挥作用，正是因为它有一套严格而科学的管理制度，特别是不断总结完善的岁修管理制度和岁修工程的规范要求，许多经验被编成口诀流传至今。宋代以后，都江堰总结出"深淘滩，低作堰"的岁修"六字诀"，被刻在宝瓶口上游的虎头岩下，成为岁修工程的准绳。到清代又总结出岁修"三字经"和"遇湾截角，逢正抽心"的治河"八字格言"。这些都是都江堰工程在长期运行管理中丰富经验的科学总结和高度概括。

我国运河的发展规模经历了由小到大，由当地运河、跨水系运河，进而发展到横跨东西、纵贯南北的大运河网。从运河技术的发展来看，也经历了从平原运河发展到翻山越岭的闸河，从用清水源的运河到用浑水源的运河，从无闸运河到设陡、置闸、梯级船闸以及设置调节水库这样一个从简单到复杂的发展过程。运河管理的主要目的是保证航道畅通，因此，历代对运河闸门的启闭、船队过闸的顺序、河渠的维护以及对船只大小都有明确的要求，形成了一套系统的规定。

第二节 水利工程治理内涵

水利工程是实现水资源优化配置、提高利用效率、保护生态环境、达到兴水利除水害目的的基本载体。建设是水利工程存在的基础，治理则是水利工程得以发挥作用、延续生命的关键。只有深入理解治理的重要性，并深入分析其概念内涵，才能进一步指导实践。

一、现代水利工程治理的概念

不同历史时期，不同经济发展水平、不同发展阶段对水利的要求不断地发生变化，进而水利工程治理的概念以及标准也在不断变化。由水利工程管理到水利工程治理，是理念的转变，也是社会发展到一定阶段的必然结果。

（一）水利工程管理的概念

水利工程是伴随着人类文明发展起来的，在整个发展过程中，人们对水利工程要进行管理的意识越来越强烈，但发展至今并没有一个明确的概念。近年来，随着对水利工程管理研究的不断深入，不少学者试图给水利工程管理下一个明确的定义。牛运光认为，水利工程管理实质上就是保护和合理运用已建成的水利工程设施，调节水资源，为社会经济发展和人民生活服务的工作，进而使水利工程能够很好地服务于防洪、排水、灌溉、发电、水运、水产、工业用水、生活用水和改善环境等方面。赵明认为，水利工程管理，就是在水利工程项目发展周期过程中，对水利工程所涉及的各项工作，进行的计划、组织、指挥、协调和控制，以达到确保水利工程质量和安全，节省时间和成本，充分发挥水利工程效益的目的。它可分为两个层次：一是施工项目管理，通过一定的组织形式，用系统工程的观点、理论和方法，对施工项目管理生命周期内的所有工作，包括项目建议书、可行性研究、设计、设备采购、施工、验收等系统过程，进行计划、组织、指挥、协调和控制，以达到保证工程质量、缩短工期、提高投资的目的；二是水利工程运行管理，通过健全组织，建立制度，综合运用行政、经济、法律、技术等手段，对已投入运行的水利工程设施，进行保护、运用，以充分发挥工程的除害兴利效益。高玉琴认为，水利工程管理是运用、保护和经营已开发的水源、水域和水利工程设施的工作。

段世霞认为，水利工程管理是从水利工程的长期经济效益出发，以水利工程为管理对象，对其各项活动进行全面、全过程的管理。完整的内容应该涵盖工程的规划、勘测设计、项目论证、立项决策、工程设计、制订实施计划、管理体制、组织框架、建设施工、监理监督、资金筹措、验收决算、生产运行、经营管理等内容。一个水利工程的完整管理可以分为三个阶段：第一阶段，工程前期的决策管理；第二阶段，工程的实施管理；第三阶段，工程的运营管理。

在综合多位学者对水利工程管理概念理解的基础上，笔者认为，水利工程管理是指在深入了解已建水利工程性质和作用的基础上，为尽可能地趋利避害，保护和合理利用水利工程设施，充分发挥水利工程的社会和经济效益，所做出的必要管理。

（二）由水利工程管理向水利工程治理的发展

在中国，"治理"一词有着深远的历史，"大禹治水"的故事，实际上讲的就是一种治理活动。在中国历史上，治理包括四层含义：一是统治和管理；二是理政的成效；三是治理政务的道理；四是处理公共问题。在现代，治理是一个内容丰富、使用灵活的概念。从广义上看，治理是指人们通过一系列有目的活动，实现对对象的有效管控和推进，反映了主客体的关系。从内容上看，有国家治理、公司治理、社会治理、水利工程治理等，它不外乎三个要素：治理主体、治理方式和治理效果，这三者共同构成治理过程。

从水利工程管理到水利工程治理，虽然只有一字之差，但体现了治水理念的新跨越。"管理"与"治理"的差别主要体现在以下两个方面：一是体现在主体上，"管理"的主体是政府，"治理"的主体不仅包括政府，也包括各种社会组织乃至个人；二是体现在方式上，由于"管理"的主体单一，权力运行单向，而且往往存在"我强你弱、我高你低、我说你听、我管你从"的现象，因此在管理方式上往往会出现居高临下、简单生硬的人治作风，"治理"不再是简单的命令或完全行政化的管理，而是强调多元主体的相互协调，这就势必使法治成为协调各种关系的共同基础。因此，从水利工程管理到水利工程治理，体现了治理主体由一元到多元的转变，反映了治理方式由人治向法治的转化，折射了对治理能力和水平的新要求。

（三）现代水利工程治理的概念

水利是国民经济的命脉，水利工程更是地方经济建设和社会发展不可或缺的先决条件。

因此，构建水利工程治理体系是构建国家治理体系的重要组成部分。水利工程治理现代化就是要适应时代特点，通过改革和完善体制机制、法律法规，推动各项制度日益科学完善，实现水利工程治理的制度化、规范化、程序化。它不仅是硬件的现代化，也是软件的现代化、人的思想观念及行为方式的现代化。它主要包括与市场经济体制相适应的管理体制、科学合理的管理标准和管理制度、高标准的现代化管理设施和先进的调度监控手段、掌握先进管理理念和管理技术的管理队伍等。所实现的目标应为保障防洪安全、保护水资源、改善水生态、服务民生。

现代水利工程治理应具有与市场经济体制相适应的管理机制和系统健全、科学合理的规章制度；应采用先进技术及手段对水利工程进行科学控制运用；应突出各种社会组织乃至个人在治理过程中的主体地位；应创造水利工程治理的良好法制环境，在维修经费投入、工程设施保护、涉水事件维权等方面均能得到充分的法制保障；应具有掌握先进治理理念和治理技术的治理队伍；应注重和追求水利工程治理的工程效益、社会效益、生态效益和经济效益的"复合化"。

（四）现代治水理念的创新

水利工程治理中存在的问题，是人与自然如何和谐相处的问题，是人类对可持续发展的认识问题。在治理过程中，融入人水和谐、可持续发展，生态文明、系统治理的思想理念是解决这些问题的根本出路。

1. 人水和谐的理念

"和谐"一词最早出现于《管子·兵法》中"畜之以道，则民和。养之以德，则民合。和合故能谐，谐故能辑。谐辑以悉，莫之能伤"。意思是有了和睦、团结，行动才能协调，才能达到整体的步调一致。而中国古代的和谐理念来源于《周易》一书中的阴阳和合思想。《周易·乾卦》中说"乾道变化，各正性命，保合太和，乃利贞"，意思是事物发展变化尽管错综复杂、千姿百态，但整体上始终保持着平衡与和谐。"和谐"一词，《辞源》解释为"协调"，《现代汉语词典》解释为"配合得适当和匀称"。在汉语中，和顺、协调、一致、统一等词语均表达了"和谐"的意思，人与天合一、人与人和谐，构成了几千年中华民族源远流长的思想观念，和谐思想成为中国哲学与文化的显著特色。

古人将"和谐"作为处理人天（人与自然）、人际（人与人或社会）、身心（人的身体与人的精神）等关系的理想模式。中国传统的管理哲学思想中，孔子所极力倡导的"仁"实际上探讨的是人与人之间的和谐问题，而以老子为代表的道家学说，则探讨了人与自然的和谐关系，探讨了人对自然管理时所应遵循的方式。在西方管理哲学中，和谐理念也由来已久。柏拉图认为，人对自身的管理，就是保持心灵中的三个部分各司其职，即理智居支配和领导地位，激情服从理智并协助理智保卫心灵和身体不受外敌侵犯，欲望接受理智的统领和领导，三个部分互不干涉、互不僭越、彼此友好，就达到了对自身管理的和谐。亚里士多德认为，国家管理应实行轮流执政，全体公民都是平等的，都有参与政治、实施管理的权力，这样的管理才是和谐的管理。萨缪尔森认为只有"看不见的手"——市场和"看得见的手"——政府相互结合，都发挥作用的经济管理才是和谐的。

2.可持续发展理念

可持续发展理论的研究方向可分为经济学方向、社会学方向及生态学方向。经济学方向，是以区域开发、生产力布局、经济结构优化、物质供需平衡等作为基本内容，力图将"科技进步贡献率抵消或克服投资的边际效益递减率"作为衡量可持续发展的重要指标和基本手段；社会学方向，是以社会发展、社会分配利益均衡等作为基本内容，力图将"经济效率与社会公正取得合理的平衡"作为可持续发展的重要判据和基本手段；生态学方向，是以生态平衡、自然保护、资源、环境的永续利用等作为基本内容，力图将"环境保护与经济发展之间取得合理的平衡"作为可持续发展的重要指标和基本原则。

自然资源的可持续发展是可持续发展理论生态学方向的一个重要组成部分，关系人类的永续发展。自然资源是人类创造一切社会财富的源泉，是指在一定的技术经济条件下，能用于生产和生活，提高人类福利、产生价值的自然物质，如土地、淡水、森林、草原、矿藏、能源等。自然资源的稀缺是相对的，是由于高速增长的需求超过了自然资源的承载负荷，资源无序、无度的和不合理的开发利用，是产生资源、生态和灾害问题的直接原因，甚至也是引发贫困、战争等一系列社会问题的重要原因。自然资源的可持续发展是解决人类可持续发展问题的关键环节，它强调人与自然的协调性，代内与代际不同人、不同区域之间在自然资源分配上的公平性以及自然资源动态发展能力等。自然资源可持续发展是一个发展的概念，从时间维度上看，涉及代际不同人所需自然资源的状态与结构；从空间维度上看，涉及不同区域从开发利用到保护自然资源的发展水平和趋势，是强调代际与区际自然资源公平分配的概念。自然资源可持续发展是一个协调的概念，这种协调是时间过程和空间分布的耦合，是发展数量和发展质量的综合，是当代与后代对自然资源的共建共享。

水资源是基础自然资源，是生态环境的控制性因素之一。目前，我国水资源存在时空分布不均、人均占有量低、污染严重等问题。实现水资源的可持续发展是一系列工程，它需要在水资源开发、保护、管理、应用等方面采用法律、管理、科学、技术等综合手段。水利工程是用于控制和调配自然界的地表水和地下水资源，开发利用水资源而修建的工程。它与其他工程相比，在环境影响方面有突出的特点，如影响地域范围广，影响人口多，对当地的社会、经济、生态影响大等，同样外部环境也对水利工程施以相同的影响。在水利工程建设和管理的过程中，要坚持可持续发展的理念，加强水土保持、水生态保护、水资源合理配置等工作，树立依法治水、依法管水的理念，既要保证水利事业的稳步发展，也要顾及子孙后代的利益，这样才能使水利事业走上可持续稳步发展的道路。

3.水生态文明的理念

水生态文明是生态文明的重要组成部分，它把生态文明理念融入兴水利、除水害的各项治水活动中，按照人与自然和谐相处的原则、遵循自然生态平衡的法则，采取多种措施对自然界的水进行控制、调节、治理、开发、保护和管理，以防治水旱灾害、开发利用水资源、保护水生态环境，从而达到既支撑经济社会可持续发展，又保障水生态环境良性循环的目标。随着人类文明的不断发展，工业文明带来的环境污染、资源枯竭、极端气候、生物物种锐减等问题不断加剧，人们越来越清晰地认识到水作为生态系统控制性要素的重要地位。

水利建设包括水害防治、水资源开发利用和水生态环境保护等各种人类活动，在满足人类生存和发展要求的同时，也会对自然生态系统造成一定的影响。在水利建设的各个环节，应遵循"在保护中促进开发、在开发中落实保护"的原则，高度重视生态环境保护，正确处理好治理开发与保护的关系，在努力减轻水利工程对自然生态系统影响的同时，充分发挥其生态环境效益。想要在水利建设的各个环节中注重水生态文明建设，就要遵循以下几个原则：首先，科学布局治理开发工程。在系统调查水生态环境状况、全面复核和确定水生态环境优先保护对象与保护区域的基础上，制定治理开发与保护分区和控制性指标，科学规划水害防治和水资源开发利用工程布局，使治理开发等人类活动严格控制在水资源承载能力、水环境承载能力和水生态系统承受能力所允许的范围内，避免对水生态环境系统造成依靠其自组织功能无法恢复的损害。其次，全面落实水利工程生态环境保护措施。高度重视水利工程建设对生态环境的影响，在水利工程设计建设和运行各个环节采取综合措施，努力把对生态环境的影响减到最小。在工程设计阶段，要吸收生态学原理，改进水利工程的设计方法；要重视水利工程与水生态环境保护的结合，发挥水利工程的生态环境效益；要考虑水生生物对水体理化条件的要求，合理选择水工结构设计方案；要针对所造成的生态环境影响，全面制定水生态环境保护舒缓措施。在工程建设阶段，要根据环评要求安排专项投资，全面落实各项水生态环境保护措施。在工程运行阶段，要科学调度，维系和改善水体理化条件，满足水生态环境保护的要求，努力将水利工程建设对生态环境的影响降到最低限度。最后，充分发挥水利工程生态环境效益。水利工程建设应在有效发挥水利工程兴利除害功能的同时，充分发挥水利工程的生态环境效益。例如，水土保持工程应考虑发挥对面源污染的防治作用，中小河流治理工程应考虑结合景观营造和水环境改善，河道整治工程应考虑满足水生生物对其生境蜿蜒连续、断面多样的要求，护岸护坡工程应考虑采用生物技术，治涝工程应考虑结合湿地保护需要留足蓄涝水面，水资源配置工程应考虑结合河湖连通改善水环境，各类水工程应考虑满足人类对文化景观和娱乐休闲水环境的需要等。

4. 系统治理理念

系统科学认为世界上万事万物是有着丰富层次的系统，系统要素之间存在着复杂的非线性关系。系统思维强调的是整体性、层次性、相关性、目的性、动态性和开放性，它着重从系统的整体、系统内部关系、系统与外部关系以及系统动态发展的角度去认识、研究系统。与其他系统一样，水利工程也是一个有机的整体，是由多个子系统相互影响、彼此联系结合而成，但又不是工程内单个要素的简单叠加。因此，要在水利工程的治理过程中，将系统论的理念融合进去，达到整体统一。

节水优先，是针对我国国情水情，总结世界各国发展教训，着眼中华民族永续发展做出的关键选择，是新时期治水工作必须始终遵循的根本方针。空间均衡，是从生态文明建设高度，审视人口经济与资源环境关系，在新型工业化、城镇化和农业现代化进程中做到人与自然和谐的科学路径，是新时期治水工作必须始终坚守的重大原则。系统治理，是立足山水林田湖生命共同体，统筹自然生态各要素，解决我国复杂水问题的根本出路，是新时期治水工作必须始终坚持的思想方法。两手发力，是从水的公共产品属性出发，充分发挥政府作用和市场机制，即使市场在水资源配置中发挥好作用，也更好发挥政府在保障水安全方面的统筹规划、政策引导、制度保障作用。这是提高水治理能力的重要保障，是新时期治水工作必须始终把握的基本要求。

以上重要论述精辟地阐述了治水兴水的重大意义，深入剖析了我国水安全新老问题交织的严峻形势，为我们强化水治理、保障水安全指明了方向。今后，要注重以下几点工作：

（1）全面建设节水型社会，着力提高水资源利用效率和效益。牢固树立节水和洁水观念，切实把节水贯穿于经济社会发展和群众生产生活全过程。

（2）强化"三条红线"管理，着力落实，最严格水资源管理制度。坚持以水定需、量水而行、因水制宜，全面落实最严格水资源管理制度。

（3）加强水源涵养和生态修复，着力推进水生态文明建设。牢固树立尊重自然、顺应自然、保护自然的生态文明理念，着力打造山清水秀、河畅湖美的美好家园。

（4）实施江河湖库水系连通，着力增强水资源、水环境的承载能力。坚持人工连通与恢复自然连通相结合，积极构建布局合理、生态良好，引排得当、循环通畅，蓄泄兼筹、丰枯调剂，多源互补、调控自如的江河湖库水系连通体系。

（5）抓好重大水利工程建设，着力完善水利基础设施体系。按照确有需要、生态安全、可以持续的原则，推动水利工程建设。并在建设过程中综合考虑防洪、供水、航运、生态保护等要求，在继续抓好防洪薄弱环节建设的同时，加强大江大河大湖治理、控制性枢纽工程和重要蓄滞洪区建设，提高抵御洪涝灾害的能力。

（6）进一步深化改革创新，着力健全水利科学发展体制机制。加大水利重点领域改革的攻坚力度，着力构建系统完备、科学规范、运行有效的水治理制度体系。在转变水行政职能方面，要理顺政府与市场、中央与地方的关系，强化水资源节约、保护和管理等工作，创新水利公共服务方式。

二、现代水利工程治理的基本特征

水利工程治理是一项非常繁杂的工作，既有业务管理工作，又有社会服务工作。要实现现代化，就必须以创新的治水理念、先进的治理手段、科学的管理制度为抓手，充分实现水利工程治理的智能化、法治化、规范化、多元化。

（一）治理手段智能化

智能化是指由现代通信与信息技术、计算机网络技术、行业技术、智能控制技术汇集而成的针对某一方面的应用。先进的智能化管理手段是现代水利工程治理区别于传统水利工程管理的一个显著标志，是水利工程治理现代化的重要表象。只有不断探索治理新技术，引进先进治理设施，增强治理工作科技含量，才能推进水利工程治理的现代化、信息化建设，提高水利工程治理的现代化水平。水库大坝自动化安全监测系统、水雨情自动化采集系统、水文预测预报信息化传输系统、运行调度和应急管理的集成化系统等智能化管理手段的应用，将使治理手段更强、保障水平更高。

（二）治理依据法治化

目前，我国已先后出台了《水法》《防洪法》《水土保持法》等水利方面的基本法律，国务院制定颁布了《河道管理条例》《水库大坝安全管理条例》等，各省（区）也先后制定了一系列实施办法和地方水利法规，初步构成了比较完善的水利法律法规体系。健全的水利法律法规体系、完善的相关规章制度、规范的水行政执法体系、完善的水利规划体系是现代水利工程治理的重要保障。提升水利管理水平，实现行为规范、运转协调、公正透明、廉洁高效的水行政管理，增大水行政执法力度，提高水利管理制度的权威性和服务效果，都离不开制度的约束和法律的限制。严格执行河道管理范围内建设项目管理、抓好洪水影响评价报告的技术审查、推进水政监察执法队伍建设、防范控制违法水事案件的发生是现代水利工程治理的一个重要组成部分，也是未来水利工程管理的发展目标。

（三）治理制度规范化

治理制度规范化是现代水利工程治理的重要基础，只有将各项制度制定详细且规范，单位职工都照章办事才能在此基础上将水利工程治理的现代化提上日程。管理单位分类定性准确，机构设置合理，维修经费落实到位，实施管养分离是规范化的基础。单位职工竞争上岗，职责明确到位，建立激励机制，实行绩效考核，落实培训机制，人事劳动制度、学习培训制度、岗位责任制度、请示报告制度、检查报告制度、事故处理报告制度、工作总结制度、工作大事记制度、档案管理制度等各项制度健全是规范化的保障。控制运用、检查观测、维修养护等制度以及启闭机械、电气系统和计算机控制等设备操作制度健全，单位各项工作开展有章可循、按章办事、有条不紊、井然有序是规范化的重要表现。

（四）治理目标多元化

水利工程治理最基本的目标是在确保水利工程设施完好的基础上，保证工程长期安全运行，保障水利工程效益持续充分发挥。随着社会的进步，新时代赋予了水利工程治理的新目标，除了要保障水利工程安全运行外，还要追求水利工程的经济效益、社会效益和生态环境效益。水利工程的经济效益是指在有工程和无工程的情况下，相比较所增加的财富或减少的损失，它不仅仅指在运行过程中征收回来的水费、电费等，而是从国家或国民经济总体的角度分析，社会各方面能够获得的收入。水利工程的社会效益是指在无工程情况下，在保障社会安定、促进社会发展和提高人民福利方面的作用。水利工程的生态环境效益是指在无工程的情况下，对改善水环境、气候及生态环境所获得的利益。

要使水利工程充分发挥良好的综合效益，达到现代化治理的目标要做到以下几点：首先，要树立现代治理观念，协调好人与自然、生态、水之间的关系，重视水利工程与经济社会、生态环境的协调发展；其次，要努力构筑适应社会主义市场经济要求、符合水利工程治理特点和发展规律的水利工程治理体系；最后，在采用先进治理手段的基础上，加强水利工程治理的标准化、制度化、规范化构建。

第三节　水利工程治理框架体系

水利工程治理框架体系主要由工程管理的组织体系、制度体系、责任体系、评估体系构成，其中组织体系为工程治理提供人员和机构保障，制度体系发挥重要的规范作用，责任体系明确各部门的基本职责，评估体系则从整体上对前三个体系的运作成效进行系统评价。

一、水利工程治理的组织体系

按照我国现行的水利工程治理模式，对为满足生活生产对水资源需求而兴建的水利工程，国家实行区域治理体系与流域治理体系相结合的工程治理组织体系。

（一）区域治理体系

水资源属于国家所有。水资源的所有权由国务院代表国家行使，国务院水行政主管部门负责全国水资源的统一管理和监督工作。国务院有关部门按照职责分工，负责水资源开发、利用、节约和保护的有关工作。水利部作为国务院的水行政主管部门，是国家统一的用水管理机构。

县级以上地方人民政府水行政主管部门按照规定的权限，负责本行政区域内水资源的统一管理和监督工作。县级以上地方人民政府有关部门按照职责分工，负责本行政区域内水资源开发、利用、节约和保护的有关工作。

地方水资源管理的监督工作按照职责分工，由县级以上各级地方人民政府的水利厅（局）负责。

（二）工程管理单位

具体管理单位内部组织结构是指水利工程管理单位内部各个有机组成要素相互作用的联系方式或形式，也可称为组织内部各要素相互连接的框架。单位组织结构设计最主要的内容是组织总体框架的设计。不同的单位、不同的规模、不同的发展阶段，都应当根据各自面临的外部条件和内部特点来设计相应的组织结构影响组织结构模式选择的主要权变因素包括外部环境、单位规模、人员素质等。

二、水利工程治理的制度体系

现代水利工程治理制度涉及日常管理的各个方面，并在工作实践中不断健全完善，使工程治理工作不断科学化、规范化。其中，重点的制度主要包括组织人事制度、维修养护制度、运行调度制度。

（一）组织人事制度

人事制度是关于用人以治事的行动准则、办事规程和管理体制的总和。广义的人事制度包括工作人员的选拔、录用、培训、工资、考核、福利、退休与抚恤等各项具体制度。水利工程管理单位在日常组织人事管理工作中经常使用的制度主要包括：

1. 选拔任用制度

（1）选拔原则

坚持公开、平等、竞争、择优的原则，注重实绩，坚持民主集中制，为适应科技事业改革与发展的需要，提供坚实的组织人事保障。

（2）选拔任用条件

1）坚持四项基本原则，积极投身于科技事业，有强烈的进取精神和奉献精神。

2）坚持实事求是，能够理论联系实际，讲真话、办实事、求实效，工作有实绩。

3）具有较强的事业心和责任感，有实践经验，具有胜任工作的组织能力、文化水平和专业知识。

4）遵纪守法，清正廉洁，勤政为民，团结同志。

（3）选拔任用程序

1）民主推荐：选拔任用干部应按工作需要和职位设置，由领导班子确定工作方案并主持人事干部实施。民主推荐包括个人自荐、群众推荐、部门推荐或领导成员推荐，推荐者应真实负责地写出推荐材料。

2）组织考察：在民主推荐的基础上，集体研究确定考察对象。考察应坚持群众路线，充分发扬民主，全面准确地考察干部的德能勤绩廉，注重工作实绩。考察后由考察人员形成书面考察材料。

3）集体决定：选拔任用干部由集体研究做出任免决定。集体研究前，书记可以与分管领导进行酝酿，充分交换意见；研究时应按照民主集中制原则充分发表意见，并实行无记名票决制。

4）任前公示：经研究拟提拔任用的干部，通过公示函在内部予以公示。内容包括拟任用职务及基本情况，公示期限为 7 天。公示期内实名反映举报的问题，及时予以调查，并向领导班子汇报，研究决定是否任用。公示无异议，按干部管理权限办理任职手续。

（4）选拔任用监督

对违反制度规定者，由纪检部门进行调查核实，按有关规定追究纪律责任。

2. 培训制度

（1）培训目的

通过对员工进行有组织、有计划的培训，提高员工的技能水平，提升本部门的整体绩效，实现单位与员工共同发展。

（2）培训原则

结合本部门的实际情况，在部门内部组织员工各岗位分阶段组织培训，以提高全员素质。

（3）培训的适用范围

本部门在岗员工。

（4）培训组织管理

1）培训领导机构

组长：单位主要负责人。副组长：分管人事部门负责人、人事部门负责人。成员：办公室、人事、主要业务科室负责人。

2）培训管理：单位主要负责人是培训的第一责任人，负责组织制订单位内部培训计划并组织实施，指派相关人员建立内部培训档案，保存培训资料，作为单位内部绩效考评的指标之一。

（5）培训内容

单位制度、部门制度、工作流程、岗位技能、岗位操作规程、安全规定、应急预案及相关业务的培训等。

（6）培训方法

组织系统内及本单位技术性强、业务素质高的专家、员工担任辅导老师，也可聘请培训机构的培训师培训，按照理论辅导与实际操作相结合的学习方法进行培训。

（7）培训计划制订

年初要根据实际要求，针对各岗位实际状况，结合员工培训需求，制订年度培训计划。

（8）培训实施

根据本部门培训计划，定期组织培训。

（9）培训考核与评估

年终单位主要负责人或委托他人对参训人员的培训效果、出勤率做出评估，作为内部员工绩效考核的指标之一。

3. 绩效考核制度

（1）指导思想

1）建立导向明确、标准科学，体系完善的绩效考核评价制度。

2）奖优罚劣、奖勤罚懒、优绩优效。

3）效率优先、兼顾公平、按劳取酬、多劳多得。

4）充分调动干部职工的工作积极性、创造性，增强单位内部活力，推动全省水利工程管理事业全面、协调、可持续发展。

（2）绩效考核及绩效工资分配原则

1）尊重规律，以人为本。尊重事业发展规律，尊重职工的主体地位，充分体现本岗位的工作特点。

2）奖罚分明，注重实绩，激励先进，促进发展。基础性绩效保公平，奖励性绩效促发展。

3）客观公正，简便易行。坚持实事求是、民主公开，科学合理、程序规范，讲求实效、力戒烦琐。

4）坚持多劳多得，优绩优酬。绩效工资分配以个人岗位职责、实际工作量、工作业绩为主要依据，适度向高层次人才以及有突出成绩的人员倾斜。

5）坚持统筹兼顾、综合平衡、总量控制、内部搞活，与绩效考核挂钩。

（3）实施范围

在编在岗工作人员。

（4）岗位管理

1）岗位设置：根据职责范围，将工作任务和目标分解到相应的岗位，按照"因事设岗"等原则设置岗位。在设置时一并明确对应的岗位职责、岗位目标、上岗条件、岗位聘期。按照人社部门批复岗位设置方案，聘任管理人员、专业技术人员和工勤人员。

2）岗位竞聘：根据人社部门批复的岗位设置方案，按照"公开、公平、公正、择优"的原则，制订各岗位竞聘上岗实施方案，进行全员竞聘上岗。

3）签订聘用合同：根据岗位竞聘结果，签订聘用合同，各岗位上岗人员在聘期内按照岗位要求履行相应的岗位职责。单位按年度对岗位职责履行情况、岗位目标完成情况进行绩效考核。

（5）绩效工资构成

绩效工资分为基础性绩效工资和奖励性绩效工资两部分。基础性绩效工资，根据地区经济发展水平、物价水平、岗位职责等因素确定，占绩效工资总量的70%;奖励性绩效工资，主要体现工作量和实际贡献等因素，与绩效考核成绩挂钩，占绩效工资总量的30%。绩效工资分配严格按照人社部门、财政部门核定的总量进行。

（6）绩效考核的组织实施

为保证绩效考核和绩效工资分配工作的顺利开展，成立绩效考核和绩效工资分配领导小组，由主要负责同志任组长，成员由领导班子成员和各部门负责人组成。领导小组下设办公室，负责绩效考核和绩效工资分配的具体工作。

（二）维修养护制度

水利工程的维修养护是指对投入运行的水利工程的经常性养护和损坏后的修理工作。各类工程建成投入运行后，应立即开展各项养护工作，进行经常性的养护，并尽量减少外界不利因素对工程的影响，做到防患于未然；如工程发生损坏一般是由小到大、由轻微到严重、由局部而逐渐扩大范围，故应抓紧时机，适时进行修理，不使损坏发展，以致造成严重破坏。养护和修理的主要任务是：确保工程完整、安全运行，巩固和提高工程质量，延长使用年限，为充分发挥和扩大工程效益创造条件。

水利工程养护范围包括工程本身及工程周围各种可能影响工程安全的地方。对土、石和混凝土建筑物要保持表面完整，严禁在工程附近爆破，并防止外来的各种破坏活动及不利因素对工程的损坏，经常通过检查，了解工程外部情况，通过监测手段了解工程内部的安全情况；闸坝的排水系统及其下游的减压排水设施要经常疏通、清理；泄水建筑物下游消能设施如有小的损坏，要立即修理好，以免汛期泄水和冬季结冰后加重破坏；闸门和拦污栅前要经常清淤排沙；钢结构要定期除锈保护；启闭设备要经常加润滑剂以利启闭；河道和堤防严禁人为破坏和设障，并保持堤身完整。

各类水工建筑物产生的破坏情况各不相同。土、石和混凝土建筑物常出现裂缝、渗水和表面破损，此外土工建筑物还可能出现边坡失稳、护坡破坏以及下游出现管涌、流土等渗透破坏问题；与建筑物有关的河岸、库岸和山坡有可能出现崩坍、滑坡，从而影响建筑物的安全与使用；输水、泄水及消能建筑物可能发生冲刷、空蚀和磨蚀破坏；金属闸、阀门及钢管经常出现锈蚀和止水失效等现象。管理单位应根据上述各种破坏情况，分别采取适宜、有效的修理措施。经常使用的日常维修养护制度主要包括以下几类：

1. 水库日常维修养护制度

（1）对建筑物、金属结构、闸门启闭设备、机电动力设备、通信、照明、集控装置及其他附属设备等，必须进行经常性养护，并定期检修，以保证工程完整，设备完好。

（2）养护修理应本着"经常养护、随时维修、养重于修、修重于抢"的原则进行。

（3）对大坝的养护维修，应按照《大坝管理条例》的规定做到以下几点：工程管理范围内不得任意挖坑、建鱼池、打井，维护大坝工程的完整；保护各种观测设施完好；排水沟要经常清淤，保证畅通；坝面及时排水，避免雨水侵蚀冲刷；维护坝体滤水设施的正常使用；发现渗漏、裂缝、滑坡时，采取适当措施，及时处理。

（4）溢洪道、放水洞的养护修理：洞内裂缝采取修补、补强等措施及时进行处理；溢洪道进口、陡坡、消力池以及挑流设施应保持整洁，杂物随时清除；溢流期间必须注意打捞上游的漂浮物，严禁木排、船只等靠近溢洪道进口；如有陡坡开裂、侧墙及消能设施损坏时，应立即停止过水，用速凝、快硬材料进行抢修；在纵断面突变处、高速流速区出现气蚀破坏时，及时用抗气蚀性能好的材料填补加固，并尽可能改善和消除产生气蚀的原因；溢洪道挑流消能如引起两岸崩塌或冲刷坑恶化危及挑流鼻坎安全时，要及时予以保护；闸门必须及时做防锈、防老化的养护；闸门支铰、门轮和启闭设备必须定期清洗、加油、换油进行养护；部件及闸门止水损坏要及时更换；启闭机、配电要做好防潮、防雷等安全措施。

（5）冬季应视冰冻情况，及时对大坝护坡、放水洞、溢洪闸闸门及其附属结构采取破冰措施，防止冰冻压力对工程的破坏。

（6）融冰期过后，对损毁的部位及时采取措施进行修复。

2. 机电设备维修保养管理制度

（1）操作人员：按规定维护保养设备；准确判断故障，同时按操作人员应知、应会处理相应故障；不能处理的故障要迅速报告主管领导，并通知相关人员，电气故障通知专职电气维修人员，机械故障通知技术人员；负责修理现场的协调，并参与修理；修理结束检查验收；做好维修保养记录。

（2）管理人员：承接维修任务后，迅速做好准备工作；关键部位的修理，按照技术部门制订的修理方案执行，不得自作主张；一般修理按技术规范及工艺标准执行；发现故障要及时报技术人员备案；不能发现、判断故障，或发现故障隐瞒不报，要追究责任，情节严重的加倍处罚。

（3）主管领导：修理工作实行主管领导负责制，检查、监督维修管理制度的落实，负责关键部位修理方案的审批，协调解决与修理工作相关的人、机、材问题，推广新材料、新工艺、新技术的应用，主持对上述人员进行在岗培训。

3. 水库、河道工程养护制度

（1）保持坝（堤）顶的干净，无白色垃圾物，每天组织保洁人员清洁打扫、捡除，定时检查，使坝（堤）顶清洁干净。

（2）保持花草苗木无杂草、无乱枝，定期组织养护人员浇灌、修剪、拔除杂草，保证花草的成活率和美观度。

（3）对坝（堤）顶道路设置的限高标志、栏杆等工程设施，每日巡视、看护，防止新的损坏发生，发现情况及时汇报，妥善处理。

（4）对种植的苗木、花草组织养护人员及时浇灌、修剪、拔除杂草，坝（堤）顶（坡）面清洁人员及时进行清扫、捡除垃圾，实行"三定"（定人、定岗、定任务）、"两查"（周查、月查）管理，全面提高养护质量水平，实现花草苗木养护的长效管理。

（5）对工程设施、花草苗木的现状及损坏情况及时做好拍照、存档。

（6）及时做好日常养护、清理人员的档案及花草苗木的照片等资料的归档与管理工作。

（三）运行调度制度

水利工程是调节、调配天然水资源的设施，而天然水资源来量在时空分布上极不均匀，具有随机性，影响效益的稳定性及连续性。水利工程在运行中，需要专门的水利调度技术、测报系统、指挥调度通信系统，以便根据自然条件的变化灵活调度运用。

许多水利工程是多目标开发综合利用的，一项工程往往兼有防洪、灌溉、发电、航运、工业、城市供水、水产养殖和改善环境等多方面的功能，各部门、各地区、上下游、左右岸之间对水的要求各不相同，彼此往往有利害冲突。因此，在工程运行管理中，特别需要加强法制和建立有权威的指挥调度系统，这样才能较好地解决地区之间、部门之间出现的矛盾，发挥水利工程最大的综合效益。水库效益是通过水库调度实现的，发挥水闸的作用是通过水闸调度实现的。堤防管理的中心任务就是防备出险和决口。其中，在水库调度中，尤其要坚持兴利服从安全的原则，其调度管理制度体系应包括以下内容：各类制度制定依据、适用工程范围、领导机构、审查机构、调度运用的原则和要求，各制度主要运用指标，防洪调度规则，兴利调度规则及绘制调度图，水文情报与预报规定，水库调度工作的规章制度、调度运用技术档案制度等。

1. 闸门操作规范制度

（1）操作前检查：检查总控制盘电缆是否正常，三相电压是否平衡；检查各控制保护回路是否相断，闸门预置启闭开度是否在零位；检查溢洪闸及溢洪道内是否有人或其他物品，操作区域有无障碍物。

（2）操作规程：当初始开闸或较大幅度增加流量时，应采取分次开启办法；每次泄放的流量应根据"始流时闸下安全水位 - 流量关系曲线"确定，并根据"闸门开高水位 - 流量关系曲线"确定闸门开高；闸门开启顺序为先开中间孔，然后开两侧孔，关闭闸门时与开闸顺序相反；无论开闸或关闸，都要使闸门处在不发生振动的位置上，按开启或关闭按钮。

（3）注意事项：闸门开启或关闭过程中，应认真观察运行情况，一旦发生异常，必须立即停车进行检查，如有故障要抓紧处理，如现场处理有困难，要立即报告领导，并组织有关技术人员进行检修处理，检修时要将闸门落实；每次开闸前要通知水文站，便于水文站及时发报；每次闸门启闭、检修、养护，必须做好记录，汇总整理存档。

2. 提闸放水工作制度

（1）标准洪水闸门启闭流程：当雨前水位达到汛限水位，且雨后上游来水量比较大时，需提闸放水；值班人员向主要领导或分管领导汇报情况，报有管辖权防办同意后准备提闸放水；提闸放水前，需事先传真通知下游政府部门和沿河乡镇以及有关单位；同时值班人员必须沿河巡查，确认无险情后，通知提闸放水；根据来水情况进行提闸放水操作，每次操作必须有两人参加；闸门开启流量要由小到大，半小时后提到正常状态；闸门开启后向水文局发水情电报；关闭闸门时，要根据来水情况进行计算，经领导同意后，关闭闸门，每次操作必须有两人参加，操作人员同上；关闭闸门后向水文局发水情电报。

（2）超标准洪水闸门启闭流程：如下游河道过水断面较大，可加大溢洪闸下泄流量；否则，向有管辖权防办请示，启用防洪库容，减少下游河道的过水压力，同时向库区乡镇发出通知，按防洪预案，由当地政府组织群众安全转移。

3. 中控室安全管理制度

（1）中控室设备实行专人负责管理，无关人员不得随意出入该室，一般不允许外来人员参观，特殊情况必须经领导同意，并有指定人员陪同进入。

（2）工作人员要认真阅读使用说明，熟悉各设备的基本性能，掌握并严格遵守设备操作规程，注意电控设备的正确使用，保障人身安全。

（3）设备管理人员要定时检查设备的运行情况，并做好设备维护日志记录工作。

（4）中控室操作人员对中控室内的全部电气设备不准擅自维修、拆卸，对技术性能了解不透的不得擅自操作。违规操作造成重大事故的，依法追究责任。

（5）中控室设备实行 24 小时运行制度，未经领导批准，不得擅自关闭主要通信网络和传输设备。因设备检测、维修或其他原因必须关闭的，应提出申请并经领导批准方能关闭；若因外部原因，如遇雷电天气及停电等情况工作人员将市电切断，其他设备应采取相应措施，停电时等待 1 小时确认停电才可关闭设备。

（6）管理人员应当定期对设备进行检修、保养，经常检查电源的插头、插座及接线是否牢固，电源线是否老化，随时消除事故隐患；如果发现设备故障，应及时向领导报告。

（7）中控室内必须保持整洁，注意防火、防尘、防潮；温度、湿度应保持在设备在正常工作环境中的指标，保证设备清洁和安全。

（8）时刻注意安全用电，严禁带电维修或清扫。

（9）中控室内严禁吸烟、吃食物、乱扔垃圾、吐痰；不得利用专用设备进行与工作无关的事情，一经发现，视情节轻重予以处分。

（10）中控室各设备因人为原因造成损坏的，个人必须进行赔偿。

4. 交接班制度

（1）交班工作内容：交班人员在交接班前，由值班班长组织本班人员进行总结，并将交班事项填写在运行日志中；设备运行方式、设备变更和异常情况及处理情况；当班已完成和未完成工作及有关措施；设备整洁状况、环境卫生情况、通信设备情况等。

（2）接班工作内容：接班人员在接班前，要认真听取交班人员的介绍，并到现场进行各项检查；检查设备缺陷，尤其是新发现的缺陷及处理情况；了解设备修试工作情况及设备上的临时安全措施；审查各种记录、图表、技术资料及工具、仪表、备品备件等；了解内外联系事宜及有关通知、指示等；检查设备及环境卫生。

三、水利工程治理的责任体系

明确水利工程治理的各类责任，对确保工程安全运行并发挥效益具有十分重要的意义。按照现行的管理模式划分，水利工程安全治理应包括由各级政府承担主要责任的行政责任、水利部门自身担负的行业责任、水利工程管护单位作为工程的直接管护主体担负的直接责任。

（一）水利工程治理的行政责任体系

按照"属地管理、分级管理"的原则，各级政府负责本行政区域内所有水利工程的防洪及安全管理工作。对由设区市人民政府负责市级管理的水利工程防洪及安全管理工作，由县（区、市）人民政府负责本行政区域内大中型及重点小型水利工程的防洪及安全管理工作，由乡镇人民政府负责其他水利工程防洪及安全管理工作。按照"谁主管、谁负责"的原则，各级水利、能源、建设、交通、农业等有关部门，作为其所管辖的水利工程主管部门，对其水利工程大坝安全实行行政领导负责制，对水利工程管护单位的防洪及安全管理工作进行监督、指导和协调，确保水利工程安全。同时，各级安监、监察、国土、气象、财政、市政等有关部门也将视具体水利工程管理情况，作为职能部门充分发挥职能，共同做好水利工程防洪及安全管理工作。

各级政府主要负责人是本地区水利工程防洪及安全管理工作的第一责任人，承担着全面的领导责任，分管领导是本地区水利工程防洪及安全管理工作的直接责任人，按照"一岗双责"的原则承担直接领导责任。各级行政领导责任人主要负责贯彻落实水利工程防洪及安全管理工作的方针政策、法律法规和决策指令，统一领导和组织当地水利工程防洪及安全管理工作，协调解决水利工程防洪及安全管理工作中涉及的机构、人员、经费等重大问题，组织开展水利工程安全管理工作的全面检查，督促有关部门认真落实防洪及安全管理工作责任，研究制定和组织实施安全管理应急预案，建立健全安全管理应急保障体系。

（二）水利工程治理的行业责任体系

水行政主管部门在本级政府的领导下，负责本行政区域内水利工程防洪及安全管理工作的组织、协调、监督、指导等日常工作，会同有关主管部门对本行政区域内的水利工程防洪及安全管理工作实施监督。

各水利工程主管部门的主要负责人是本部门管理水利工程防洪及安全管理工作的第一责任人，承担着全面的领导责任；分管领导是直接责任人，按照"一岗双责"的原则承担直接领导责任。各级主管部门责任人负责在本级政府的统一领导下抓好本部门所管辖水利工程的安全管理工作，建立健全工作制度，制定完善安全工作机制和应急预案并组织实施，负责组织开展本系统内水利工程安全隐患排查，督促和指导有关管护单位搞好工程除险工作，协调解决本系统内水利工程安全管理的困难。

（三）水利工程治理的技术责任体系

水利工程管理单位是工程的直接管护主体，承担着水利工程防洪及安全管理的具体工作，并根据有关管理规范落实和执行水利工程洪水调度计划、防洪抢险预案、安全管护范围、工程抢险或除险加固、用水调度计划等安全管理措施。

水利工程管理单位主要负责人是本工程防洪及安全管理工作的具体管护责任人，负责组织编制防汛抢险应急预案，建立健全以安全生产责任制为核心的安全生产规章制度，落实安全管理机构、人员、经费、物资等各项安全保障措施；负责组织开展日常安全检查，对发现的隐患及时整改除险；建立健全工程安全运行管理档案，落实值班值守、安全巡查、雨情水情等各项报告制度；组织编制水利工程防汛抢险物资储备方案和设备维修计划，妥善保管水利工程防汛储备物资、备用电源、防汛报讯等有关物资设备；对水利工程大坝、输洪设施、启闭设备、输水管道、通信设备等进行经常性的观测和保养维护，确保工程安全运行；在水利工程出险时及时组织抢险，优先保证涉险群众的生命财产安全，并按照工程管理权限及时上报地方政府及有关部门；负责组织开展本单位从业人员的安全教育和培训，保证从业人员具备必要的安全生产知识。

第四节　水利工程治理技术手段

一、水利工程治理技术概述

（一）现代理念为引领

现代理念，概括为用现代化设备装备工程、用现代化技术监控工程和用现代化管理方法管理工程。加快水利管理现代化步伐，是适应由传统型水利向现代化水利及持续发展水利转变的重要环节。我国经济社会的快速发展，一方面，对水利工程管理技术有着极大的促进作用；另一方面，对水利工程管理技术的现代化有着迫切的需要。今后水利工程管理技术将在现代化理念的引领下，有一个新的更大的飞跃。今后一段时间的工程管理技术将会加强水利工程管理信息化建设工作，工程的监测手段会更加完善和先进，工程管理技术将基本实现自动化、信息化、高效化。

（二）现代知识为支撑

现代水利工程管理的技术手段，必须以现代知识为支撑。随着现代科学技术的发展，现代水利工程管理的技术手段得到了长足发展。这主要表现在工程安全监测、评估与维护技术手段得到加强和完善、建立开发相应的工程安全监测评估软件系统，并对各监测资料建立统计模型和灰色系统预测模型、对工程安全状态进行实时的监测和预警、实现工程维修养护的智能化处理、为工程维护决策提供信息支持、提高工程维护的决策水平、实现资源的最优化配置等方面。水利工程维修养护实用技术得到了广泛应用，如工程隐患探测技术、维修养护机械设备的引进开发和除险加固新材料与新技术的应用，这些技术将使工程管理的科技含量逐步增加。

（三）经验提升为依托

我国有着几千年的水利工程管理历史，我们应该充分借鉴古人的智慧和经验，继承和发扬传统水利工程管理技术。新中国成立后，我国的水利工程管理模式也一直采用传统的人工管理模式，依靠长期的工程管理实践经验，主要通过人工观测、操作，进行调度运用。近年来，随着现代技术的飞速发展，水利工程的现代化建设进程不断加快，为满足当代水利工程管理的需要，我们要对传统工程管理工作中所积累的经验进行提炼，并结合现代先进科学技术的应用，形成一个技术先进、性能稳定实用的现代化管理平台，这将成为现代水利工程管理的基本发展方向。

二、水工建筑物安全监测技术

（一）概述

1. 监测及监测工作的意义

监测即检查观测，是指直接或借专设的仪器对基础及其上的水工建筑物从施工开始到水库第一次蓄水整个过程中以及在运行期间所进行的监测量测与分析。

工程安全监测在中国水电事业中发挥着重要作用，已成为工程设计、施工、运行管理中不可缺少的组成部分。工程监测具有如下几个方面的作用：

（1）了解建筑物在荷载和各类因素作用下的工作状态和变化情况，据以对建筑物质量和安全程度做出正确判断和评价，为施工控制和安全运行提供依据。

（2）及时发现不正常的现象，分析原因，以便进行有效的处理，确保工程安全。

（3）检查设计和施工水平、发展工程技术的重要手段。

2. 工作内容

工程安全监测一般有两种方式：现场检查和仪器监（观）测。

现场检查是指对水工建筑物及周边环境的外表现象进行巡视检查的工作，可分为巡视检查和现场检测两项工作。巡视检查一般是靠人的感觉知觉并采用简单的量具进行定期和不定期的现场检查，现场检测主要是用临时安装的仪器设备在建筑物及其周边进行定期或不定期的一种检查工作。现场检查有定性的也有定量的，可以了解建筑物有无缺陷、隐患或异常现象。现场检查的项目一般多为凭人的直观或辅以必要的工具可直接地发现或测量的物理因素，如水文要素侵蚀、淤积，变形要素的开裂、塌坑、滑坡、隆起，渗流方面的渗漏、排水、管涌，应力方面的风化、剥落、松动，水流方面的冲刷、振动等。

仪器监（观）测是借助固定安装在建筑物相关位置上的各类仪器，对水工建筑物的运行状态及其变化进行的观察测量工作。它包括仪器观测和资料分析两项工作。

仪器观测的项目主要有变形观测、渗流观测、应力应变观测等，是对作用于建筑物的某些物理量进行长期、连续、系统定量的测量，水工建筑物的观测应按有关技术标准进行。

现场检查和仪器监测属于同一个目的的两种不同技术表现，两者密切联系，互为补充，不可分割。世界各国在努力提高观测技术的同时，仍然十分重视检查工作。

（二）巡视检查

1. 一般规定

巡视检查分为日常巡视检查、年度巡视检查和特别巡视检查三类，从施工期开始至运行期均应进行巡视检查。

（1）日常巡视检查

管理单位应根据水库工程的具体情况和特点，具体规定检查的时间、部位、内容和要求，确定巡回检查路线和检查顺序。检查次数应符合下列要求：

1）施工期，宜每周2次，但每月不少于4次。

2）初蓄水期或水位上升期，宜每天或每两天1次，具体次数视水位上升或下降速度而定。

3）运行期，宜每周1次，或每月不少于2次。汛期、高水位及出现影响工程安全运行情况时，应增加次数，每天至少1次。

（2）年度巡视检查，每年汛前、汛后、用水期前后和冰冻严重时，应对水库工程进行全面或专门的检查，一般每年2~3次。

（3）特别巡视检查，当水库遭遇到强降雨、大洪水、有感地震，水位骤升骤降或持续高水位等情况，或发生比较严重的破坏现象和危险迹象时，应组织特别检查，必要时进行连续监视。水库放空时应进行全面巡查。

2. 检查项目和内容

（1）坝体

1）坝顶有无裂缝、异常变形、积水或植物滋生等，防浪墙有无开裂、挤碎、架空、错断、倾斜等。

2）迎水坡护坡有无裂缝、剥（脱）落、滑动、隆起、塌坑或植物滋生等，近坝水面有无变浑或漩涡等异常现象。

3）背水坡及坝趾有无裂缝、剥（脱）落、滑动、隆起、塌坑、雨淋沟、散浸、积雪不均匀融化、渗水、流土、管涌等，排水系统是否通畅，草皮护坡植被是否完好，有无兽洞、蚁穴等，反滤排水设施是否正常。

（2）坝基和坝区

1）坝基基础排水设施的渗水水量、颜色、气味及混浊度、酸碱度、温度有无变化。

2）坝端与岸坡连接处有无裂缝、错动、渗水等，坝端岸坡有无裂缝、滑动、崩塌、溶蚀、塌坑、异常渗水及兽洞、蚁迹等，护坡有无隆起、塌陷等，绕坝渗水是否正常。

3）坝趾近区有无阴湿、渗水、管涌、流土或隆起等，排水设施是否完好。

4）有条件时应检查上游铺盖有无裂缝、塌坑。

（3）输、泄水洞（管）

1）引水段有无堵塞、淤积、崩塌。

2）进水塔（或竖井）有无裂缝、渗水、空蚀、混凝土碳化等。

3）洞（管）身有无裂缝、空蚀、渗水、混凝土碳化等，伸缩缝、沉陷缝、排水孔是否正常。

4）出口段放水期水流形态是否正常，停水期是否有渗漏现象。

5）消能工有无冲刷损坏或沙石、杂物堆积等。

6）工作桥、交通桥是否有不均匀沉陷、裂缝、断裂等。

（4）溢洪闸（道）

1）进水段（引渠）有无坍塌、崩岸、淤堵或其他阻水障碍，流态是否正常。

2）堰顶或闸室、闸墩、胸墙、边墙、溢流面、底板有无裂缝、渗水、剥落、碳化、露筋、磨损、空蚀等，伸缩缝、沉陷缝、排水孔是否完好。

3）消能工有无冲刷损坏或沙石、杂物堆积等，工作桥、交通桥是否有不均匀沉陷、裂缝、断裂等。

4）溢洪河道河床有无冲刷、淤积、采沙、行洪障碍等，河道护坡是否完好。

（5）闸门及启闭机

1）闸门有无表面涂层剥落，门体有无变形、锈蚀、焊缝开裂或螺栓、铆钉松动；支承行走机构是否运转灵活；止水装置是否完好等。

2）启闭机是否运转灵活、制动准确可靠，有无腐蚀和异常声响；钢丝绳有无断丝、磨损、锈蚀、接头松动、变形；零部件有无缺损、裂纹、磨损及螺杆有无弯曲变形；油路是否通畅，油量、油质是否符合规定要求等。

3）机电设备、线路是否正常，接头是否牢固，安全保护装置是否可靠，指示仪表是否指示正确，接地是否可靠，绝缘电阻值是否符合规定，备用电源是否完好；自动监控系统是否正常、可靠，精度是否满足要求；启闭机房是否完好等。

（6）库区

1）有无爆破、打井、采石（矿）、采沙、取土、修坟、埋设管道（线）等活动。

2）有无兴建房屋、码头或其他建筑物等违章行为。

3）有无排放有毒物质或污染物等行为。

4）有无非法取水的行为。

（7）观测、照明、通信、安全防护、防雷设施及警示标志、防汛道路等是否完好。

（三）水工建筑物变形观测

变形观测项目主要有表面变形、裂缝及伸缩缝观测。

1. 表面变形观测

表面变形观测包括竖向位移和水平位移。水平位移包括垂直于坝轴线的横向水平位移和平行于坝轴线的纵向水平位移。

（1）基本要求

1）表面竖向位移和水平位移观测一般共用一个观测点，竖向和水平位移观测应配合进行。

2）观测基点应设置在稳定区域内，每隔3~5年校测一次；测点应与坝体或岸坡牢固结合；基点和测点应有可靠的保护装置。

（2）观测断面选择和测点布置

1）观测横断面一般不少于3个，通常选在最大坝高或原河床处、合龙段、地形突变处、地质条件复杂处、坝内埋管及运行有异常反应处。

2）观测纵断面一般不少于4个，通常在坝顶的上、下游两侧布设1~2个；在上游坝坡正常蓄水位以上可视需要设临时测点；下游坝坡半坝高以上1~3个，半坝高以下1~2个

（含坡脚一个）。

3）测点的间距：坝长小于300米时，宜取20~50米；坝长大于300米时，宜取50~100米。

4）视准线应旁离障碍物1.0米以上。

（3）基点布设

1）各种基点均应布设在两岸岩石或坚实土基上，便于起（引）测，避免自然和人为影响。

2）起测基点可在每一纵排测点两端的岸坡上各布设一个，其高程宜与测点高程相近。

3）采用视准线法进行横向水平位移观测的工作基点，应在两岸每一纵排测点的延长线上各布设一个；当坝轴线为折线或坝长超过500米时，可在坝身每一纵排测点中增设工作基点（可用测点代替），工作基点的距离保持在250米左右；当坝长超过1000米时，一般可用三角网法观测增设工作基点的水平位移，有条件的，宜用倒垂线法。

4）水准基点一般在坝体下游0.5~3.0千米处布设2~3个。

5）采用视准线法观测的校核基点，应在两岸同排工作基点延长线上各设1~2个。

（4）观测设施及安装

1）测点和基点的结构应坚固可靠，且不易变形。

2）测点可采用柱式或墩式。兼做竖向位移和横向水平位移观测的测点，其立柱应高出地面0.6~1.0米，立柱顶部应设有强制对中底盘，其对中误差均应小于0.2毫米。

3）在土基上的起测基点，可采用墩式混凝土结构。在岩基上的起测基点，可凿坑就地浇注混凝土。在坚硬基岩埋深5~20米的情况下，可采用深埋双金属管作为起测基点。

4）工作基点和校核基点一般采用整体钢筋混凝土结构，立柱高度以司镜者操作方便为准，但应大于1.2米。立柱顶部强制对中底盘的对中误差应小于0.1毫米。

5）水平位移观测的觇标，可采用觇标杆、觇牌或电光灯标。

6）测点和土基上基点的底座埋入土层的深度不小于0.5米，并采取防护措施。埋设时，应保持立柱铅直，仪器基座水平。各测点强制对中底盘中心位于视准线上，其偏差不得大于10毫米，底盘倾斜度不得大于4°。

（5）观测方法及要求

1）表面竖向位移观测，一般用水准法。采用水准仪观测时，闭合误差不得大于$1.4\sqrt{N}$毫米（N为测站数）。

2）横向水平位移观测，一般用视准线法。采用视准线观测时，可用经纬仪或视准线仪。当视准线长度大于500米时，应采用J1级经纬仪。视准线的观测方法，可选用活动觇标法，宜在视准线两端各设固定测站，观测其靠近位移测点的偏离值。

3）纵向水平位移观测，一般用钢尺，也可用普通钢尺加修正系数，其误差不得大于0.2毫米；有条件时可用光电测距仪测量。

2.裂缝及伸缩缝监测

坝体表面裂缝的缝宽大于5毫米的，缝长大于5米的，缝深大于2米的纵、横向缝以及输（泄）水建筑物的裂缝、伸缩缝都应进行监测。观测方法和要求如下：

（1）坝体表面裂缝，可采用皮尺、钢尺等简单工具及设置简易测点。对2米以内的浅缝，可用坑槽探法检查裂缝深度、宽度及产状等。

（2）坝体表面裂缝的长度和可见深度的测量，应精确到1厘米；裂缝宽度宜采用在缝两边设置简易测点来确定，应精确到0.2毫米；对深层裂缝，宜采用探坑或竖井检查，并测定裂缝走向，应精确到0.5°。

（3）对输（泄）水建筑物重要位置的裂缝及伸缩缝，可在裂缝两侧的浆砌块石、混凝土表面各埋设1~2个金属标志。采用游标卡尺测量金属标志两点间的宽度变化值，精度可量至0.1毫米；采用金属丝或超声波探伤仪测定裂缝深度，精度可量至1厘米。

（4）裂缝发生初期，宜每天观测一次；裂缝发展缓慢后，可适当减少测次。在气温和上、下游水位变化较大或裂缝有显著发展时，均应增加观测次数。

（四）水工建筑物渗流观测

渗流监测项目主要有坝体渗流压力、坝基渗流压力、绕坝渗流及渗流量等观测。凡不宜在工程竣工后补设的仪器、设施，均应在工程施工期适时安排。当运用期补设测压管或开挖集渗沟时，应确保渗流安全。

1. 坝体渗流压力观测

坝体渗流压力观测，包括观测断面上的压力分布和浸润线位置的确定。

（1）观测横断面的选择与测点布置

1）观测横断面宜选在最大坝高处、原河床段、合龙段、地形或地质条件复杂的地段，一般不少于3个，并尽量与变形观测断面相结合。

2）根据坝型结构、断面大小和渗流场特征，应设3~5条观测铅直线。一般位置是上游坝肩、下游排水体前缘各1条，其间部位至少1条。

3）测点布设：横断面中部每条铅直线上可只设1个观测点，高程应在预计最低浸润线以下；渗流进、出口段及浸润线变幅较大处，应根据预计浸润线的最大变幅，沿不同高程布设测点，每条直线上的测点数不少于2个。

（2）观测仪器的选用

1）作用水头小于20米、渗透系数大于或等于10^{-4}厘米/秒的土中、渗压力变幅小的部位、监视防渗体裂缝等，宜采用测压管。

2）作用水头大于20米、渗透系数小于10^{-4}厘米/秒的土中、观测不稳定渗流过程以及不适宜埋设测压管的部位，宜采用振弦式孔隙水压力计，其量程应与测点实有压力相适应。

（3）观测方法和要求

1）测压管水位的观测，宜采用电测水位计。有条件的可采用示数水位计、遥测水位计或自记水位计等。测压管水位两次测读误差应不大于2厘米；电测水位计的测绳长度标记，应每隔1~3个月用钢尺校正一次；测压管的管口高程，在施工期和初蓄期应每隔1~3个月校测一次，在运行期至少每年校测一次。

2）振弦式孔隙水压力计的压力观测，应采用频率接收仪。两次测读误差应不大于 1 赫兹，测值物理量用测压管水位来表示。

2. 坝基渗流压力观测

坝基渗流压力观测，包括坝基天然岩石层、人工防渗和排水设施等关键部位渗流压力分布情况的观测。

（1）观测横断面的选择与测点布置

1）观测横断面数一般不少于 3 个，并宜顺流线方向布置或与坝体渗流压力观测断面相重合。

2）测点布设：每个断面上的测点不少于 3 个。均质透水坝基，渗流出口内侧必设一个测点；有铺盖的，应在铺盖末端底部设一测点，其余部位适当插补。层状透水坝基，一般在强透水层的中下游段和渗流出口附近布置。岩石坝基有贯穿上下游的断层、破碎带或软弱带时，应沿其走向在与坝体的接触面、截渗墙的上下游侧或深层所需监视的部位布置。

（2）观测仪器的选用

与坝体渗流压力观测相同，但当接触面处的测点选用测压管时，其透水段和回填反滤料的长度宜小于 0.5 米。

（3）观测方法和要求与坝体渗流压力观测相同。

3. 绕坝渗流观测

绕坝渗流观测包括两岸坝端及部分山体、坝体与岸坡或与混凝土建筑物接触面，以及防渗齿墙或灌浆帷幕与坝体或两岸接合部等关键部位。

（1）观测断面的选择与测点布置

1）坝体两端的绕坝观测宜沿流线方向或渗流较集中的透水层（带）设 2~3 个观测断面，每个断面上设 3~4 条观测铅直线（含渗流出口）。

2）坝体与建筑物接合部的绕坝渗流观测，应在接触轮廓线的控制处设置观测铅直线，沿接触面不同高程布设观测点。

3）岸坡防渗齿槽和灌浆帷幕的上、下游侧各设一个观测点。

（2）观测仪器的选用及观测方法和要求同坝体渗流压力观测。

4. 渗流量观测

渗流量观测包括渗漏水的流量及其水质观测，水质观测中包括渗漏水的温度、透明度观测和化学成分分析。

（1）观测系统的布置

1）渗流量观测系统应根据坝型和坝基地质条件、渗漏水的出流和汇集条件以及所采用的测量方法等分段布置，所有集水和量水设施均应避免客水干扰。

2）当下游有渗漏水出溢时，应在下游坝址附近设导渗沟，在导渗沟出口设置量水设施测其出溢流量。

3）当透水层深厚、地下水位低于地面时，可在坝下游河床中顺水流方向设两根测压管，间距 20~30 米，通过观测地下水坡降计算渗流量。

4）渗漏水的温度观测以及用于透明度观测和化学分析水样的采集均应在相对固定的渗流出口处进行。

（2）渗流量的测量方法

1）当渗流量小于 1 升 / 秒时，宜采用容积法。

2）当渗流量在 1~300 升 / 秒时，宜采用量水堰法。

3）当渗流量大于 300 升 / 秒时或受落差限制不能设置量水堰时，应将渗漏水引入排水沟中采用测流速法。

（3）观测方法及要求

1）渗流量及渗水温度、透明度的观测次数与渗流压力观测相同，化学成分分析次数可根据实际需要确定。

2）量水堰的堰口高程及水尺，测针零点应定期校测，每年至少 1 次。

3）用容积法时，充水时间不少于 10 秒，二次测量的流量误差不应大于均值的 5%。

4）用量水堰观测渗流量时，水尺的水位读数应精确到 1 毫米，测针的水位读数应精确到 0.1 毫米，堰上水头两次观测值之差不大于 1 毫米。

5）测流速法的流速测量，可采用流速仪法，两次流量测值之差不大于均值的 10%。

6）观测渗流量时，应测记相应渗漏水的温度、透明度和气温。温度应精确到 0.1℃，透明度观测的两次测值之差不大于 1 厘米。出现浑水时，应测出相应的含沙量。

7）渗水化学成分分析可按水质分析要求进行，并同时取水库水样做相同项目的对比分析。

三、水利工程养护与修理技术

（一）工程养护技术

1. 概述

（1）工程养护应做到及时消除表面的缺陷和局部工程问题，防护可能发生的损坏，保持工程设施的安全、完整、正常运用。

（2）管理单位应编制次年度养护计划，并按规定报主管部门。

（3）养护计划批准下达后，应尽快组织实施。

2. 大坝养护

（1）坝顶养护应达到坝顶平整，无积水、无杂草、无弃物；防浪墙、坝肩、踏步完整，轮廓鲜明；坝端无裂缝，无坑凹，无堆积物。

（2）坝顶出现坑洼和雨淋沟缺，应及时用相同材料填平补齐，并保持一定的排水坡度；坝顶路面如有损坏，应及时修复；坝顶的杂草、弃物应及时清除。

（3）防浪墙、坝肩和踏步出现局部破损，应及时修补。

（4）坝端出现局部裂缝、坑凹，应及时填补，发现堆积物应及时清除。

（5）坝坡养护应达到坡面平整，无雨淋沟缺，无荆棘杂草滋生；护坡砌块应完好，砌缝紧密，填料密实，无松动、塌陷、脱落、风化、冻毁或架空现象。

（6）干砌块石护坡的养护应符合下列要求：

1）及时填补、楔紧脱落或松动的护坡石料。

2）及时更换风化或冻损的块石，并嵌砌紧密。

3）块石塌陷、垫层被淘刷时，应先翻出块石，恢复坝体和垫层后，再将块石嵌砌紧密。

（7）混凝土或浆砌块石护坡的养护应符合下列要求：

1）清除伸缩缝内杂物、杂草，及时填补流失的填料。

2）护坡局部发生侵蚀剥落、裂缝或破碎时，应及时采用水泥砂浆表面抹补、喷浆或填塞处理。

3）排水孔如有不畅，应及时疏通或补设。

（8）堆石或碎石护坡石料如有滚动，造成厚薄不均时，应及时平整。

（9）草皮护坡的养护应符合下列要求：

1）经常修整草皮、清除杂草、洒水养护，保持完整美观。

2）出现雨淋沟缺时，应及时还原坝坡，补植草皮。

（10）对无护坡土坝，如发现有凹凸不平，应填补整平；如有冲刷沟，应及时修复，并改善排水系统；如遇风浪淘刷，应及时填补，必要时放缓边坡。

3. 排水设施养护

（1）排水、导渗设施应达到无断裂、损坏、阻塞、失效现象，排水畅通。

（2）排水沟（管）内的淤泥、杂物及冰塞，应及时清除。

（3）排水沟（管）局部的松动、裂缝和损坏，应及时用水泥砂浆修补。

（4）排水沟（管）的基础如被冲刷破坏，应先恢复基础，后修复排水沟（管）；修复时，应使用与基础同样的土料，恢复至原断面，并夯实；排水沟（管）如设有反滤层，应按设计标准恢复。

（5）随时检查修补滤水坝趾或导渗设施周边山坡的截水沟，防止山坡浑水淤塞坝趾导渗排水设施。

（6）减压井应经常进行清理疏通，保持排水畅通；周围如有积水渗入井内，应将积水排干，填平坑洼。

4. 输、泄水建筑物养护

（1）输、泄水建筑物表面应保持清洁完好，及时排除积水、积雪、苔藓、蚧贝、污垢及淤积的沙石、杂物等。

（2）建筑物各部位的排水孔、进水孔、通气孔等均应保持畅通，墙后填土区发生塌坑、沉陷时应及时填补夯实，空箱岸（翼）墙内淤积物应适时清除。

（3）钢筋混凝土构件的表面出现涂料老化，局部损坏、脱落、起皮等，应及时修补或重新封闭。

（4）上下游的护坡、护底、陡坡、侧墙、消能设施出现局部松动、塌陷、隆起、淘空、垫层散失等，应及时按原状修复。

（5）闸门外观应保持整洁，梁格、臂杆内无积水，及时清除闸门吊耳、门槽、弧形门支铰及结构夹缝处等部位的杂物。钢闸门出现局部锈蚀、涂层脱落时应及时修补；闸门滚轮、弧形门支铰等运转部位的加油设施应保持完好、畅通，并定期加油。

（6）启闭机的养护应符合下列要求：

1）防护罩、机体表面应保持清洁、完整。

2）机架不得有明显变形、损伤或裂缝，底脚连接应牢固可靠，启闭机连接件应保持紧固。

3）注油设施、油泵、油管系统保持完好，油路畅通，无漏油现象，减速箱、液压油缸内油位保持在上、下限之间，定期过滤或更换，保持油质合格。

4）制动装置应经常维护，适时调整，确保灵活可靠。

5）钢丝绳、螺杆有齿部位应经常清洗、抹油，有条件的可设置防尘设施；启闭螺杆如有弯曲，应及时校正。

6）闸门开度指示器应定期校验，确保运转灵活、指示准确。

（7）机电设备的养护应符合下列要求：

1）电动机的外壳应保持无尘、无污、无锈；接线盒应防潮，压线螺栓紧固；轴承内润滑脂油质合格，并保持填满空腔内 1/2~1/3。

2）电动机绕组的绝缘电阻应定期检测，小于 0.5 兆欧时，应进行干燥处理。

3）操作系统的动力柜、照明柜、操作箱、各种开关、继电保护装置、检修电源箱等应定期清洁、保持干净；所有电气设备外壳均应可靠接地，并定期检测接地电阻值。

4）电气仪表应按规定定期检验，保证指示正确灵敏。

5）输电线路、备用发电机组等输变电设施按有关规定定期养护。

（8）防雷设施的养护应符合下列规定：

1）避雷针及引下线如锈蚀量超过截面30%时，应予以更换。

2）导电部件的焊接点或螺栓接头如脱焊、松动应予补焊或旋紧。

3）接地装置的接地电阻值应不大于10欧，超过规定值时应增设接地极。

4）电器设备的防雷设施应按有关规定定期检验。

5）防雷设施的构架上，严禁架设低压线、广播线及通信线。

5. 观测设施养护

（1）观测设施应保持完整，无变形、损坏、堵塞。

（2）观测设施的保护装置应保持完好，标志明显，随时清除观测障碍物；观测设施如有损坏，应及时修复，并重新校正。

（3）测压管口应随时加盖上锁。

（4）水位尺损坏时，应及时修复，并重新校正。

（5）量水堰板上的附着物和堰槽内的淤泥或堵塞物，应及时清除。

6. 自动监控设施养护

（1）自动监控设施养护应符合下列要求：

1）定期对监控设施的传感器、控制器、指示仪表、保护设备、视频系统、通信系统、计算机及网络系统等进行维护和清洁除尘。

2）定期对传感器、接收及输出信号设备进行率定和精度校验。对于不符合要求的，应及时检修、校正或更换。

3）定期对保护设备进行灵敏度检查、调整，对云台、雨刮器等转动部分加注润滑油。

（2）自动监控系统的养护应遵守下列规定：

1）制定计算机控制操作规程并严格执行。

2）加强对计算机和网络的安全管理，配备必要的防火墙。

3）定期对系统软件和数据库进行备份，技术文档应妥善保管。

4）修改或设置软件前后，均应进行备份，并做好记录。

5）未经无病毒确认的软件不得在监控系统上使用。

（3）自动监控系统发生故障或显示警告信息时，应查明原因，及时排除，并详细记录。

（4）自动监控系统及防雷设施等，应按有关规定做好养护工作。

7. 管理设施养护

（1）管理范围内的树木、草皮，应及时浇水、施肥、除害、修剪。

（2）管理办公用房、生活用房应整洁、完好。

（3）防汛道路及管理区内道路、供排水、通信及照明设施应完好无损。

（4）工程标牌（包括界桩、界牌、安全警示牌、宣传牌）应保持完好、醒目、美观。

（二）工程修理技术

1. 概述

（1）工程修理分为岁修、大修和抢修，其划分界限应符合下列规定：

1）岁修：水库运行中所发生的和巡视检查所发现的工程损坏问题，每年进行必要的修理和局部改善。

2）大修：发生较大损坏或设备老化、修复工作量大、技术较复杂的工程问题，有计划地进行整修或设备更新。

3）抢修：当发生危及工程安全或影响正常运用的各种险情时，应立即抢修。

（2）水库工程修理应积极推广应用新技术、新材料、新设备、新工艺。

（3）修理施工项目管理应符合下列规定：

1）岁修工程应由具有相应技术力量的施工单位承担，并明确项目负责人，建立质量保证体系，严格执行质量标准。

2）大修工程应由具有相应资质的施工单位承担，并按有关规定实行建设管理。

3）凡影响安全度汛的修理工程，应在汛前完成；汛前不能完成的，应采取临时安全度汛措施。

4）管理单位不得随意变更批准下达的修理计划。确需调整的，应提出申请，报原审批部门批准。

（4）工程修理完成后，应及时做好技术资料的整理、归档。

2. 护坡修理

（1）砌石护坡修理应符合下列要求：

1）修理前，先清除翻修部位的块石和垫层，并保护好未损坏的砌体。

2）根据护坡损坏的轻重程度，可按以下方法进行修理：

局部松动、塌陷、隆起、底部淘空、垫层流失时，可采用填补翻筑；局部破坏淘空，导致上部护坡滑动坍塌时，可增设阻滑齿墙；护坡石块较小，不能抗御风浪冲刷的干砌石护坡，可采用细石混凝土灌缝和浆砌或混凝土框格结构；厚度不足、强度不够的干砌石护坡或浆砌石护坡，可在原砌体上部浇筑混凝土盖面，增强抗冲能力。

3）垫层铺设应符合以下要求：

垫层厚度应根据反滤层设计原则确定，一般为 0.15~0.25 米；根据坝坡土料的粒径和性质，按碾压式土石坝设计规范确定垫层的层数及各层的粒径，由小到大逐层均匀铺设。

4）采用浆砌框格或增建阻滑齿墙时，应符合以下要求：

浆砌框格护坡一般采用菱形或正方形，框格用浆砌石或混凝土筑成，宽度一般不小于0.5 米，深度不小于 0.6 米；阻滑齿墙应沿坝坡每隔 3~5 米设置一道，平行坝轴线嵌入坝体；齿墙尺寸，一般宽 0.5 米、深 1 米（含垫层厚度）；沿齿墙长度方向每隔 3~5 米应留排水孔。

5）采用细石混凝土灌缝时，应符合以下要求：

灌缝前，应清除块石缝隙内的泥沙、杂物，并用水冲洗干净；灌缝时，缝内应灌满捣实，抹平缝口；每隔适当距离，应设置排水孔。

6）采用混凝土盖面修理时，应符合以下要求：

护坡表面及缝隙内泥沙、杂物应刷洗干净；混凝土盖面厚度根据风浪大小确定；混凝土标号一般不低于 C20；应自下而上浇筑，振捣密实，每隔 3~5 米纵横均应分缝；原护坡垫层遭破坏时，应补做垫层，修复护坡，再加盖混凝土；修整坡面时，应保持坡面密实平顺；如有坑凹，应采用与坝体相同的材料回填夯实，并与原坝体结合紧密、平顺。

（2）混凝土护坡（包括现浇和预制混凝土）修理应符合下列要求：

1）根据护坡损坏情况，可采用局部填补、翻修加厚、增设阻滑齿墙和更换预制块等方法进行修理。

2）当护坡发生局部断裂破碎时，可采用现浇混凝土局部填补。填补修理时，应符合以下要求：

凿除破损护坡时，应保护好完好的部分；新旧混凝土结合处，应凿毛清洗干净；新填补的混凝土标号应不低于原护坡混凝土的标号；严格按照混凝土施工规范拌制混凝土；结合处先铺 1~2 厘米厚砂浆，再填筑混凝土；填补面积大的混凝土应自下而上浇筑，振捣密实；新浇混凝土表面应收浆抹光，洒水养护；处理好修理部位的伸缩缝和排水孔；垫层遭受淘刷，致使护坡损坏的，修补前应按设计要求先修补好垫层。

3）当护坡破碎面积较大、护坡混凝土厚度不足、抗风浪能力差时，可采用翻修加厚混凝土护坡的方法进行修理，并应符合以下要求：

按满足承受风浪和冰推力的要求，重新设计确定护坡尺寸和厚度；加厚混凝土护坡时，应将原混凝土板面凿毛清洗干净，先铺一层 1~2 厘米厚的水泥砂浆，再浇筑混凝土盖面。

4）当护坡出现滑移或基础淘空、上部混凝土板坍塌下滑时，可采用增设阻滑齿墙的方法修理，应符合以下要求：

阻滑齿墙应平行坝轴线布置，并嵌入坝体；齿墙两侧应按原坡面平整夯实，铺设垫层后，重新浇筑混凝土，并处理好与原护坡板的接缝。

5）更换预制混凝土板时，应符合以下要求：

拆除破损预制板时，应保护好完好部分。垫层应按防冲刷的要求铺设，更换的预制混凝土板应铺设平稳、接缝紧密。

（3）草皮护坡修理应符合下列要求：

1）草皮遭雨水冲刷流失和干枯坏死时，可采用填补、更换的方法进行修理。

2）护坡的草皮中有杂草或灌木时，可采用人工挖除或化学药剂除净杂草。

3. 坝体裂缝修理

（1）坝体发生裂缝时，应根据裂缝的特征，按以下原则进行修理：

1）对于表面干缩、冰冻裂缝以及深度小于 1 米的裂缝，可只进行缝口封闭处理。

2）对于深度不大于 3 米的沉陷裂缝，待裂缝发展稳定后，可采用开挖回填方法修理。

3）对于非滑动性质的深层裂缝，可采用充填式黏土灌浆或采用上部开挖回填与下部灌浆相结合的方法处理。

4）对土体与建筑物间的接触缝，可采用灌浆处理。

（2）采用开挖回填方法处理裂缝时，应符合下列要求：

1）裂缝的开挖长度应超过裂缝两端 1 米、深度超过裂缝尽头 0.5 米；开挖坑槽底部的宽度至少 0.5 米，边坡应稳定，且通常开挖成台阶型，保证新旧填土紧密结合。

2）坑槽开挖应做好安全防护工作，防止坑槽进水、土壤干裂或冻裂，挖出的土料要远离坑口堆放。

3）回填的土料应符合坝体土料的设计要求；对沉陷裂缝应选择塑性较大的土料，并控制含水量大于最优含水量的 1%~2%。

4）回填时应分层夯实，特别注意坑槽边角处的夯实质量，压实厚度为填土厚度的 2/3。

5）对贯穿坝体的横向裂缝，应沿裂缝方向，每隔 5 米挖"十"字形结合槽一个，开挖的宽度、深度与裂缝开挖的要求一致。

（3）采用充填式黏土灌浆处理裂缝时，应符合下列要求：

1）根据隐患探测和坝体土质钻探资料分析成果做好灌浆设计。

2）布孔时，应在较长裂缝两端和转弯处及缝宽突变处布孔，灌浆孔与导渗、观测设施的距离不少于3米。

3）灌浆孔深度应超过隐患1~2米。

4）造孔应采用干钻、套管跟进的方式按序进行。造孔应保证铅直，偏斜度不大于孔深的2%。

5）配制浆液的土料应选择具有失水性快、体积收缩小的中等黏性土料。浆液各项技术指标应按设计要求控制。灌浆过程中，浆液容重和灌浆量每小时测定一次并记录。

6）灌浆压力应通过试验确定，施灌时应逐步由小到大。灌浆过程中，应维持压力稳定，波动范围不超过5%。

7）施灌应采用"由外到里、分序灌浆"和"由稀到稠、少灌多复"的方式进行，在设计压力下，灌浆孔段经连续3次复灌不再吸浆时，灌浆即可结束。

8）封孔应在浆液初凝后（一般为12小时）进行。封孔时，先扫孔到底，分层填入直径2~3厘米的干黏土泥球，每层厚度一般为0.5~1.0米，或灌注最大含水量的制浆土料，填灌后均应捣实，也可向孔内灌注浓泥浆。

9）裂缝灌浆处理后，应按《土坝坝体灌浆技术规范》的要求，进行灌浆质量检查。

10）雨季及库水位较高时，不宜灌浆。

4. 坝体渗漏修理

（1）坝体渗漏修理应遵循"上截下排"的原则。上游截渗通常采用抽槽回填、铺设土工膜、坝体劈裂灌浆等方法；有条件时，也可采用混凝土防渗墙方法。下游导渗排水可采用导渗沟、反滤层等方法。

（2）采用抽槽回填截渗处理渗漏时，应符合下列要求：

1）库水位应降至渗漏通道高程1米以下。

2）抽槽范围应超过渗漏通道高程以下1米和渗漏通道两侧各2米，槽底宽度不小于0.5米，边坡应满足稳定及新旧填土结合的要求，必要时应加支撑，确保施工安全。

3）回填土料应与坝体土料一致；回填土应分层夯实，每层厚度10~15厘米，压实厚度为填土厚度的2/3；回填土夯实后的干容重不低于原坝体设计值。

（3）采用土工膜截渗时，应符合下列要求：

1）土工膜厚度应根据承受水压大小确定。承受30米以下水头的，可选用非加筋聚合物土工膜，铺膜总厚度0.3~0.6毫米。

2）土工膜铺设范围，应超过渗漏范围四周各2~5米。

3）土工膜的连接，一般采用焊接，热合宽度不小于0.1米；采用胶合剂黏结时，黏结宽度不小于0.15米；黏结可用胶合剂或双面胶布，连接处应均匀、牢固、可靠。

4）铺设前应先拆除护坡，挖除表层土 30~50 厘米，清除树根杂草，坡面修整平顺、密实，再沿坝坡每隔 5~10 米挖防滑槽一道，槽深 1.0 米、底宽 0.5 米。

5）土工膜铺设时应沿坝坡自下而上纵向铺放，周边用"V"形槽埋固好；铺膜时不能拉得太紧，以免受压破坏；施工人员不允许穿带钉鞋进入现场。

6）保护层可采用沙壤土或沙，施工要与土工膜铺设同步进行，厚度不小于 0.5 米。施工顺序，应先回填防滑槽，再填坡面，边回填边压实。

（4）采用劈裂灌浆截渗时，应符合下列要求：

1）根据隐患探测和坝体土质钻探资料分析成果做好灌浆设计。

2）灌浆后形成的防渗泥墙厚度，一般为 5~20 厘米。

3）灌浆孔一般沿坝轴线（或略偏上游）位置单排布孔，填筑质量差、渗漏水严重的坝段，可双排或三排布置；孔距、排距根据灌浆设计确定。

4）灌浆孔深度应大于隐患深度 2~3 米。

5）造孔、浆液配制及灌浆压力同本章"坝体裂缝修理"要求的内容一致。

6）灌浆应先灌河槽段，后灌岸坡段和弯曲段，采用"孔底注浆、全孔灌注"和"先稀后稠、少灌多复"的方式进行。每孔灌浆应在 5 次以上，两次灌浆间隔时间不少于 5 天。当浆液升至孔口，经连续复灌 3 次不再吃浆时，即可终止灌浆。

7）有特殊要求时，浆液中可掺入占干土重 0.5%~1% 的水玻璃或 15% 左右的水泥，最佳用量可通过试验确定。

8）雨季及库水位较高时，不宜灌浆。

（5）采用导渗沟处理渗漏时，应符合下列要求：

1）导渗沟的形状可采用"Y""W""I"等形状，但不允许平行于坝轴线的纵向沟。

2）导渗沟的长度以坝坡渗水出逸点至排水设施为准，深度为 0.8~1.0 米，宽度为 0.5~0.8 米，间距视渗漏情况而定，一般为 3~5 米。

3）沟内按滤层要求回填沙砾石料，填筑顺序按粒径由小到大、由周边到内部，分层填筑成封闭的棱柱体；也可用无纺布包裹砾石或沙卵石料，填成封闭的棱柱体。

4）导渗沟的顶面应铺砌块石或回填黏土保护层，厚度为 0.2~0.3 米。

（6）采用贴坡式沙石反滤层处理渗漏时，应符合下列要求：

1）铺设范围应超过渗漏部位四周各 1 米。

2）铺设前应清除坡面的草皮杂物，清除深度为 0.1~0.2 米。

3）滤料按沙、小石子、大石子、块石的次序由下至上逐层铺设；沙、小石子、大石子各层厚度为 0.15~0.20 米，块石保护层厚度为 0.2~0.3 米。

4）经反滤层导出的渗水应引入集水沟或滤水坝趾内排出。

（7）采用土工织物反滤层导渗处理渗漏时，应符合下列要求：

1）铺设前应清除坡面的草皮杂物，清除深度为 0.1~0.2 米。

2）在清理好的坡面上满铺土工织物。铺设时，沿水平方向每隔 5~10 米做一道"V"

形防滑槽加以固定，以防滑动；再满铺一层透水沙砾料，厚度为 0.4~0.5 米，上压 0.2~0.3 米厚的块石保护层。铺设时，严禁施工人员穿带钉鞋进入现场。

3）土工织物连接可采用缝接、搭接或黏结。缝接时，土工织物重压宽度为 0.1 米，用各种化纤线手工缝合 1~2 道；搭接时，搭接面宽度为 0.5 米；黏接时，黏接面宽度为 0.1~0.2 米。

4）导出的渗水应引入集水沟或滤水坝趾内排出。

5. 坝基渗漏和绕坝渗漏修理

（1）根据地基工程地质和水文地质、渗漏、当地沙石、土料资源等情况，进行渗流复核计算后，选择采用加固、上游黏土防渗铺盖、建造混凝土防渗墙、灌浆帷幕、下游导渗及压渗等方法进行修理。

（2）采用加固上游黏土防渗铺盖时，应符合下列要求：

1）水库具有放空条件，当地有做防渗铺盖的土料资源。

2）黏土铺盖的长度应满足渗流稳定的要求，根据地基允许的平均水力坡降确定，一般大于 5~10 倍的水头。

3）黏土铺盖的厚度应保证不致因受渗透压力而破坏，一般铺盖前端厚度 0.5~1.0 米；与坝体相接处为 1/6~1/10 水头，一般不小于 3 米。

4）对于沙料含量少、层间系数不合乎反滤要求、透水性较大的地基，必须先铺筑滤水过渡层，再回填铺盖土料。

（3）采用混凝土防渗墙处理坝基渗漏时，应符合下列要求：

1）防渗墙的施工应在水库放空或低水位条件下进行。

2）防渗墙应与坝体防渗体连成整体。

3）防渗墙的设计和施工应符合有关规范规定。

（4）采用灌浆帷幕防渗时，除应进行灌浆帷幕设计外，还应符合下列要求：

1）非岩性的沙砾石坝基和基岩破碎的岩基可采用此法。

2）灌浆帷幕的位置应与坝身防渗体相结合。

3）帷幕深度应根据地质条件和防渗要求确定，一般应落到不透水层。

4）浆液材料应通过试验确定。一般可灌比 M≥10，地基渗透系数为 $4.6 \times 10^{-3} \sim 5.8 \times 10^{-3}$ 厘米/秒时，可灌注黏土水泥浆，浆液中水泥用量占干料的 20%~40%；可灌比 M≥15，渗透系数为 $6.8 \times 10^{-3} \sim 9.2 \times 10^{-3}$ 厘米/秒时，可灌注水泥浆。

5）坝体部分应采用干钻、套管跟进方法造孔；在坝体与坝基接触面，没有混凝土盖板时，坝体与基岩接触面先用水泥砂浆封固套管管脚，待砂浆凝固后再进行钻孔灌浆工序。

（5）采用导渗、压渗方法时，应符合下列要求：

1）坝基为双层结构，坝后地基湿软，可开挖排水明沟导渗或打减压井；坝后土层较薄、有明显翻水冒沙以及隆起现象时，应采用压渗方法处理。

2）导渗明沟可采用平行坝轴线或垂直坝轴线布置，并与坝趾排水体连接；垂直坝轴线的导渗沟的间距一般为 5~10 米，在沟的尾端设横向排水干沟，将各导渗沟的水集中排走；

导渗沟的底部和边坡，均应采用滤层保护。

3）压渗平台的范围和厚度应根据渗水范围和渗水压力确定，其填筑材料可采用土料或石料。填筑时，应先铺设滤料垫层，再铺填石料或土料。

第五节 水利工程治理保障措施

水利工程治理工作是一项复杂的系统工程，并且易受多类内外界因素的干扰。本节在水利工程治理内涵和框架体系研究的基础上，从工程、投入、依法管理等方面展开深入的研究和探讨，提出了水利工程治理的保障措施，确保水利工程充分发挥综合效益。

一、水利工程治理的工程保障

对于水利工程而言，工程质量的优劣直接关系着日后的运行管理工作。因此，必须以现代水利工程治理理念为引领建设新工程，以现代水利工程治理的标准改善已有工程，以现代水利工程治理的需要完善相关工程，不断提升工程的质量和标准，为水利工程治理工作提供良好的工程基础。

（一）以现代水利工程治理理念为引领建设新工程

工程运行管理单位要以现代水利工程治理理念为指导，全过程参与项目的建设，实现"建管结合，无缝对接"。

1. 规划阶段

水利规划是为防治水旱灾害、合理开发利用水土资源制定的总体安排，其基本任务是根据国家规定的建设方针和水利规划基本目标，并考虑各方面对水利的要求，研究水利现状、特点，探索自然规律和经济规律，提出治理开发方向、任务、主要措施和实施步骤，安排水利建设计划，并指导水利工程设计和管理。因此，在规划阶段就要运用现代水利工程治理的理念，着眼全局，注重后期运行管理，使建成后的水利工程充分发挥效益。

（1）着眼全局、适度超前

水利规划要根据经济社会发展对水利的需求，兼顾全面和重点、当前和长远、需要和可能，着眼全局，统筹考虑，依托流域重点水利工程建设、区域重大基础设施建设，因势利导，适度超前，实行防洪除涝抗旱并举、开源节流保护并重、建设管理改革并进，促进流域与区域、农村与城市水利协调发展，实现经济效益、社会效益和生态效益的有机统一，充分发挥水利综合效益。

（2）科学治水、注重生态

水是生态环境的灵魂，水利工程则是这一灵魂的载体。水利规划要遵循水的自然规律和经济社会发展规律，正确处理人与自然、人和水的关系，合理开发、优化配置、全面节约、有效保护、高效利用水资源。要准确把握现代水网内涵，实现库库、库河、河河联合调度，注重生态湿地建设与塌陷地治理和蓄滞洪区建设相结合，注重防洪、雨洪水资源利用与水网建设相结合，注重洼地治理与河道治理和小水系调整相结合，形成一个大的防洪系统、调水系统和生态循环系统，综合发挥各类水利工程的整体作用。

（3）因地制宜、突出重点

水利规划应依据各地经济社会状况、自然地理条件和水利发展特点，因地制宜，分地区、分领域合理确定现代化建设目标、任务和措施，充分考虑与防洪安全、供水安全和生态环境安全等与民生密切相关的发展任务，科学安排水利现代化建设进程，保证建成一处，有效管理一处，充分发挥效益一处。

2. 可行性研究阶段

可行性研究是项目前期工作的重要内容，它从项目建设和生产经营的全过程考察分析项目的可行性，是投资者进行决策的依据。因此，根据建设项目的整体性特点，在项目可行性研究阶段，既要对建设方案进行论证，也要对运行管理进行方案论证。

（1）管理机构方面

在项目的可行性研究阶段要对水利工程的性质进行初步确定，并明确运行管理体制以及管理机构的人员编制、隶属关系，以便通过相应的渠道落实经费来源。新建项目在确定管理机构的人员设置时可按照《水利工程管理单位定岗标准》进行，按照"因事设岗、以岗定责、以工作量定员"的原则定岗定员，这样可以在水利工程建设的前期控制水管单位人数，防止以后出现人员超编、机构臃肿现象。

（2）投资方面

新建水利工程在可行性研究阶段就应进行水利工程运行管理经费测算分析，对水利工程运行管理阶段可能发生的费用进行测算，与水利工程建设投资一起考虑，并将运行管理资金与建设资金一起考虑筹资方案，从项目的前期就着手解决项目建成后运行经费来源不明、经费短缺的问题。

在水利工程运行管理经费测算的基础上，可以进一步对水利工程管理单位进行分类定性，对纯公益性水管单位和经营性水管单位，因其承担的任务不同，分别定性为事业单位和企业单位；对准公益性水管单位，测算其收益状况进行定性，不具备自收自支条件的定性为事业单位，具备自收自支条件的定性为企业单位。

（3）风险分析方面

任何项目都存在风险，水利工程也不例外，不仅建设期间存在风险，而且运行管理期间也存在风险，应对水利工程运行管理阶段进行风险分析，制定规避风险的措施，与水利工程建设阶段风险分析结合考虑。水利工程运行管理阶段可能存在的风险主要有产品销售价格和物价波动、管理不善、政府不利干扰、自然灾害等。

产品销售价格、物价波动：水利工程的经济收入一般是销售水利产品，如出售水和电。在可行性研究阶段要考虑水价、电价发生严重变化的情况，预测发生的可能原因，并加以分析，做好风险防范措施。

管理不善：管理是一门科学，管理出效益，对于任何单位来说，管理带来的风险和效益都是存在的。水利工程管理单位要充分考虑由于管理不善产生的风险，必要时可设置一定的风险基金。

政府不利干扰：在市场经济条件下政府对企业单位的管理主要是从宏观角度进行的，但是并非政府的干扰都是有利的。防范此类风险的措施首先要经常与政府沟通、协调，力争做到政府支持单位正当的经营行为，其次要密切关注政府有关政策的公布，提前采取措施做出应对。

自然灾害：自然灾害主要是由于各种因素引起的天气变化，对于水利工程来说，主要是降水量的多少、天气干旱情况。应对措施可以采取在水量充足时存储一定的调节水量，并准确预测水量、水质变化趋势。

3. 设计阶段

设计方案的优劣直接影响着工程造价和建成后的运行效果。目前项目管理注重设计方案的优化，在投资一定的情况下采用"限额设计"，既可以满足建设要求，又能满足资金限制。管理单位是工程最终的使用者，因此要在设计阶段充分表达相关要求，设计单位要为管理单位的设计思想服务，达到用户满意。这一时期管理单位参与进来，运用丰富的经验进行指导，与实践相结合，及时修改完善设计方案，实现优化设计。

管理人员要全方位、全过程地参与工程设计阶段的工作，从工程产品的初期就提出用户需求和完善化意见，尤其是参与主要设备的招标文件的编制，参与招标评标，站在使用者的角度在设计阶段检查产品的性能、条件、使用环境技术等与未来使用条件的一致性和合理性，查找设计疏漏，分析设计缺陷，及时提出优化意见，消除运行中的安全隐患，起到既方便运行管理，又节省部分技术改造投资的作用。

4. 实施阶段

在工程实施阶段，管理单位应参与工程招标、合同执行、安装调试、检查验收等过程，实现生产设备与工程建设的顺利交接，在工程实施阶段完善、改进技术方案，并大力推行"代建制"，提高投资项目的专业化管理水平。

（1）工程施工过程

参与建设过程中的质量、进度、投资控制，对于设备的建造尽量参加设备选型、监造、出厂验收，协助控制设备质量。以最终用户的身份全方位地参与建设过程，在工程建成前就消除缺陷，既有利于控制质量，又减少了工程在运行阶段的工作量，减少运行管理费用，有利于工程的良性运行管理。

（2）验收过程

参与工程的竣工验收工作，尽量多地掌握工程技术信息和收集相关资料，不仅提前熟悉了操作技能，而且为工程建成后顺利交付运行管理单位提供了便利条件，为以后设备的稳定运行打下良好的基础。

（二）以现代水利工程治理的标准提升已有工程

我国水利工程建设主要经历了新中国成立初期、"大跃进"时期、"文革"时期和改革开放以来这四个时期，其中遍布全国的水库、水闸及河道工程，绝大部分修建于"大跃进"和"文革"时期。由于当时设计、施工条件落后，再加之20世纪末到21世纪初水利工程管理工作不到位，工程年久失修、老化严重，一些水库、水闸、河道、灌区等水利工程已达不到设计标准，防洪、灌溉等效益大打折扣。

截至2020年仍有很多老化水利工程需进行改造与修补，这必须以现代水利工程治理的标准提升已有工程，通过实施病险水库除险加固、病险水闸除险加固、河道整治、灌区续建配套与节水改造等工程，改善水利工程面貌，使之恢复、提升原有防洪、灌溉、生态等功能，充分发挥效益。

1. 病险水库除险加固

为加强水库大坝的安全管理，规范大坝的安全鉴定工作，保障大坝安全运行，水库大坝要实行定期安全鉴定制度。鉴定的安全评价包括工程质量评价、大坝运行管理评价、防洪标准复核、大坝结构安全、稳定评价、渗流安全评价、抗震安全复核、金属结构安全评价和大坝安全综合评价等几个方面。根据安全鉴定，将大坝安全状况分为一类坝、二类坝和三类坝，对鉴定为三类坝、二类坝的水库，鉴定组织单位应当对可能出现的溃坝方式和对下游可能造成的损失进行评估，并采取除险加固、降等或报废等措施予以处理。在处理措施未落实或未完成之前，应制定保坝应急对策，并限制运用。

2. 病险水闸除险加固

根据安全鉴定，水闸安全类别分为一类闸、二类闸、三类闸和四类闸。水闸主管部门及管理单位对鉴定为三类、四类的水闸，应采取除险加固、降低标准运用或报废等相应处理措施，在此之前必须制定保闸安全应急措施，并限制运用，确保工程安全。

3. 河道整治工程

河道是天地的造化、水的顺势而为以及人类对自然的改造，是大自然生命系统的重要组成部分。河道整治分长河段的整治及局部河段的整治。一般情况下，长河段的河道整治的目的主要是为了防洪和航运，而局部河段的河道整治是为了防止河岸坍塌、稳定工农业引水口以及桥渡上、下游的工程措施。其主要工程包括堤防加固和新建、河道清淤疏浚、护岸护坡等。新时期的河道整治工程要准确把握生态文明建设内涵，要尊重河流自然形态，保全河道功能，确保水生态体系完整，维护水生态环境，把每一条河道都建成生态之河、安全之河、资源之河、幸福之河。

4. 灌区续建配套与节水改造

灌区续建配套与节水改造是为了提高灌溉水有效利用率和灌溉保证率，缓解水源供需矛盾，减缓生态环境恶化趋势而实施的水利工程。其主要包括渠道衬砌、水源工程、田间工程、渠系建筑物等内容，对进一步改善农业生产条件，增强抗御水旱灾害能力，充分发挥灌区经济效益、生态效益与社会效益，促进农业和农村经济持续稳定发展具有重要意义。

（三）以现代水利工程治理的需要完善相关工程

近年来，随着各级对水利工程管理工作重视程度的进一步提高，水利工程面貌大为改观，管理设施日趋完善，但与现代水利工程管理的要求还有很大差距。因此，在当前工作中，应以现代水利工程治理的需要完善相关工程，加强工程管理设施与先进技术手段相结合，运用"互联网+"和云计算技术，开展监视系统建设、监控系统建设、监测系统建设、维修养护巡检系统建设、安全评估系统建设、运行管理系统建设，推进精细化管理。

1. 监视系统建设

建设工程视频监视系统，监视工程的日常情况，诸如河流流势，大坝、闸门运行情况以及破损情况等，节省人力、物力，及时发现和解决问题，提高管理水平，为防洪调度及全流域水资源的统一调度提供准确的实时依据。监视系统建设的总体要求是监视点布局合理、数量足够，信号传输系统快捷、清晰，保证监视的全面性、实时性。

2. 监控系统建设

结合先进的计算机网络技术、云计算技术、多媒体技术、通信技术，根据工程管理的需求，建立工程监控系统，通过对各监控点的图像、语音、数据进行处理，实施监控，并结合远程视频技术的应用及时了解水利工程的运行状况，远程控制工程的操作，实现统一操作、统一调度，体现工程管理的现代化。

3. 监测系统建设

完善工程监测设施，建立仪器先进、定点监测与移动监测相结合、监测点全面、传输及时的监测系统，对工程发生的裂缝、渗水、沉陷变形等情况及时监测，准确地传至管理中心，从而及时迅速地处理，在改变现有工程设施远不能适应现代管理需要局面的同时，也为地方人民群众的生命财产安全提供有效保障。

4. 维修养护巡检系统建设

工程维修养护是日常管理的重点工作之一，加强维修养护工作，实现维修养护的规范化、系统化、科学化是我们追求的目标，建设大坝、堤防维修养护巡检系统非常必要。结合网络技术、地理编码、地理信息技术、GPS、GPRS、信息安全技术以及移动通信技术，建立维修养护巡检系统，实现信息的实时传输，具备考勤、位置查询、巡查问题上报、信息查询及问题协调处理等功能，从而推动维修养护管理工作的程序化、精细化。

5. 安全评估系统建设

安全评估系统是工程管理现代化的核心要件。工程管理的数据和信息量是大量的，各种数据都需要按一定结构有效地组织起来形成数据库，通过数据库存储及处理系统建设，构建工程管理数字化集成平台。在数据库的基础上建立数学模型，运用数学模型对自然系统进行仿真模拟，对工程实体、水流运动等各种自然现象进行各种尺度的实时模拟，形成一个面向具体应用的虚拟仿真系统，对工程信息进行安全评估与综合处理，为准确揭示和把握工程在运行中遇见的问题提供技术支持。

6.运行管理系统建设

建立内容全面的决策支持库，涵盖诸如国家法律、法规及有关政策，历史上处理同类问题的经验和教训，专家评审意见，流域规划、区域规划、工程规划的布局及其具体要求，各种工程管理的模式、运行管理情况、工程管理考核情况，工程管理技术及相关管理人员技术要求等，形成方案决策的大背景，将数学模拟的各种方案结果置身于此大背景下进行优化分析，从中选择一个可行方案。同时，对数学模拟的结果进行后台处理，使之以较强的可视化形式表现出来，为决策者研究、讨论、决策提供支持。

二、水利工程治理的投入保障

要推进水利工程治理的跨越式发展，实现现代水利工程治理，投入是关键，必须加大公共财政投入，拓宽市场融资渠道，加强工程自身的再生能力，构建现代水利工程治理的投入机制。

（一）完善公共财政投入机制

水利具有很强的公益性、基础性、战略性，加强水利工程管理，提供公共服务，是各级政府的重要职责。目前水利公共服务的能力和水平还不高，水利公共服务的覆盖面还很小，这就决定了未来一段时间内，必须加大公共财政对水利工程管理的投资力度，把水利工程管理作为公共财政投入的重要领域，发挥政府在水利工程管理中的主导作用，多出真招实策、多拿真金白银、多办实事好事。

1.完善投资体制，优化投资结构

对公益性、准公益性水利工程，要完善以公共财政为主渠道的投资体制，足额落实水管单位的基本支出和维修养护经费，建立起各级政府稳定的财政投入机制。

2.增加财政专项水利资金，提高水利工程管理资金所占比重

在大幅度增加中央和地方财政专项水利资金，并建立健全财政支农资金稳定增长机制的基础上，提高水利工程管理资金在专项资金中的比重，彻底改变"重建轻管"的局面。

3.加强政府投资管理，强化资金监管

健全政府投资决策机制和决策程序，规范投资管理，投资安排要以维修养护年度计划为依据，统筹安排、合理使用；落实政府水利资金管理分级负责制和岗位责任制，建立健全绩效评价制度。

（二）拓宽市场融资渠道

加强对水利工程管理的金融支持、广泛吸引社会资金投资、拓宽市场融资渠道是构建现代水利工程管理投入机制的重要保障。

1.加强对水利工程管理的金融支持

构建现代水利工程管理体系需要大量的资金投入，迫切需要在进一步拓展和完善公共

财政主渠道的同时，充分发挥金融机构的重要支撑作用。在经济总量持续扩大的背景下，我国金融机构资产稳步增长，金融资产供给环境不断改善，给水利工程管理提供了良好的金融环境。要大幅增加水利工程管理的信贷资金，对符合中央财政贴息规定的水利贷款给予财政贴息。通过长期限、低利息、高额度等优惠政策，发挥中长期政策性贷款对水利工程管理的扶持作用。积极探索公益性水利项目收益权质押贷款和大型水利设备设施融资租赁。

2. 广泛吸引社会资金

充分利用资本市场，鼓励有实力的水利企业发行股票、债券和组建基金，鼓励非公有制经济通过特许经营、投资补助等方式进入城市供水、农村水电等水利工程的运营。推进小水库、小塘坝等小型水利设施以承包、租赁、拍卖等形式进行产权流转，运用 PPP、BOT、BT 等多种融资方式，引导社会资本投入水利工程管理，努力构建多渠道、多层次、多元化的水利工程管理投入保障机制。

（三）加强工程自身的再生能力

自中华人民共和国成立以来，我国建设了大批水利工程，在保障和促进国民经济和社会发展方面发挥了巨大的作用，经济、社会、生态效益都十分显著。从整个国民经济的角度来看，水利行业是一个经济效益好、投资回报率高的行业。但由于水利是国民经济的基础设施和基础产业，它的效益主要渗透在国民经济各部门和人民生活的诸多方面，即社会效益。水利自身得到的财务收益小，加之水价、电价没有达到应有的合理标准，以及政策性亏损的补偿措施不落实，造成了当前水利经济的困难，不利于水利工程管理工作的开展。因此，必须加大政策扶持力度，深化水价、电价改革，完善水利行政事业性收费机制，并在实行"收支两条线"管理的基础上，确保维修养护经费、更新改造经费的足额到位，以水养水，加强工程自身的再生能力。

第六节　现代水利工程治理目标

一、实现水利工程安全的良性循环

水利工程是国民经济发展的重要基础设施，其安全运行不但可以使人们免于洪涝的伤害，还能产生一定的经济效益，是一项利国利民的基础工程。加强水利工程管理，确保水利工程安全运行，充分发挥水利工程的经济效益，是水利工程管理的重要内容。

（一）水利工程的防洪安全

水利工程对洪水的防治能力是众所周知的，为了提高水利工程对洪涝的防治效果，我们有必要从水利工程防洪防涝的根本要素出发，通过科学严谨的标准和方案，保证水利工程的防洪效果，同时促进水利工程经济效益的进一步提高。一是具备符合实际水利工程防洪标准。水利工程的防洪标准符合现实需要，针对不同地理条件和不同的经济发展能力，划分相应的防洪区域，根据可能发生的洪涝级别及影响程度，综合分析考虑制定具体的防洪措施。此标准应在满足国家标准规范的前提下，切合地方实际，满足应用于地方防洪决策的执行和开展。二是具备完善的防洪体系。各流域自然条件及防洪防涝体系各有差异，因此统筹考虑不同部门的防洪要求，综合分析整个防洪体系中各因素的影响程度，分析确定最优的防洪规划。三是实现防洪工程的效益评价。防洪工程能够有效降低灾害损失，保护人民群众的生命财产安全，提高人类的生活质量，应是一项造福千秋的环境工程。但防洪工程在发挥防洪除涝功能的同时，也会对与之对应的防洪区域内的生产生活造成影响，应对其防洪效益进行综合评估。结合历史数据中的典型洪水数据进行综合分析，充分反映洪灾损失同地方经济增长之间存在的影响关系，并将计算得出的经济效益作为防洪防涝效益的一部分。

（二）水利工程的供水安全

一是形成安全稳定可靠的供水机制，实现合理用水、高效用水。用水管理是指应用长期供求水的计划、水量分配、取水许可制度、计收水费和水资源费、计划用水和节约用水等手段，对地区、部门、单位及个人使用水资源的活动进行管理，以期达到合理用水、高效用水的目的。从水利工程供水方面而言，依据工程自身的实际情况，制订科学合理的供水计划，充分考虑流域范围内的水资源供需矛盾和用水矛盾，将供水总量限制在合理范围之内。依据取水许可制度，规范取水申请、审批、发证程序，落实到位的用水监督管理措施，对社会取水、用水进行有效控制，促进合理开发和使用水资源。通过计收水费和水资源费，强化水资源的社会价值和经济价值，促进人们形成良好的用水理念和节水意识。通过贴合实际的计划用水需求分析，在水量分配的宏观控制下，结合水利工程当年的预测来水量、供水量、需水量，制订年度供水计划，合理满足相关供水需求。二是形成完善的水质安全保障体系。灵活把握水质保护的宣传方式方法教育，增强群众对水源地水体的保护意识，提高群众保护水源的自觉性，有效制止和减少群众污染水源的行为。制定完善水体污染防治标准和制度，从严控制在水源地保护区内新上建设项目。落实水源地保护队伍，强化水源地治安管理。建立健全规章制度，规范水源地保护措施。依据有关要求，实施好水质监测工作，对需要监测的水质进行定期监测和分析，发现水质异常时及时采取有效措施，确保水质达标。三是完善供水应急处理机制，保障供水安全。按区域划定应急水源地，并将水源地类别进行划分，根据缺水程度相继启动应急处理措施。若供水水源严重短缺时，严格实行控制性供水，根据地方发展需要及用水需求划定缺水期的供水优先级别，如优先保障城市居民生活用水。城市枯水期供水的优先级如下：首先满足生活用水、生态用水，其次是副食品生产用水；再次是重点工业用水；最后是农业用水。主要耗水工业实行限量分时段供水或周期性临时停产。同时，制订水资源保护、城市饮用水水源地保护等规划，对如何保护水资源、防治水污染和涵养水土进行全面界定，有效减少枯水期水污染出现的频度，改善水生态环境，增加河流基流量。建立水资源流域统一管理机制，实行水利工程统一调度和水资源的统一配置，提高资源配置的自动化水平和科技含量，提高水资源的使用效率，提高枯水年份水文中长期预报能力、时效和可信度，合理调度蓄水工程供水，缓解供水需求。

（三）水利工程治理的应急机制

一是水利工程安全管理的预警机制。大中型水利工程逐一建立预警机制，小型水利工程以乡镇为单位建立预警机制。水利工程安全预警机制的内容主要包括预警组织、预警职责、风险分析与评估、预警信息管理等。水利工程管理单位内部设立安全预警工作部门，并按照相关职责分别负责警况判断、险情预警、危急处置等相关工作。水利工程管理单位安全预警工作部门，每月进行一次安全管理风险分析、预警测算、风险防范、警况处置和预警信息发布，并依据分析研判结果上报当地政府或水利主管部门。水利工程安全管理预警指标体系可从水利工程安全现状、视频监控、应急管理等方面预警，二级指标包括水利从业队伍安全意识与行为、水利工程设备设施运行状况、水利工程重点部位运行状态、水利工程安全环境、水利工程安全管理措施、人员队伍安全培训、视频监控力量、视频监控效果、应急处置力量、险情风险分析、安全事故防范、应急预案等方面。

二是水利工程安全管理的预报机制。各级水行政主管部门结合水利工程安全管理实际，设立水利系统内安全管理预报部门，负责水利工程安全预警工作的监督管理、水利工程安全管理预警信息等级测算、水利工程安全管理预报信息管理与发布、水利工程风险管理与事故防范工作的督促指导等工作。各级水行政主管部门应定期进行水利工程安全管理综合指数测算和预报信息发布。具体水利工程安全管理预报指标体系可从水利工程重点部位、重大安全事故、应急管理等方面预报。二级指标包括水利工程重点部位安全指数、预计危害程度、实际监控状况、历史运行状态、事故发生概率测算、水利技术等级、实施设备新旧程度、实际操控信息化水平、危机应急预案、日常应急演练开展等方面。

三是水利工程安全管理预警预报的管理机制。建立健全完善的预警管理制度，各级水行政主管部门负责对水利工程管理单位从业人员组织安全管理培训，协助具体部门、单位进行安全预警预报及安全生产政策咨询。同时，为水利工程安全管理预警预报机制管理提供法律法规支撑。在相关法律规章中，明确规定各有关单位在水利工程安全管理预报机制及安全管理预警机制中的责任和义务，明确界定相关部门的职能和权利。各级水行政主管部门有义务和责任对本区域内的重点水利工程的安全状况进行调查、登记、分析和评估，并对重点工程进行检查、监控。水利工程管理单位自身应具备健全、完善的安全管理制度，定期进行安全隐患排查和防范措施的检查落实，并接受相关部门的监督检查。

二、实现水利工程运行的良性循环

水利工程是用于控制和调配自然界地表水和地下水的重要工程设施，是应对水资源管理、实现兴利除害目的的重要保障。水利工程的运行管理是一个由水资源、社会、经济、管理等多个不同子系统和不同层面问题构成的复杂系统。水利工程的正常运行主要是指水利工程设施完好及其工程正常发挥，水利工程建成后不仅能够按照规划设计要求发挥其应有的作用和效益，而且能得到良好的建后治理维护，直至工程寿命终结。因此，实现水利工程良好作用的发挥，必须以标准的工程维护、规范的工程运行、到位的水行政执法为保障和基础。

（一）水利工程维护的标准化

对水利工程进行科学管理、正确运用，确保工程安全、完整，充分发挥工程和水资源的综合效益，逐步实现工程管理现代化，是促进工农业生产和国民经济发展的重要前提。为确保水利工程发挥应有功能，工程维护应具有一系列标准化的维护体系。对水库、河道、闸坝等水利工程的土、石、混凝土建筑物，金属、木结构，闸门启闭设备，机电动力设备、通信、照明、集控装置及其他附属设备等，必须进行经常性的养护工作，并定期检修，以保持工程完整、设备完好。

水库、河道、闸坝等各类水利工程应以上述标准为基础，细化完善制定实施细则，开展好水利工程的维修养护，实现标准化治理管护。养护修理应本着"经常养护，随时维修，养重于修，修重于抢"的原则，一般可分为经常性的养护维修、岁修、大修和抢修。经常性的养护维修是根据经常检查发现的问题而进行日常的保养维护和局部修补，保持工程完整。根据汛后全面检查所发现的工程问题，编制岁修计划，报批后进行岁修。当工程发生较大损坏、修复工作量大、技术性较复杂时，水利工程管理单位亦可报请上级主管部门邀请设计、科研及施工等单位共同研究制订专门的修复计划，报批后进行大修。当工程发生事故，危及工程安全时，工程管理单位应立即组织力量进行抢修（或抢险），并同时上报主管部门采取进一步的处理措施。无论是经常性的养护维修，还是岁修、大修或抢修，均以恢复或局部改善原有结构为原则；如需扩建、改建时，应列入基本建设计划，按基建程序报批后进行。

（二）水利工程运行的规范化

1.进一步深化水利工程管、养分离

工程管理是一项维护工程完整、充分发挥工程效益、确保防洪安全的重要工作，管理体制和管理制度的完善，则是做好工程管理工作的重要保障。我省在大力推行并基本完成大中型水利工程管理单位体制改革后，结束了计划经济时期形成的"专管与群管相结合"的管理体制，逐步构筑了统一高效、运转灵活、行为规范的工程管理体系。建立符合社会主义市场经济要求的水利工程管理体制，有利于解决水管单位存在的管理体制不顺、运行

机制不活、经费严重短缺等问题，是实现工程管理的良性运行、提高工程管理现代化水平的迫切需要。

管、养分离就是适应市场经济要求，建立精简高效的管理机构，把水利工程的维修养护推向市场，对工程实行物业化管理。管、养分离作为一种新体制，能够初步形成符合市场经济原则的工程管理运行机制，通过落实岗位责任制，实行目标管理，定岗、定编、定职、定责，形成精简高效、运转灵活的管理机构，把维修养护职能和人员从管理机构中剥离出来，实现工程管理与维修养护机构和人员分离。通过签订工程管理维修养护合同，提高养护质量，降低养护成本，依法管理，实现工程管理工作的专业化、规范化。管、养分离新体制的逐步完善，既能稳定管理队伍，增加职工收入，又能引入竞争机制，提高维修养护人员的责任心、积极性和主动性，发挥事前管理的作用，减少工程损坏，以最少的投入，取得最大的管理效益，促进水利事业的健康发展，促进工程管理现代化水平不断提高，形成一种较为稳定的、能够良性循环的管理模式。

实行管、养分离后，将工程管理和维修养护的职能和人员从原管理机构中分离出来，实行管、养分离专业化管理，企业化维修养护，成为平等的合同关系。管理层的职能从原来的具体控制运用、维修养护、综合经营转变成对水利工程的资产管理、安全管理、调度方案制订、养护维修招投标及对维修养护作业水平的监督检查等高层次的管理。维修养护队伍主要负责工程的日常维修养护管理，及时发现工程重大问题；当工程出现因管理原因或自然因素造成较大损坏时的维修和工程量较大项目的其他工程管理活动可列入基建程序进行管理。

2. 水利工程运行管理规程

一是明确管理单位的工作任务。水利工程运行管理的目标任务是确保工程安全，充分发挥工程效益，不断提高管理水平。水利工程管理单位的主要工作内容包括贯彻执行有关方针政策和上级主管部门的指示，掌握并熟悉本工程的规划、设计、施工和管理运用等资料，以及上、下游和灌区生产与工程运用有关的情况。进行检查观测、养护修理，随时掌握工程动态，消除工程缺陷。做好水文（特别是洪水）预报，掌握雨情、水情，了解气象情报，做好工程的调度运用和工程防汛工作。应建立水质监测制度，掌握水质污染动态，调查污染来源，了解水质污染所造成的危害，并及时向上级有关部门提出情况和防治要求的报告。因地制宜地利用水土资源，提升资源利用率。配合当地有关部门制订库区的绿化、水土保持和发展生产的规划。经常向群众进行爱护工程、保护水源和防汛保安的宣传教育，结合群众利益发动群众共同管好水库工程。做好工程保卫工作。建立健全各项档案，编写大事记。通过管理运用，积累资料，分析整编，总结经验，不断改进工作。制订、修订本工程的管理办法及有关规定并贯彻执行。二是具备完善的制度体系。水利工程管理单位应建立健全岗位责任制，明确规定各类人员的职责，并建立以下管理工作制度：计划管理制度，技术管理制度，经营管理制度，水质监测制度，财务器材管理制度，安全保卫制度，请示报告和工作总结制度，事故处理报告制度、考核、评比和奖惩制度等。三是明确划定水利工程应管理范围。在工程施工时，由管理筹备机构根据工程安全需要，报请上级主管部门同意，并通过地方政府批准，明确划定工程管理范围，设立标志。凡尚未划定管理范围的，管理单位要积极协调政府及有关部门，按照相关法律规章，尽快办理水利工程管理范围划定有关手续。四是充分体现水利工程管理队伍培训效果。认真组织全体职工了解工程结构、特征，熟悉管理业务和本工程的管理办法。所有管理人员都要熟练掌握本岗位的业务。对管理人员，特别是技术人员，要保持相对稳定，不要轻易变动。五是及时总结工作经验。工程管理单位应经常与设计、施工、设备制造、安装和科研部门保持联系，必要时可建立协作关系。根据管理运用情况，及时总结本工程在设计、施工、管理等方面的经验教训，积极补救缺陷，改进管理工作，同时为水利事业提供资料、积累经验。

（三）水利工程保护的法规化

1. 完备的水行政执法队伍

水行政执法是依法行政、依法治水的重要内容，是水利事业科学发展、跨越发展的根本保障，事关民生水利、资源水利、生态水利效益的正常发挥。推进水行政执法工作，有利于整合执法力量，严格执法行为，减少执法矛盾，降低执法成本，提高执法能力和效率。水行政执法队伍作为执法的关键和基础，在维护正常水事秩序方面始终发挥着重要的保障作用。一是建立健全水行政执法机构。整合内部执法资源，相对集中执法职能，建立专职水行政执法队伍，调整充实专职水行政执法人员，逐步实现执法队伍的专职化和专业化。二是规范队伍建设。执行水行政执法人员审查录用和培训考核上岗制度，禁止临时聘用社会人员承担水行政执法任务，建立健全层级培训任务和培训体系，采取岗前培训、执法培训、学历教育等形式，不断提升水行政执法队伍的法律素质和业务水平。三是提高执法能力。按照岗位责任制、执法巡查制、考核评议制、过错追究制等有关方面的执法制度，严格内部管理，开展层级考核，并通过研讨交流，逐步改进和规范执法行为，提升执法工作效能。

2. 完善的水利工程执法制度体系

一是对水利工程完成确权划界。国家通过多项法规条例对水利工程的管理保护范围进行了界定，所有水利工程都应当依法划定水利工程管理和保护范围。《河道管理条例》《大坝安全管理条例》《山东省小型水库管理办法》《山东省灌区管理办法》等对河道、水库、灌区工程的管理和保护范围划定标准有明确规定。二是对水利工程管理与保护范围内的有关活动进行限制。在河道、水库大坝、灌区工程管理范围内建设桥梁、码头和其他拦水、跨水、临水工程建筑物、构筑物，铺设跨水工程管道、电缆等，其工程建设方案，应当符合国家规定的防洪标准和其他有关的技术要求，并经过有管理权限的水行政主管部门审查同意。因建设上述规定工程设施，占压、损坏原有水利工程设施的，建设单位应在一定期限内恢复原状，无法恢复的，依法予以补偿。在河道、湖泊、水库等管理范围内从事采砂、取土、淘金等活动，依据有管辖权的水行政主管部门发放的采砂许可证，按照河道采砂许可证规定的范围和作业方式进行开采，并缴纳河道采砂管理费。三是对水利工程保护范围内的有关活动予以禁止。依据《水法》规定，在水利工程保护范围内禁止从事影响水利工程运行和危害水利工程安全的爆破，打井、采石、取土等活动。四是对有关限制或禁止的行为依法追责。对违反水利工程保护和管理法律法规的行为，根据有关规定予以不同程度的行政处罚。

3. 完整的水利综合执法机制体制

结合我省水行政执法工作实际，逐步建立健全综合执法、区域协调、部门联动、监督制约等机制体制，形成职能统一、职责明确、部门协作、民主监督的良好局面，不断推进综合执法工作的规范运行。建立综合执法机制，将水资源开发保护、河道采砂管理、水事纠纷调处、涉水工程审查等职能相对集中，明确到具有执法主体的相关部门和水行政执法机构，集中、协调、统一开展水利综合执法。稳步建立区域协调机制。按照条块结合、属地管理的原则，充分发挥区域和流域作用，强化属地水资源、防洪安全、河道采砂等方面的管理，对可能发生的边界水事纠纷，通过经常巡查、定期协商和召开座谈会等方式，预防和妥善处理水事案件。积极建立部门联动机制，在推进综合执法的过程中，各级水利部门在协调好内部关系的同时，积极争取政府支持，协调公安、国土、工商、财政等部门，在水行政审批、行政处罚、行政征收和监督检查等方面，给予大力支持和配合，形成部门联动机制，为水利综合执法工作提供有力的保障和支持。有效建立监督制约机制，结合不同岗位的具体职权，制定执法工作流程，分解执法责任，每个执法人员都能明确自己的执法依据、执法内容、执法范围、执法权限。不断健全内部约束和社会监督制约机制，所有执法行为均接受社会各界及新闻媒体监督，形成内外结合、运行有力、监督有效的执法管理制度。

结　语

　　水利工程作为我国重要的民生工程，施工程序复杂，同时多在环境恶劣区域施工，对施工技术提出了更高的要求。因此，必须利用技术管理手段，提高工程建设质量，认真审视施工技术问题，利用管理手段，有序展开水利工程作业，以达到改进施工方式、指导水利工程作业科学实施的目的，从而保证水利工程的安全性和有效性。

　　水利工程施工规模大、投资多、周期长。施工期间，技术管理作为重要环节，是保证工程质量以及作业效率的关键。施工技术管理作为一项综合性的管理作业，涉及建设施工、水电施工、地质勘测以及环境保护等多个方面，受复杂环境的影响，增加了统筹规划难度，只有加强技术管理，才能保证各部分工程有序落实，使用合适的技术手段，提高工程整体质量。在施工现场安排技术管理人员实施全程监管，能够保证施工工艺的先进性，以妥善应对施工过程中出现的问题，及时处理施工问题，预防安全事故的发生。借助高效的技术管理，能够严格控制施工进度，保证工程安全，维护工程成本控制，取得更突出的经济效益。

　　总而言之，水利工程在社会发展中起到的作用十分关键，为保证工程施工质量，建议施工单位加强技术管理、材料管理和施工设备管理，并基于工程实际情况选择合适的施工技术，从而在根源上消除质量隐患，以促进我国水利水电工程的现代化发展。

参考文献

[1] 高喜永，段玉洁，于勉编著 . 水利工程施工技术与管理 [M]. 长春：吉林科学技术出版社，2019.

[2] 水利工程施工技术与管理 [M]. 北京：现代出版社，2019.

[3] 林彦春，周灵杰，张继宇等编 . 水利工程施工技术与管理 [M]. 郑州：黄河水利出版社，2016.

[4] 牛广伟 . 水利工程施工技术与管理实践 [M]. 北京：现代出版社，2019.

[5] 王海雷，王力，李忠才主编 . 水利工程管理与施工技术 [M]. 北京：九州出版社，2018.

[6] 代培，任毅，肖晶 . 水利水电工程施工与管理技术 [M]. 长春：吉林科学技术出版社，2020.

[7] 荆杰峰，王白春，钟国东主编 . 水利工程施工技术与管理 [M]. 长春：吉林大学出版社，2016.

[8] 水利水电工程施工技术与管理 [M]. 长春：吉林科学技术出版社，2020.

[9] 水利工程施工技术与组织管理研究 [M]. 北京：北京工业大学出版社，2020.

[10] 陈惠达 . 水利工程施工技术及项目管理 [M]. 北京：中国原子能出版社，2020.

[11] 黄静，刘爱华，褚廷芬 . 水利工程施工的安全管理探讨 [J]. 中国设备工程，2021(6):200-201.

[12] 毛岳 . 水利工程灌溉施工技术要点及质量控制对策 [J]. 农业科技与信息，2021(8):66-68.

[13] 程洋 . 水利工程施工管理的重要性和措施分析 [J]. 农业科技与信息，2021(8):108-109.

[14] 王雪峰，解长玉 . 水利工程施工管理中的质量和安全控制分析 [J]. 农业科技与信息，2021(8):110-112.

[15] 先国强 . 浅谈引水工程管道顶管施工技术 [J]. 农业科技与信息，2021(8):115-116+118.

[16] 丁雪松 . 水利工程施工现场安全管理问题与对策 [J]. 黑龙江水利科技，2021,49(4):207-209.

[17] 张英 . 衬砌混凝土技术在水利工程渠道工程施工中的应用研究 [J]. 建筑与预算，

2021(4):68-70.

[18] 王金辉. 节水灌溉水利工程施工技术探析 [J]. 农业科技与信息，2021(9):100-101.

[19] 郭忠林. 关于加强水利工程施工管理的必要性探讨 [J]. 绿色环保建材，2021(4):179-180.

[20] 钱立斌. 水利工程施工管理特点及质量控制策略 [J]. 居舍，2021(7):141-142.

[21] 李文智. 顶管掘进施工技术在水利工程中的运用探析 [J]. 甘肃科技纵横，2021,50(4):51-53.

[22] 曹向荣，张国银. 水利施工中土石坝施工技术的应用探讨 [J]. 低碳世界，2021,11(4):126-127.

[23] 李锋. 水利工程混凝土施工技术及其质量控制策略 [J]. 四川水泥，2021(5):25-26.

[24] 朱成. 防渗技术在水利工程施工中的应用 [J]. 建材发展导向，2021,19(8):85-86.

[25] 张亚平. 水利工程中混凝土施工管理与质量控制 [J]. 居舍，2021(11):124-125.

[26] 石丽丽. 基于水利水电工程施工阶段的质量管理研究 [J]. 河北农机，2021(4):15-16.

[27] 魏立泉. 水利工程施工管理的质量控制 [J]. 居舍，2021(10):118-119.

[28] 宋文韬. 水利水电工程的施工项目管理探析 [J]. 中国住宅设施，2021(3):26-27.

[29] 史有承. 水利工程施工管理控制的影响因素与解决措施分析 [J]. 大众标准化，2021(6):40-42.

[30] 孙卫东. 水利工程施工管理特点及质量控制策略分析 [J]. 农业科技与信息，2021(5):120-121.

[31] 陈云祯. 探析水利工程质量监督与管理技术 [J]. 珠江水运，2021(5):34-35.

[32] 杨芳. 加强道路施工现场管理的有效策略 [J]. 四川建材，2021,47(3):191-192.